Josef H. Reichholf
Ornis

Seidenreiher (Foto: Ernst Weber)

Das Kommen der Wintervögel 82
Ausblick 85

Teil 2 **Die Natur der Gefiederten**

Was macht einen Vogel zum Vogel? 87
Der Innenbau des Vogelkörpers 90
Vogeleier 97
Vogelnester 112
Die Nestlinge 129
Brutparasitismus 139
Sonderfall Tauben 150
Schnäbel und Beine 152
Die Verdauung der Vögel 166
Die Vogelfeder und das Rätsel der Entstehung der Vögel 174
Der Urvogel und der Ursprung der Vögel 181
Prachtgefieder 187
Auffällige Schönheit 188
Signalwirkung des Prachtkleides 191
Größenunterschiede 194
Sehen, hören, riechen 195
Orientierung der Vögel 203

Teil 3 **Lebensweise und Gefährdung der Vögel**

Verbreitung der Vögel 207
Leben miteinander 223
Regulation von Vogelbeständen 238
Fischereischädliche Vögel 244
Vogelschutz 251

Nachgedanken 261

Literatur 263
Bildnachweis 269
Liste der genannten Vogelarten 270

Inhalt

Vorwort 9

Teil 1 Vögel beobachten

Ornis – eine faszinierende Vielfalt 11
Wie wird man Ornithologe? 13
Vögel beobachten und bestimmen,
immer und überall faszinierend 20
Amseln und Klimaerwärmung 23
Wintervogelzählungen 27
Enten auf den Stadtteichen 32
Das Nisten 37
Flagge zeigen 40
Müssen Mischlinge «ausgemerzt» werden? 42
Prachtkleider der Enten und die Sexuelle Selektion 43
Die «Säger» 45
Wasservogelhybride 50
Abgrenzung von Arten 52
Erste Vogelgesänge 54
Wer singt denn da und wie lange 58
Vogelmonitoring 62
Vogelzug 65
Der stumme Frühling 69
Die ruhige Zeit der Mauser 71
Konsequenzen der Jagd auf Vögel 78
Schlafplatzflüge der Stare 79
Der Erfolg der Kraniche 81

Josef H. Reichholf

Ornis

Das Leben der Vögel

C.H.Beck

Mit 80 Abbildungen in Farbe von Georg Erlinger, Alfred Limbrunner,
Florian Möllers, Dr. Hannes Petrischak, Dr. Walter Pilshofer,
Franz Segieth, Ernst Weber und vom Verfasser

© Verlag C.H.Beck oHG, München 2014
Gesetzt aus der Dante MT und der TheSans im Verlag
Druck und Bindung: Kösel, Krugzell
Umschlaggestaltung: Kunst oder Reklame, München
Umschlagabbildung: Bienenfresser *(Merops apiaster)*,
© Ernst Weber, Burghausen
Gedruckt auf säurefreiem, alterungsbeständigem Papier
(hergestellt aus chlorfrei gebleichtem Zellstoff)
Printed in Germany
ISBN 978 3 406 66048 1

www.beck.de

Meiner Frau
Miki Sakamoto
gewidmet

Vorwort

‹Ornis› meint die Vogelwelt. ‹Ornis› sind aber auch die Ornithologen, die Vögel beobachten, bei jedem Wetter, an allen möglichen Orten und unter zuweilen kaum zumutbaren Bedingungen. Sie sind Kenner, die wissen, wie man die Jugend- oder Ruhekleider der Vögel unterscheidet, wo man Irrgäste findet und was zu tun ist, um die Liste der Vogelarten, die man gesehen hat, anwachsen zu lassen. Ornis erkennt man daran, dass sie stets unruhig in die Ferne schauen und plötzlich sehen, was die allermeisten Menschen nicht sehen. Für die Objekte ihrer Begierde, die Vögel, haben sie immer Zeit, sonst aber nie. Sie tragen teure Ferngläser, oft auch Fernrohre (Spektive), deren neueste Fähigkeiten darin bestehen, das Geschaute gleich digital zu fotografieren und damit zu dokumentieren, so dass ihre Beobachtungen nunmehr «Feststellung» im unmittelbaren Wortsinn sind. Sosehr die Ornis «Erste» bei der Entdeckung einer Seltenheit sein möchten, so stark drängt es sie dennoch, anderen umgehend ihre Entdeckung mitzuteilen. Und so sammeln sie sich an, wo es Besonderes zu sehen gibt – mitunter schneller, als die Polizei zu einem Unfall kommt. Sie umringen den irgendwo notgelandeten Irrgast, als ob sie ihn beschützen wollten vor der feindlichen Welt, in die dieser Vogel geraten ist. Die Zeiten, da man so einen verflogenen Vogel «als Beleg» einfach abschoss und seinen Balg ins Museum steckte, sind längst vorbei.

Es gibt subtilere Methoden als die geschilderte, das Wohl und Wehe der Vögel mitzuverfolgen. Noch handelt es sich um spektakuläre Ausnahmen, wenn dies via Satellit geschieht, aber die Fälle häufen sich. Die Ornis verbringen immer mehr Zeit am Computer, um das Beobachtete ins Netz zu stellen und um selbst möglichst in Echtzeit mitzubekommen, was sich draußen in der Vogelwelt tut. Was sie am Bildschirm erfahren, hätte noch vor wenigen Jahrzehnten die Vorstellungskraft von Ornithologen überfordert, die in der Forschung tätig waren. Gab es (wieder einmal) eine Invasion einer Vogelart, die normalerweise nicht oder nur in sehr geringen Anzahlen zu den Zugzeiten oder zur Überwinterung ins Land kommt, dauerte die Auswertung der «Daten» nicht nur Monate, sondern gar Jahre. Längst war das Geschehen vorüber, über das berichtet wurde. Was sich in der Zwischenzeit ereignete, überholte die Veröffentlichung und hätte sie korrigiert oder erweitert. Aber dazu kam es nicht, weil die Vorlaufzeiten zu lang und Druckraum zu teuer waren. Jetzt ist der Orni ‹live› im Geschehen dank der Daten, die von den vielen Ornis unserer Zeit eingegeben werden und über das Internet verfügbar sind. Schneller, als die Vögel fliegen können, verbreitet sich, wo sie unterwegs sind und in welchen Mengen. Die Ornis von heute folgen den Vögeln auch mit ihren Computern. Was die alte Frage aufwirft, was sie antreibt, das zu tun.

Der Grund ist zwar bekannt, gleichwohl aber nicht wirklich verstanden: Passion, Leidenschaft, ist die Triebkraft. Genährt wird sie von nicht nachlassender Begeisterung für das Geschaute und noch zu Schauende, das Erwartete. Es ist eine Leidenschaft, die nicht tötet oder Schaden verursacht, wie so manch andere «Naturleidenschaft». Vielmehr hat sie dazu geführt, dass wir über die Vogelwelt und ihre Veränderungen mehr wissen als über alles andere in der lebendigen Natur. Kenner behaupten, dass in Großbritannien, wo es besonders viele Ornis gibt, die Vögel besser bekannt sind als die Menschen. Was die Genauigkeit der Erfassung von Veränderungen in den Beständen oder das Auftreten von «Irrgästen» betrifft, haben sie gewiss recht. Manches von Ornis nachgewiesene Vogelvorkommen trug Natur- und Umweltschützern den Sieg im Kampf gegen Naturvernichtung und Umweltverschmutzung ein. Denn die Vögel, viele Vogelarten zumindest, erfreuen sich in der Bevölkerung großer Wertschätzung. Man möchte die Vögel nicht verlieren. Die Ausgaben für die winterliche Vogelfütterung, die Mitgliederzahlen der Vogelschutzverbände und die finanziellen Zuwendungen für den Vogelschutz bestätigen diese Wertschätzung – Hitchcocks ‹Vögel› zum Trotz! Vogelschutz ist längst ein Milliardengeschäft, mit steigenden Umsätzen, wie auch die Zahl der Ornis zunimmt. Und das ist gut so – in unser aller Interesse. Um das Beobachten der Vögel, um ihr Leben und ihren Schutz geht es in diesem Buch.

Teil 1 – Vögel beobachten

Ornis – eine faszinierende Vielfalt

Es gibt gegenwärtig rund 10 000 verschiedene Vogelarten. Einige Hundert Arten gibt es nicht mehr. Sie sind in den letzten Jahrhunderten ausgestorben, weil sie von Menschen ausgerottet wurden, wie der Dodo* von Mauritius, der Riesenalk* des Nordatlantiks, die Wandertaube* der Vereinigten Staaten und, und, und ... Etwa 1200 Vogelarten sind derzeit vom Aussterben bedroht. Es liegt in unserer Hand, ob sie überleben oder für immer verschwinden. Die Bemühungen, sie zu erhalten, werden am ehesten Erfolg haben, wenn die Lebensweisen der betreffenden Arten, ihre Ansprüche an die Umwelt, in der sie leben, gut genug bekannt sind. Viele Ornis tragen dazu bei und wollen das Aussterben verhindern.

Wie viele Ornis es derzeit gibt, lässt sich kaum abschätzen. Mehrere Millionen dürften es sein; Hunderttausende wirklich qualifizierter Vogelbeobachter sind es auf jeden Fall. Ein ganz guter Index für das Interesse an der Vogelwelt sind die Auflagenhöhen und Verkaufszahlen der Vogelbestimmungsbücher, der sogenannten Feldführer (nach dem angloamerikanischen Ausdruck ‹field guide›, mit dem diese Bestimmungsbücher bezeichnet werden). Dass Feldführer zur heimischen Vogelwelt – das Wort ‹Feld› wörtlich genommen – nahezu überflüssig sind, weil es auf den mitteleuropäischen Feldern kaum noch Vögel gibt, ist eine Gegebenheit, um die es im 3. Teil gehen wird. Zunächst der allgemeine Befund: Für praktisch jede Region der Erde, nicht nur auf den Kontinenten und Inseln, sondern auch für die Meere, gibt es «Feldfüh-

---

* Die wissenschaftlichen Namen der genannten Arten sind der alphabetisch geordneten Liste im Anhang zu entnehmen.

rer» zu den dort vorkommenden Vogelarten. Und dementsprechend auch Ornis, die sich mit der Vogelwelt des Kongo, von Nordostasien, Neuguinea, den Inseln im Indischen Ozean oder eben auch von Europa, Nordamerika, dem Vorderen Orient und so weiter intensiv befassen. Sie sollten im Volltext Ornithologen genannt werden; sehr gute Vogelkenner sind sie zumeist und keineswegs nur «Artenjäger», als die manche von ihnen spöttisch bezeichnet werden, weil sie allzu offensichtlich nur danach trachten, ihre ‹life list›, also die Liste der von ihnen selbst beobachteten Vögel, zu vergrößern. Eine Art, die sie schon einmal sahen, interessiert sie dann nicht weiter, es sei denn, sie lässt sich für ein Geschäft auf Gegenseitigkeit mit einem anderen Artenjäger verwenden, der Zugang zu einer Art besitzt, die man selbst noch nicht gesehen hat. Es gibt viele dieser Artenjäger, aber verglichen mit der Gesamtmenge der Ornis nicht allzu viele. Artensammler haben aber durchaus auch ihre Stärken. Sie forschen nach den mitunter sehr subtilen Merkmalen, mit denen man Seltenheiten erkennen und bestimmen kann. Sie entwickeln ein Gefühl dafür, wie die verschiedenen Vogelarten so sind, welchen «jizz» sie haben. Eine Feinheit verrät ihnen als Kennern auf den ersten Blick, um welche Vogelart es sich handelt.

Das andere Extrem bilden jene Ornithologen, die sich so richtig nur mit einer einzigen Vogelart befassen. Sie studieren diese höchst intensiv und in allen Einzelheiten. «Mein Vogel» betitelte der Schweizer Emil Weitnauer sein Büchlein über den Mauersegler, dessen Lebensweise er genauestens beobachtet hatte. «Ihren Vogel» haben zahlreiche Ornithologen. Aus irgendwelchen, meist sehr persönlichen Gründen fasziniert eine bestimmte Vogelart sie so sehr, dass sie alles über sie Bekannte zusammentragen und durch eigene, noch genauere Beobachtungen zu ergänzen versuchen. Auf diese Weise kommen Studien zustande, die den Eindruck erwecken, die betreffende Person habe in ihrem Leben überhaupt nichts anderes gemacht, als sich mit dieser und nur dieser Vogelart zu befassen. Erstaunlich viele solcher Spezialisten gibt es unter den Ornithologen. Die in die Hunderte gehenden Bände der «Neuen Brehm-Bücherei» bieten beste Beispiele für umfassende Behandlungen einzelner Arten, sogenannte Art-Monographien. Für den ernsthaften Ornithologen, der seine Befunde verstehen und einordnen möchte, sind sie ein unentbehrlicher Fundus. Manche enthalten mehr Details (und sind viel preiswerter) als die großen Handbücher über die Vögel. Deren bestes ist das «Handbuch der Vögel Mitteleuropas», herausgegeben von Urs Glutz von Blotzheim (siehe Literatur). Es misst, alle Teilbände aneinandergereiht, ziemlich genau einen Meter. Sicherlich ließe sich aufgrund der seit Erscheinen der Bände gewonnenen Kenntnisse über die Vögel Mitteleuropas ein weiterer Meter hinzufügen.

Eine andere, recht große Gruppe von Ornis erliegt dem Reiz der Vogelwelt eines bestimmten Gebietes. Sie wetteifern darum, in «ihrem Gebiet» möglichst mehr Vogelarten festzustellen, als in einem anderen, «konkurrierenden» schon ermittelt worden sind. Das sind dann die «guten Gebiete», die ornithologisch ergiebigen, die immer wieder Überraschungen bringen. Man lernt die Örtlichkeiten kennen, schätzen und wird das Gebiet schützen wollen, weil es in den meisten «Vogelparadiesen» gar nicht so paradiesisch zugeht für die Vögel. Sie werden bejagt, gestört, Giften ausgesetzt, die in der Landwirtschaft verwendet werden. Und wo sich viele Vögel einfinden, werden alsbald die Vogelfeinde klagen, die es in großer Zahl gibt, und Bestandsregulierungen fordern – was nichts anderes meint als Abschüsse. Die öffentlich beschwichtigende Ausdrucksweise lautet «letale Vergrämung» und gilt bei uns als «politisch korrekt». Die Vogelfeinde dürfen natürlich auch nicht so heißen, denn sie selbst halten sich für Naturfreunde, und sie wollen ja nichts weiter als «ausgewogene Verhältnisse in der Natur».

Sie treten also in den unterschiedlichsten Versionen auf, die Ornis. Ihr Spektrum reicht von Eigenbrötlern, die nichts weiter wollen als Vögel anschauen, über die engagierten Ornis, die ihre Beobachtungen sammeln, weitergeben und für Auswertungen zur Verfügung stellen, bis zu Wissenschaftlern, die mit der Forschung an der Vogelwelt ihren Lebensunterhalt verdienen.

Wie wird man Ornithologe?

«Kann man davon leben?» Diese Frage bewegte mich nie. Sie wurde mir aber vor vielen Jahren gestellt, und zwar von einer Dame, die mir eine Weile zusah, während ich vom Damm aus mit dem Fernrohr Wasservögel zählte, die draußen auf dem Stausee zu Tausenden schwammen. Dass mein Tun mehr war als die bloße Suche nach Seltenheiten, muss ihr wohl klar geworden sein, weil ich zwischendurch die Zahlen auf dem Schreibtablett neben mir notierte. Schließlich fragte sie, ob ich Ornithologe sei. Was ich bejahte, und zwar völlig zu Recht. Denn ich war gerade Berufsornithologe geworden; ganz offiziell. Nämlich Leiter der Sektion Ornithologie an der Zoologischen Staatssammlung in München. Dies ist ein Forschungsmuseum, wie es nur etwa eine Handvoll vergleichbarer Museen im deutschsprachigen Raum gibt, und eines der fünf größten dazu. Auf meine Antwort, ja, ich bin Ornithologe, Berufsornithologe, hatte sie die Frage gestellt, ob man davon leben könne. Und wie man das kann!, meinte ich. Großartig sogar! Gehörte doch nun die Vogelwelt zu meinen Berufsaufgaben. Sich mit ihr zu befassen stellte für mich keine Freizeitbeschäftigung mehr dar. Was könnte ich mir mehr gewünscht haben? Wer das Glück hat, eine der höchst raren Museumsstellen für Ornithologie zu bekommen oder an einer Forschungseinrichtung wie dem Max-Planck-Institut für Ornithologie arbeiten zu können, weiß das gewiss zu schätzen.

Doch darum geht es hier eigentlich nicht. Ornithologe kann man werden, ohne das beruflich sein zu müssen. Ich war längst Ornithologe, als ich Berufsornithologe wurde. Ein gutes Jahrzehnt lang schon oder ein paar Jahre mehr, je nachdem, wo man die fiktive Grenze ziehen will zwischen bloßer Begeisterung für die Vögel, die vorangetrieben wird vom Dazulernen Tag für Tag, und einem Kenntnisstand, der es erlaubt zu sagen, das ist ein Kampfläufer, ein Fitislaubsänger, ein Rotfußfalke oder was auch immer für eine (heimische) Vogelart. Und dass man weiß, was diese Bestimmung bedeutet. Denn mit dem richtigen Namen wissen die Ornithologen sehr viel zu verbinden zu Herkunft, Lebensweise und Häufigkeit oder Seltenheit der betreffenden Vogelart. Ornithologe kann man in jeder Altersstufe werden, von der späten Kindheit angefangen bis ins nachberufliche oder schon recht fortgeschrittene Alter. Hat die Begeisterung erst einmal gezündet, kann sie schnell zu einer Leidenschaft werden, der die ganze Freizeit geopfert wird. Was aber kein Opfer ist, sondern ein Vergnügen. Ein ganz großes Vergnügen sogar. Eines, das süchtig macht!

Bei mir fing die Sucht, jedem Vogel nachschauen zu müssen, in früher Jugend an. Im Alter von 13 Jahren versuchte ich anhand von «Was fliegt denn da?», einem Vogelbestimmungsbuch, über das die heutigen Ornis nur mitleidig lächeln, die Namen der Vögel zu erfahren, die ich

Wie wird man Ornithologe? 15

Kampfläufer, Männchen mit beginnender Ausbildung des Balzgefieders, und (rechts) Rotschenkel. Beim Kampfläufer können die Beine im Frühjahr noch röter werden. (Fotos: Ernst Weber)

sah. Bei den meisten Arten klappte das, aber nicht bei allen. Die Abbildungen waren sehr schwach und unzureichend, insbesondere bei den sogenannten Limikolen, Watvögeln, die das mitteleuropäische Binnenland auf dem Durchzug besuchen und für deren genaue Artbestimmung man ein gutes Bestimmungsbuch und ein leistungsfähiges Fernglas braucht. Beides hatte ich nicht, aber gute Augen und große Begeisterung. Ein Fernglas erhielt ich schließlich. Es förderte die Begeisterung so sehr, dass ich in jeder freien Minute damit draußen war, um Vögel zu beobachten. Vom damals einzigen guten Bestimmungsbuch, das es auf Deutsch für die Vögel Europas gab, dem «Peterson», erfuhr ich erst, nachdem ich die meisten Vogelarten bereits kannte, die in meinem Beobachtungsgebiet im niederbayerischen Inntal vorkamen. Es waren so viele und solche Seltenheiten, dass die ersten Meldungen, die ich nach München an die Ornithologische Gesellschaft schrieb, offenbar großes, aber mit Zweifeln gemischtes Staunen hervorriefen. Denn alsbald kamen «richtige Ornithologen» aus der Landeshauptstadt, um sich von mir zeigen zu lassen, was ich gesehen hatte. Sie sahen noch viel mehr, dank ihrer Kenntnisse und dank der Fernrohre, die sie mitbrachten, und auch dank des «Peterson», ohne den man kein Ornithologe sein konnte, wie man mir erklärte. Und sie korrigierten auch einige Fehler, die mir unterlaufen waren.

So hatte ich von Hunderten Rotschenkeln berichtet, die ich an den Stauseen am unteren Inn gesehen und gezählt hatte; Mengen, die alles weit übertroffen hätten, was in Bayern jemals an Rotschenkeln festgestellt worden war. Das unzureichende Vogelbestimmungsbuch hatte mich in die Irre geführt. Die schuppig graubraunen, gut drosselgroßen Watvögel, die ich wegen ihrer roten Beine für Rotschenkel gehalten hatte, waren tatsächlich Kampfläufer (was mich noch mehr freute). Im Frühjahr, mit Beginn der Fortpflanzungszeit, färben sich ihre Beine rot. Den Vogelbälgen aus den wissenschaftlichen Sammlungen ist das nicht zu entnehmen, denn die Farbe verblasst alsbald, wie auch die der Schnäbel und sonstiger Hautteile am Vogelkörper. Was ich bei der Bestimmung hätte berücksichtigen sollen, das waren der beim Rotschenkel breite weiße Streifen im Flügel, der längere Schnabel und der oberseits weiß gefiederte Ansatz des Schwanzes. Beim Kampfläufer ist die Flügelbinde schmal, der Schnabel zur Spitze hin leicht gekrümmt, dunkel grünlich gelb und ohne die rötlich braune Basis, die wiederum den Rotschenkel auszeichnet. Ein schwarzer Mittelstreif, der sich vom Rücken ins Schwanzgefieder hinaus erstreckt, grenzt beim Kampfläufer die weißen Außenseiten voneinander ab, so dass sie «eiförmig» wirken. Rotschenkel gehen bei der Nahrungssuche anders vor als Kampfläufer und sie fliegen auch anders. Solche Feinheiten zu lernen war die Herausforderung, um es so weit zu bringen, dass ein Blick durchs Fernglas genügte, um sicher sagen zu können: «Kampfläufer» oder «Rotschenkel» oder um was für eine Limikole es sich sonst handeln mochte. Das Spektrum der im mitteleuropäischen Binnenland an den Gewässerufern, mitunter auch auf offenen Feldfluren zur Zwischenrast auftretenden Watvögel enthält eine ganze Reihe «harter Nüsse», die zu knacken gleichsam eine Ehrensache wurde (siehe Abbildungen auf Seite 15).

Von den Münchner Ornithologen lernte ich, wie wichtig es ist, von Erfahrenen in die Geheimnisse der Vogelbeobachtung eingeführt zu werden. Bücher, auch die besten Bestimmungsbücher, tun es allein nicht. Die subtilen Eigenheiten der verschiedenen Vogelarten kann nur die Beobachtung selbst vermitteln. Diese gewinnt an Sicherheit, wenn die Diagnose von Kenntnisreicheren bestätigt wird. In besonderem Maße trifft das für die Rufe und Gesänge der Vögel zu. Beschreiben lassen sie sich, von wenigen Ausnahmen abgesehen, nicht wirklich, außer man kennt bereits den Grundstock der Lautäußerungen häufiger Arten. Tonaufnahmen helfen zwar weiter, aber sie bieten weder die Breite der Variationen, die manche Gesänge auszeichnet, noch den akustischen Rahmen, in dem sie in der freien Natur zu hören sind. Wir Menschen tun uns meist schwerer, Gehörtes zu abstrahieren als Gesehenes. Mitunter genügt ein Blick, und die Besonderheit des noch unbekannten Vogels ist so erfasst, dass eine sichere Bestimmung gelingt. Das Ohr hält einen solchen diagnostischen Eindruck nicht oder zumindest nicht so leicht fest wie das Auge. Anscheinend spielt dabei kaum eine Rolle, ob man «musikalisch» ist und den Tönen Noten zuordnen kann. Ich kann es nicht und weiß, dass viele Ornithologen ebenfalls nicht dazu in der Lage sind. Die Bestimmung der Vogelrufe und -gesänge fällt auch ohne musikalische Kenntnisse treffsicher aus. Vielleicht sollte einmal der Versuch gemacht werden, musikalisch Geschulte gegen Ornithologen ohne Notenkenntnis antreten zu lassen. Ich wage zu behaupten, dass sich die Gewinner einfach durch mehr Erfahrung auszeichnen. Bekannt ist auch, dass wir mit zunehmendem Alter hohe Töne weniger gut und schließlich gar nicht mehr hören können. Das hohe «ziiieh» der Beutelmeise und das Wispern der Goldhähnchen gehören zu den Herausforderungen, die jugendliches Gehör problemlos meistert, an denen ein gealtertes aber scheitert. Der größte Lehrmeister ist und bleibt die Erfahrung. Der nur einmal gehörte Gesang entschwindet über kurz oder lang, wenn der diagnostische Eindruck, den er hinterlassen hat, nicht mehrfach aufgefrischt wird. Das gilt grundsätzlich auch für das Geschaute. Ein einmaliger visueller Eindruck hält aber länger; wir sind für unsere Orientierung in der Welt einfach mehr auf das Schauen und Erkennen ausgerichtet als auf das Hören. Die Bezeichnung «Vögel beobachten» nimmt im Deutschen darauf genauso direkt Bezug wie in anderen Sprachen. Mit dem Englischen «bird watching» wurde das Vogelbeobachten internationalisiert und die Vogelbeobachter personifiziert als «bird watchers». In ihrer verkürzten Form heißen sie «birder» und «birding». Sie sind die ‹Ornis›.

Wann hat man aber nun den Zustand erreicht, der es rechtfertigt, sich Ornithologe nennen zu dürfen? Ein Zertifikat dazu gibt es nicht. Der Übergang vom bloßen Anschauen der Vögel, etwa der Besucher am Futterhaus oder der Wasservögel auf dem Stadtteich, zur genauen Artbestimmung und näheren Beschäftigung mit ihrer Lebensweise vollzieht sich zwar allmählich, bei entsprechender Begeisterung aber ziemlich rasch. Wer einmal angefangen hat, die gesehenen Vögel zu bestimmen, gibt sich nicht mehr zufrieden mit: «Ist der aber schön!» oder: «So einen Vogel habe ich noch nie gesehen!» Der Name des Vogels wird alsbald zum Schlüssel. Er öffnet den Zugang zu den gar nicht mehr so geheimen Geheimnissen der Vogelwelt.

Dennoch gibt es einen entscheidenden Schritt von der bloßen Freude des Anschauens der Vögel zum richtiggehenden ornithologischen Beobachten. Ornithologen notieren/registrieren, was sie gesehen haben. Sie führen Tagebücher oder Listen (oder sogar beides). Die ornithologischen Tagebücher nennen sie Exkursionsprotokolle, da ihr Vogelbeobachten nicht länger ein simples Spazierengehen mit einem Schauen dahin und dorthin ist, sondern «Exkursion» genannt wird. Eine Exkursion ist etwas höchst Ernsthaftes bei aller Freude, die sich mit dem Geschauten verbindet. Exkursionen sind die Gänge zum Beobachten aber nur, wenn ihre Ergebnisse dokumentiert werden; am besten mit allen Vogelarten, die man gesehen hat, und mit den Mengen dazu, soweit sich die Vögel hatten zählen lassen. Ornithologen zählen! Das kennzeichnet sie. Ornithologen sind mit Ernst bei ihrer Sache. Fehlbestimmungen sind kein Scherz, sondern eine Blamage. Erstbeobachtungen werden angestrebt und «Entdeckung» genannt. Sogar die benutzte Sprache bekräftigt die Ernsthaftigkeit mit Ausdrücken, dass diese oder jene (seltene/besondere) Vogelart «festgestellt» worden sei. «Fest» und «stellen» mögen für ein so flüchtig beschwingtes Wesen, wie es ein Vogel ist, reichlich unpassend gewählte Ausdrucksformen sein. Doch die Wortwahl drückt die feste Absicht der Ornithologen aus, die hinter ihren Beobachtungen steht. Ornithologe ist also geworden, wer die Freude am Beobachten der Vögel ernst nimmt. Und wer Ergebnisse damit erzielen möchte, die anderen Gleichgesinnten mitgeteilt werden können und möglichst auch den Vögeln selbst zugutekommen, weil sie Grundlagen für den Vogelschutz liefern.

Deshalb gibt es spätestens nach Erreichen der frühen Jugendzeit keine Altersbegrenzung mehr für ornithologische Betätigung. Sobald sich der Mensch ernsthaft mit etwas beschäftigen kann, ist die Fähigkeit vorhanden, Ornithologe zu werden. «Ornithomanie» muss ja nicht daraus entstehen. Ist sie also «nur» ein Hobby, die Ornithologie? Oft ja, noch öfter aber nicht! Zweifellos gibt es Überschneidungsbereiche zwischen selbstbezogenem Hobby und ernsthafter Arbeit. Natürlich ist die Vogelbeobachtung wie jedes Hobby von Begeisterung getrieben. Wenn sie keinen Spaß mehr macht, wird sie aufgegeben. Es ist ganz in Ordnung, dass viele, wenn nicht die meisten Ornithologen jene Vollständigkeit anstreben, die das (hobbymäßige) Sammeln auszeichnet. Sie wollen alle Vogelarten eines Gebietes, eines Landes oder gar eines Kontinents wenigstens einmal gesehen haben, um sie, Art für Art, in einer Liste als «bekannt» abhaken zu können. Die ganz extremen ‹Birder› arbeiten an ihrer ‹life list›. Sie enthält alle jemals im Freien gesehenen Vogelarten.

Soweit bekannt, ist es bisher noch niemandem gelungen, sämtliche rund 10 000 Vogelarten wenigstens einmal gesehen zu haben. Es gibt auch kein Museum, das alle Vogelarten in seinen Sammlungen enthält. «Alle Arten Deutschlands» ist hingegen eine Herausforderung, die in wenigen Jahren gemeistert werden kann. Allerdings nur, wenn all jene Vogelarten gemeint sind, die innerhalb der Staatsgrenzen Deutschlands als Brutvögel vorkommen. Das sind rund 220 Arten. Durchzügler, Winter- und Sommergäste kommen hinzu, wie auch Irrgäste. Eine Liste von etwa 300 Vogelarten, die «abzuarbeiten» wäre, wollte man «die Vögel Deutschlands» kennen bzw. einmal gesehen haben, bildet daher eine gute Zielvorgabe. Wer sie erfüllt, darf sich mit Fug und Recht (richtige Bestimmungen vorausgesetzt) als Ornithologe fühlen. Auf dieser Basis lässt sich weiterarbeiten. Nächstes Ziel sind die Vögel Europas und Einblicke in die Artenfülle der Tropen in Afrika, Südasien und Südamerika; aber auch die teilweise so merkwürdig ähnliche, andererseits ganz verschiedenartige Vogelwelt Nordamerikas. Ornithologen, die das Fieber der Jagd nach «neuen Arten» erfasst hat, sind unersättlich. Sie eilen von Irrgast zu Irrgast, suchen die entlegensten und am schwersten zugänglichen Winkel der Erde auf, zu Land und zu Wasser.

Denn Vögel gibt es überall. Lange vor uns Menschen haben die Vögel den Globus für sich erobert. Sie sind die wahren Spitzenprodukte der Evolution, deren Fähigkeiten wir Menschen mit viel Geist und noch mehr Energieaufwand nacheifern, ohne sie wirklich erreichen zu können. Denn was mag der Extrembergsteiger von seiner Leistung halten, wenn er einen Achttausender des Himalajas erfolgreich erstiegen hat und in dieser Höhe Geier kreisen oder Gänse fliegen sieht? Er kämpft mit der Atmung und die Gänse «unterhalten sich» schnatternd noch im

Flug in dieser Höhe. Oder Polarforscher, die sich mit letzter Kraft über das antarktische Eis schleppen, um den Beweis zu liefern, dass Menschen den Südpol erreichen können. Doch Kaiserpinguine waren vor ihnen da und bebrüten ihr Ei sogar auf den eigenen Füßen in der extremen Kälte der antarktischen Polarnacht. Vögel tauchen in Meerestiefen, die erst vor kurzem und immer noch von sehr wenigen Menschen mit speziellen Tauchbooten erreicht worden sind. Vögel atmen noch leicht, wo uns die Luft knapp wird. Vögel, winzig wie ein Wattebällchen, durchschlafen ohne besonderen Schutz die langen Winternächte mit Frösten um minus 20 Grad Celsius. Vögel leben in den heißesten Wüsten, in tropischen Dschungeln, auf einsamsten Meeresklippen und mitten in Großstädten. Wie schaffen sie das?

Davon handelt der 2. Teil. Zunächst aber möchte ich Sie mitnehmen auf einen Gang durchs Jahr und was es dabei zu beobachten gibt in unserer Vogelwelt.

Vögel beobachten und bestimmen, immer und überall faszinierend

Wo und wie beginnt man mit dem Beobachten der Vögel? «Überall» eigentlich. Bereits der Blick durchs Fenster hinaus auf das Futterhaus im Garten oder ein Gang zu Gewässern im Stadtpark bieten sehr viel Interessantes, auch wenn es sich an solchen Orten nur um «gewöhnliche Vögel» handelt. Das Wichtigste für den Anfang ist, dass man an die Vögel nahe genug herankommt, sie also nicht scheu sind. Sind verschiedene Arten vorhanden, wird das Beobachten gleich reizvoller. Wer sieht nicht gern dem munteren Treiben von Meisen, Grünfinken und, wo es sie noch gibt, von Spatzen am Futterhaus zu, insbesondere wenn das Zuschauen bequem aus der Wärme des Zimmers möglich ist. Plötzlich kommt ein markant schwarz-weiß gemusterter Specht mit rotem Käppchen auf der Stirn an. Kraft seiner Körpergröße verdrängt er die anderen Vögel vom Futter. Meisen, vor allem die kleinen Blaumeisen, lassen sich jedoch von ihm nicht lange abhalten. Flink fliegen sie an ihm vorbei, picken einen Sonnenblumenkern auf und verschwinden damit im Gezweig des nahen Buschwerks, wo sie die Schalen abspalten und den eigentlichen Kern verzehren. Oder es macht sich ein dicker, rotbrüstiger Gimpel mit schwarzer Gesichtsmaske auf der Futterstelle breit. Mitunter kommt sogar der noch größere Kernbeißer, dessen mächtiger, bläulich silberner Schnabel den übrigen Kleinvögeln Respekt einflößt. Nach ein paar Minuten des Zusehens wissen wir schon Bescheid über die Rangfolge der verschiedenen Arten. Wir haben die Technik der verschiedenen Vogelarten bei der Behandlung des ausgelegten Futters gesehen und vielleicht auch schon das erste Bestimmungsproblem bekommen. Weil da am Boden unter dem Futterhaus ein ‹ganz merkwürdiger Vogel› herumsucht. Er hat eine gelbbraune Brust, ebenso getöntes Gefieder an den Schultern, einen schuppig wirkenden Kopf und Nacken sowie einen ovalen weißen Fleck oberseits am Ansatz des Schwanzes, der beim Wegfliegen auffällt. Seiner Körperform nach ähnelt er ein wenig den zwar ganz anders, nämlich graugrün und gelb gefiederten, dicklicheren Grünfinken. Besser passt er zu den altrosabrüstigen, weißschultrigen Buchfinken, gewiss aber nicht zu den Meisen. Ein Finkenvogel ist er also, aber was für einer? (Siehe Abbildung auf Seite 22.)

Jetzt wird ein Bestimmungsbuch benötigt. Davon gibt es eine ganze Anzahl sehr guter (verschiedene Bücher anzuschaffen lohnt, weil die Bilder einander ergänzen und die Bestimmung abzusichern helfen!). Hat man ein solches zur Hand, wird der Vogel nach kurzer Suche als Bergfink erkannt werden. Aber er hat, falls es ein Männchen ist, keine schwarze, weit in den Nacken und zwischen die Schultern reichende Kappe, denn jetzt, im Winter, trägt er noch das sogenannte Winterkleid. Es ähnelt in Färbung und Musterung dem des Weibchens, ist aber beträchtlich intensiver als das Weibchengefieder. Wir müssen also genauer hinsehen und vergleichen, bis die Bestimmung sicher gelungen ist. Männchen und Weibchen sind bei vielen Vogelarten verschieden gefiedert. Aber es gibt auch solche, bei denen wir keinen äußerlichen Unterschied bemerken. Bei manchen Arten erkennen wir die Geschlechter nur, wenn wir sehr genau hinsehen. Bei den am Futterhaus fast immer vorhandenen Kohlmeisen verhält es sich so. Die Männchen tragen einen deutlich breiteren schwarzen Streifen entlang der Brustmitte als die Weibchen. Und je breiter der Streifen, desto attraktiver ist das Kohlmeisenmännchen in der Paarungszeit. Meistens gewinnt es beim Streit mit anderen Männchen.

Recht verschieden sind Männchen, Weibchen und Jungvögel bei den Amseln. Die erwachsenen Männchen sind schwarz, die Weibchen

Bergfink: Männchen beim Umfärben vom Winter- zum Brutkleid.

(Foto: Alfred Limbrunner)

dunkelbraun mit streifiger Fleckung auf der etwas heller braunen Bauchseite. Ihr Schnabel ist dunkel bräunlich, bei den Amselmännchen aber leuchtend gelb. Er kann eine rötliche Spitzentönung im Frühjahr bekommen. Die Intensität von Gelb und Rot des Schnabels drückt wie die Streifenbreite auf der Brust des Kohlmeisenmännchens die Dominanz des Amselhahns aus. Bei jungen Männchen ist der Schnabel noch blassbraun, das Gefieder dunkel- bis schokoladenbraun, aber noch nicht schwarz. In ihrem ersten Winter kann man junge Amselmännchen noch mit Weibchen verwechseln, aber diese sind an der Brust und am oberen Teil des Bauches stets heller als auf der Rückenseite. Bei den gerade erst ausgeflogenen Jungamseln, die wir im Sommer im Garten auf dem Rasen sehen, ist die Schuppung von Brust- und Bauchgefieder noch ausgeprägter (zudem keilförmig) als bei erwachsenen Weibchen. Ihr «kindisches» Verhalten verstärkt den Eindruck, den das Jugendgefieder ohnehin macht. Alte Männchen und Weibchen kennen sich aus und geben sich souverän.

Amseln und Klimaerwärmung

Im Winter werden solche äußerlichen Unterschiede lebenswichtig. Alte Männchen mit gelbem Schnabel halten alte Weibchen und junge Männchen auf Distanz. Sie sind die Stärkeren. Nichts geben sie ab von dem Apfel, den sie auspicken, oder von den Rosinen, die ihnen an der Futterstelle geboten werden. In Gebieten, in denen die Winter regelmäßig Schnee und Frost bringen, überwintern fast nur alte Amselmännchen. Weibchen und junge Männchen sind, wenn sie nicht ganz fehlen, nur in geringen Anteilen am «Winterbestand» vertreten. An den Futterstellen lassen sie sich mit Hilfe eines Fernglases gut erkennen und leicht zählen. Dank der Möglichkeit, sie an Gefiedermerkmalen zu unterscheiden, können wir feststellen, ob in milden Wintern bei den Amseln mehr Weibchen und junge Männchen bei uns überwintern als in kalten. Im Hinblick auf die prognostizierte Klimaerwärmung, die Mitteleuropa wärmere Winter bringen soll, sind genaue Beobachtungen an Futterstellen durchaus von allgemeinem Interesse. Denn die Amseln müssen mit der Witterung zurechtkommen, nicht mit der Temperatur allein. Verlässliche Schlüsse ziehen können wir jedoch erst, wenn vom Beginn bis zum Ende des Winters wiederholt das Häufigkeitsverhältnis alter Amselmännchen zu -weibchen und Jungvögeln im Vergleich mit dem

Amselmännchen mit weißen Federn im Gefieder; dieser teilweise Albinismus kommt in unterschiedlichen Variationen bei Amseln relativ häufig vor.
(Foto: Alfred Limbrunner)

vorausgegangenen Sommer festgestellt wird. Dann lässt sich davon ableiten, wie streng der Winter für diese Vögel wirklich war. Nicht die meteorologischen Messwerte besagen dies, die aus praktischen Gründen standardisiert worden sind, sondern die Überlebensraten der Vögel. Werden diese an genügend vielen unterschiedlichen Stellen in Stadt und Dorf ermittelt, sagen sie mehr aus über die Härte oder Milde des Winters als unsere (ohnehin immer steigenden) Heizkostenrechnungen.

Halten winterliche Wetterverhältnisse bis in den März hinein an, bekommt man an den Futterstellen und in den Gärten auch die Rückkehr der Amselweibchen mit. Weit mehr als die Männchen überwintern sie rund ums Mittelmeer und im wintermilden Südwesteuropa. Ihre Ankunft führt sogleich zu weiteren Fragen: Wann beginnen die Amseln frühmorgens und wieder in der Abenddämmerung zu singen? Reagieren sie mehr auf die Helligkeit oder auf die Temperaturen? Singen sie vor der Rückkehr der Weibchen oder erst, wenn diese eingetroffen sind?

Aus genauen Forschungen wissen wir, dass Vögel (und andere Lebewesen) auf die Helligkeit und ihre Veränderung reagieren. Licht ist der Zeitgeber für ihren Tages- und Jahresrhythmus. Die Tageslänge sagt ihnen viel zuverlässiger als die stark schwankende Witterung, «wie spät es ist», auch wie «spät im Jahr». Ihre «innere Uhr» wird vom äußeren Zeitgeber Licht immer wieder eingestellt. Wird es dämmrig, ist es an der Zeit, den Schlafplatz aufzusuchen, nicht aber, wenn früh am Nachmittag nur eine dicke Wolke kommt und Schneeschauer niedergehen. Von so einer Verdüsterung am Tag lässt sich ihr innerer Tagesrhythmus nicht täuschen. Der davon verursachte Rückgang der Helligkeit passt nicht zum Tagesrhythmus. Wird es hingegen Abend, fliegen die Amseln zu geschützten Stellen, meist sind das dichte Gebüsche, wo sie in lockerer Gemeinschaft zusammen nächtigen. Sie künden diesen Schlafplatzflug sehr lautstark «tixend» an.

Da die Städte aufgrund der Abwärme aus den Heizungen im Winter beträchtlich wärmer sind als das Umland, bieten sie gute Vergleichsmöglichkeiten. In einer Großstadt kann die winterliche Aufwärmung drei bis fünf Grad Celsius gegenüber dem freien Umland betragen. Und es gibt viel Licht in den Städten. Inzwischen sind aber auch die meisten größeren Dörfer durch das Kunstlicht im Winter viel heller als die freie Natur. Die Straßen- und Gebäudebeleuchtung verlängert die Helligkeit am Abend im Winter gleich um mehrere Stunden in die Nacht hinein.

Amseln und Klimaerwärmung 25

Wir Menschen schaffen dadurch für uns passend lange Tage in einer Jahreszeit, in der sie eigentlich kurz wären. Licht machen wir nicht nur in den Räumen, in denen wir aus mehr oder weniger vernünftigen Gründen möglichst lange tätig sein wollen, sondern auch draußen entlang von Straßen und auf Plätzen. Dass diese zusätzliche, unnatürliche Helligkeit stärker als die winterliche Aufwärmung der Städte auf die Amseln wirkt, drücken sie mit ihrem Gesang aus. Sie beginnen viel früher damit in der Stadt, in Großstädten oft schon im Januar, während die draußen in den Wäldern lebenden Amseln erst Ende Februar/Anfang März zu singen anfangen. Genaue Aufzeichnungen könnten nicht nur für Amseln, sondern auch für andere in der Stadt überwinternde Vögel Interessantes zur Wirkung des zusätzlichen Lichtes und der Erhöhung der Wintertemperaturen aufdecken. Noch wissen wir zu wenig über die Folgen, die Licht und Wärme für die frei lebenden Tiere und Pflanzen haben. Und vielleicht auch für uns Menschen selbst.

Die Amselweibchen, die irgendwo im Süden überwintern, bekommen ja nicht mit, dass Helligkeit und Temperaturen in den Städten, in denen sie im Frühjahr und Sommer brüten werden, der Jahreszeit kräftig voraus sind. Kehren die Amselweibchen früher zurück, weil es für sie günstiger sein könnte, eher mit dem Nisten zu beginnen? Die natürliche Auslese könnte solch frühe Rückkehrer begünstigen. Oder bleiben zunehmend mehr einfach gleich den Winter über an Ort und Stelle, weil sie im milderen Stadtklima die Überwinterung schaffen und sie sich die Anstrengungen des Fluges in ein wintermildes Winterquartier damit sparen können? Oder singen nur die Männchen früher und länger, während die Weibchen unverändert zur üblichen Zeit am Ende des Winters zurückkehren? Solche Fragen sind keineswegs nur für die Amseln von Bedeutung. Wir sollten mehr darüber erfahren, welche Auswirkungen die Aufwärmung der Städte und ihre Flutung mit Licht auf andere Lebewesen haben und was wir bei einer allgemeinen Klimaerwärmung erwarten müssen. Richtig betrachtet, laufen in den Städten längst umfassende Großexperimente zu den Folgen von Erwärmung. Denn sie sind bereits um jene zwei bis drei Grad im Durchschnitt wärmer, auf die wir die globale Erwärmung des Klimas zu begrenzen hoffen. Die Amsel eignet sich als Vogelart besonders gut, solchen Fragen nachzugehen, denn sie hat sich als sehr flexibel erwiesen. Sie lebt erst seit etwa zwei Jahrhunderten in der Siedlungswelt der Menschen. Vorher galt sie als scheuer

Waldvogel. Ein Teil der Amseln ist das geblieben. Aber viel mehr sind «verstädtert». Im Frühjahr werden wir es hören, wenn wir darauf achten: In den Städten und größeren Ortschaften singen rund zehnmal mehr Amseln als auf gleich großen Flächen draußen in den Wäldern. Wie man solche Vergleichswerte schnell und einfach ermittelt, davon später mehr. Denn die Vorgehensweise trifft auch für viele andere Vogelarten zu.

Was die Amseln in der Stadt betrifft, so stellen sie uns noch einige weitere Fragen: Schaffen sie mehr Bruten im Jahreslauf als auf dem Land? Wie kommen sie zurecht mit den vielen Gefährdungen ihres Lebens in der Stadt? Autos überfahren die Futter tragenden Altvögel. Katzen stellen den Amseln nach, ebenso Krähen, Elstern und Eichelhäher sowie nachts Marder. Die Stadt sollte doch voller Gefahren für die Vögel, insbesondere für die Kleinvögel, sein! Wie konnte da die Amsel überhaupt verstädtern? Wie häufig treffen wir sie im Winter bei Gängen in Flussauen, wo Beeren tragende Sträucher wachsen, und in Wäldern, aus denen sie stammt? Wie häufig kommen Amseln in den drei Grundtypen von Wäldern vor, die es bei uns gibt, den Nadel-, den Laub- und den Mischwäldern? Bevorzugen sie Baumbestände in Flussauen? Lockt sie vielleicht das bessere Nahrungsangebot in die Städte, die ihnen, wenn sie brüten und die Jungen ausfliegen, dennoch zur Todesfalle werden? Leiden sie unter der schlechten Luft? Unter dem Lärm? Neue Untersuchungen zeigen, dass manche Vögel in der Stadt lauter singen (müssen) als in ihren natürlichen Lebensräumen. Verkraften sie diesen zusätzlichen Aufwand, weil sie schneller gute Nahrung finden? Bereiten wir ihnen diese nicht nur im Winter, wenn die Vögel gefüttert werden, sondern auch im Sommer, wenn die Rasenflächen amselgerecht kurz geschoren gehalten werden, so dass sie leicht Regenwürmer finden?

Einmal angefangen, führt uns die Beobachtung so eines gewöhnlichen Vogels, wie es die Amsel ist, sogleich hinein in eine ganze Abfolge von Fragen, die auch uns Menschen betreffen: wärmere Winter, Ausdehnung der Lichtzeit des Tages in die Nacht hinein, wodurch möglicherweise unser eigenes inneres Zeitempfinden beeinflusst wird, und die Erzeugung zunehmend unterschiedlicher Lebensbedingungen in Stadt und Land, ohne dass wir die Folgen für die Natur bedenken. Die Amseln können uns sogar über die Federn, die sie beim Wechsel ihres Gefieders, der Mauser, verlieren, das Ausmaß der Belastung unserer

Umwelt mit bestimmten Schad- und Giftstoffen, wie Schwermetallen oder in der Landwirtschaft eingesetzten Chemikalien, vermitteln. Denn die Federn sind gleichsam ein Endlager für solche Schadstoffe und sie lassen sich mit den heutigen Möglichkeiten der chemisch-physikalischen Analytik genauestens untersuchen. Damit haben sogar die Mauserfedern der Amseln, die wir finden und leicht als solche erkennen können, Erkenntniswert.

Bei der einfachen, aber ernsthaften Beobachtung der Vögel am Futterhaus fing diese Betrachtung an. Viele weitere interessante Aspekte ließen sich hinzufügen. Man stößt auf sie, sobald man genauer hinsieht. Hier zwei weitere Beispiele. Beide sind wichtig, und zwar an jedem Ort, an dem beobachtet wird. Das erste Beispiel betrifft die Zusammensetzung des Artenspektrums, das zweite die Häufigkeit einiger leicht und sicher erkennbarer Arten.

Wintervogelzählungen

Die Ermittlung der Häufigkeit setzt zweierlei voraus. Erstens muss man sich vertraut damit machen, wann bei welcher Witterung die Vögel die Futterstelle aufsuchen. Das geschieht den Tag über nicht gleichmäßig. Am Vormittag, um die Mittagszeit und vor Beginn der Abenddämmerung wird am meisten Betrieb herrschen. Finkenvögel, wie die Grünfinken (Grünlinge), die Männchen der Buchfinken (die Weibchen überwintern ähnlich wie bei der Amsel nur in geringen Mengen bei uns) oder die Zeisige und auch die Sperlinge ziehen es vor, sich möglichst als lockerer Schwarm an den Futterstellen einzufinden. Der Grund dafür ist, dass sie sich vor Angriffen des Sperbers in Acht nehmen müssen. Das gelingt im Schwarm leichter, als wenn sie einzeln wie die Meisen zum Futter fliegen. Diese sind viel wendiger als die eher schwerfälligen und ziemlich geradlinig fliegenden Finkenvögel. Einem Überraschungsangriff des Sperbers weichen sie leichter aus. Dieser hat aber Mühe, sich auf einen bestimmten Vogel zu konzentrieren, wenn ein Schwarm von ein oder zwei Dutzend auseinanderstiebt. Berücksichtigen wir dies, lassen sich die Mengen der Finkenvögel und Sperlinge ganz gut ermitteln und den Winter über, vielleicht von Woche zu Woche, mitverfolgen.

Den Veränderungen der Mengen können wir entnehmen, wie hoch die Winterverluste ungefähr ausfallen. Eine solche Erfassung gelingt besonders gut, wenn in der näheren Umgebung ähnlich kontinuierlich gefüttert wird. Dann bleiben auch die Vogelmengen einigermaßen gleich verteilt und sammeln sich nicht plötzlich an einer Stelle, während sie an einer anderen fehlen. Eine Abstimmung mit der Nachbarschaft, auch um die Wintervögel an mehreren Stellen möglichst gleichzeitig zählen zu können, ist daher sehr hilfreich. Weit schwieriger ist es, die Häufigkeit der Meisen und anderer stets oder überwiegend einzeln zur Futterstelle anfliegender Vögel festzustellen. Wer das möchte, muss herausbekommen, wie lang eine einzelne Meise braucht, um den mitgenommenen Sonnenblumenkern zu bearbeiten, bis sie wiederkommt. Oder eben sich abstimmen mit der Nachbarschaft. Dann kommt man auch den richtigen Meisenzahlen näher. Auch bei ihnen gilt es, die Winterverluste zu ermitteln und die Änderung der Häufigkeiten von Winter zu Winter zu verfolgen.

Der Naturschutzbund Deutschland e.V. (der NABU) und der Landesbund für Vogelschutz in Bayern e.V. (LBV) organisieren für jeden Winter eine Wintervogelzählung – mit sehr aufschlussreichen Befunden! Diese haben zum Beispiel ergeben, dass in der Regel die Amsel bei uns die häufigste Vogelart im Winter ist und nicht mehr der Haussperling, der «Spatz», der bis ins letzte Jahrzehnt des 20. Jahrhunderts unangefochten die Rangliste angeführt hat. Aber eine einzige Zählung im Winter sagt nichts aus über die Winterverluste und zu wenig über die tatsächlichen Häufigkeiten; denn diese können an dem dafür festgelegten Zähltag allzu sehr von der Witterung beeinflusst sein. Zwei Zählungen sind auch noch zu wenig, weil sich im Winter, bedingt durch großräumige Änderungen der Witterung, beträchtliche Verschiebungen ergeben können. Ein Vorstoß sibirischer Kälte wird Zuzug von Vögeln aus dem Nordosten auslösen. Bei sehr milder Winterwitterung kommen weniger Vögel an die Futterstellen als bei Schnee und Frost. Deshalb ist es besser – und für den Ort, an dem die Vogelwelt beobachtet wird, auch viel aufschlussreicher –, wiederholt zu zählen, am besten wöchentlich. Dann wird schon ein einziger Winter überraschende Befunde ergeben, die viele weiterführende Fragen aufwerfen. So können starke Rückgänge der üblicherweise häufigen Amseln und Grünlinge bedeuten, dass eine Seuche unter ihnen ausgebrochen ist. Die

Amseln traf eine um 1995 aus Südafrika eingeschleppte Viruserkrankung, deren Verursacher das Usutu-Virus ist. In manchen Städten überlebten kaum noch Amseln die Seuche. In den vergangenen Jahren wurden die Grünlinge insbesondere von Trichomonaden dezimiert. Der Erreger, ein mikroskopisch kleines Geißeltierchen namens *Trichomonas gallinae*, verursacht schwere Halsentzündungen und führt bei den kleinen Vögeln zum Tode. Nicht selten geschieht dies, wenn die Futterstellen nicht sauber gehalten werden. Dann kommt es immer wieder auch zu Ausbrüchen von Vogel-Salmonellose. Die gut gemeinte Fütterung wird so zur Todesfalle für die Vögel.

Das zweite Beispiel ist eng mit der Wintervogelzählung verbunden. Es gibt in unserer Vogelwelt Standvögel und Zugvögel. Das wird bei der Behandlung des Vogelzugs noch näher ausgeführt. Bei Amsel und Buchfink begegnete uns bereits das eigentlich überraschende Phänomen, dass Weibchen und viele junge Männchen in ein Winterquartier im milderen Süden oder Südwesten ziehen, während viele oder die meisten alten Männchen hierbleiben und sich als Standvögel verhalten. Standvögel sind solche, die das ganze Jahr bei uns bleiben und auch nach der Brutzeit nur wenig umherstreifen. Typische Standvögel sind bei uns Haussperlinge und Kohlmeisen. Zugvögel verlassen ihr Brutgebiet, um woanders, in für sie geeigneten Regionen, den Winter zu verbringen. Rechtzeitig vor Beginn der neuen Brutzeit kehren sie wieder zurück. In unseren mitteleuropäischen Bereichen kann das ganz Unterschiedliches bedeuten. Nämlich dass uns Vögel, die bei uns brüten, beispielsweise Schwalben und Grasmücken, im Spätsommer und Herbst verlassen und im Frühjahr wiederkommen. Sie verbrachten den Winter in südlichen, überwiegend afrikanischen Regionen. Zugvögel sind aber auch die oben bereits angeführten Bergfinken sowie die meisten im Winter an die Futterhäuschen kommenden Gimpel und Zeisige sowie einige andere Vogelarten. Sie stammen aus nördlicheren und östlicheren Brutgebieten oder aus Bergwäldern. Bergfinken kommen in manchen Wintern in sehr großen Mengen zu uns. Viele Millionen können es sein. Solche Einflüge bezeichnet man als Invasionen. Darüber mehr bei der Behandlung der Seidenschwänze (S. 231).

In klimatischen Übergangsgebieten – und Mitteleuropa ist ein solches – treffen somit Zuzügler, die hier überwintern, auf Durchzügler, die auf dem Zug ins Winterquartier nur mehr oder weniger lange

Zwischenrast machen, und auf die hier ganzjährig verbleibenden Standvögel. Wie verhalten sich die Artenzahlen und die Mengen der betreffenden Vogelarten zueinander? Das ist die Frage! Dem Verhältnis können wir bei genauerer Betrachtung entnehmen, wie es um ihre Bestände bei uns und in anderen Gebieten steht. So bedeutet ein ganz starkes Überwiegen von Kohlmeisen gegenüber den beträchtlich kleineren Blaumeisen zumeist, dass bei Letzteren akuter Mangel an Nistplätzen herrscht. Wie die Kohlmeisen brüten die Blaumeisen in Höhlen. Sie sind dabei sogar noch findiger als die größere, stärkere Art. Wenn es aber kaum noch Naturhöhlen gibt, weil ältere und alte Bäume fehlen oder weil alle morschen Äste gleich per Baumpflege entfernt und die an ihren Schnittstellen möglichen Höhlenbildungen durch Baumharzbehandlung unmöglich gemacht werden, geht es den Blaumeisen schlecht, so gut wir sie auch durch den Winter füttern. Sie brauchen Nistkästen, deren Einflugloch klein genug ist und mit einem Durchmesser von 2,7 cm möglichst so passt, dass nur sie, nicht aber die größeren Kohlmeisen hineinkommen.

In ähnlichem, aber schwieriger zu behebendem Konkurrenzverhältnis stehen die Kohlmeisen und die Feldsperlinge zueinander. Für beide passt die gleiche Fluglochgröße von etwa 3,5 bis 4 cm im Nistkasten. Sind die Feldsperlinge, die «Spatzen mit schwarzem Fleck an den Backen», früh dran mit der Besetzung von Nistkästen, haben die Kohlmeisen meistens das Nachsehen. Noch geringere Chancen auf eine geeignete Bruthöhle haben die erst im Spätfrühling aus dem Winterquartier zurückkehrenden Trauerfliegenschnäpper. Für sie bleibt kein Nistkasten mehr, wenn Kohlmeisen und Feldsperlinge häufig sind. Manchmal beziehen auch Haussperlinge solche Standard-Meisenkästen. Am Futterhaus deutet sich bereits an, wo später, in der Brutzeit, Engpässe entstehen werden. Und nicht nur dies, sondern ein noch viel allgemeinerer Befund ergibt sich aus der Zusammensetzung der winterlichen Vogelwelt an den Futterhäuschen und -plätzen, nämlich die Verhältnisse zwischen Höhlenbrütern und Freibrütern, zwischen Vögeln, die mehr von Pflanzensamen oder so gut wie ausschließlich von Insekten und kleinen «Würmern» leben, sowie solchen Arten, die bodennah nisten.

Frei im Gebüsch, im Geäst oder hoch oben in Baumkronen bauen die Finkenvögel ihre Nester. Gibt es genügend derartig guter, d. h. dicht-

Schwanzmeise an ihrem mit Flechten verkleideten, aber ungewöhnlich gut sichtbaren Kugelnest. (Foto: Alfred Limbrunner)

wüchsiger Bäume und Büsche als Nistplätze, sind diese Vögel häufig und im Winter in viel höheren Anteilen in den Beständen am Futterhaus vertreten als die Höhlenbrüter, wenn bei diesen Knappheit an Höhlen und Nistkästen herrscht. Insektenfresser, die bei uns überwintern und mehr oder minder regelmäßig auch zu Winterfutterstellen kommen, sind Rotkehlchen und Zaunkönig sowie Schwanzmeisen und Wintergoldhähnchen. Die beiden letztgenannten Arten lassen sich aber nur recht selten an Futterhäusern blicken, wenn diese zu weit entfernt von Wäldern oder gebüschreichen Parkanlagen stehen. Dass seit gut einem Jahrzehnt Schwanzmeisen dennoch beträchtlich häufiger als früher an Futterstellen gesehen werden, wo sie bevorzugt an «Meisenknödeln» herumturnen und das Fett herauspicken, hängt mit der Zunahme ihrer Häufigkeit zusammen.

Als in den Zeiten des «sauren Regens» der 1960er bis 1980er Jahre durch zu viel Schwefeldioxid, das über Großfeuerungsanlagen und zu schwefelhaltiges Heizöl in die Luft geriet, die Bäume und Dächer den Großteil des Flechtenbewuchses eingebüßt hatten, wurden die Schwanzmeisen sehr selten. Der saure Regen hatte die Flechten geschädigt oder ganz vernichtet. Die meisten Flechtenarten reagieren sehr empfindlich auf Luftschadstoffe, vor allem auf Säure darin. Seit die Luft, insbesondere in den Städten, wieder besser wurde und sich sogar bestimmte Flechtenarten stark vermehren, weil ihnen der nunmehr erhöhte Gehalt an Ammoniak (Ammonium-Ionen NH_4^+) zugutekommt, geht es den Schwanzmeisen wieder besser. Ihre Häufigkeit nahm kräftig zu. Denn sie verkleiden ihre im Durchmesser etwa 20 Zentimeter großen Kugelnester so mit Flechten, dass diese an sich großen Gebilde nahezu unsichtbar werden. Je mehr ortstypische Flechten vorhanden sind, desto besser können die Schwanzmeisen ihre Nester tarnen. Beim Rotkehlchen, das sich von Insekten und kleinem Gewürm ernährt, können wir im Winter schon ab dem Spätherbst hören, dass es singt und damit ein besetztes Winterrevier kundtut. Der Gesang dient nämlich nicht nur der Anlockung eines Weibchens zu Beginn der Brutzeit, sondern auch der «Abstoßung» von Artgenossen in der Zeit knapper Nahrung im Winter. In dieser kritischen Zeit singen auch die Weibchen der Rotkehlchen. Grundlegendes, für unsere Vogelwelt höchst Wichtiges, beginnen wir zu erkennen, wenn wir versuchen, die Artenzusammensetzung und Häufigkeit der winterlichen Futterhausbesucher zu ermitteln. Damit wird schon ein bloßes Beobachten vom Fenster aus zu richtiger Ornithologie mit für den Vogelschutz bedeutsamen Befunden.

Enten auf den Stadtteichen

Nach Raritäten muss der werdende ‹Orni› also nicht gleich suchen. Die «gewöhnlichen Vögel» am Futterhaus bieten genug Interessantes. Ein weiteres, ganz anders geartetes Spektrum an Vogelarten entdecken wir bei einem winterlichen Gang zu Gewässern in der Stadt. Dort sind die Wasservögel, anders als in der «freien Natur», nicht scheu, weil sie nicht bejagt werden. Wir können aus geringer Entfernung zusehen, wie die verschiedenen Arten von Enten balzen, was die Möwen so treiben, die in der Stadt überwintern, und die Schwäne und die Gänse dazu.

Zu sehen gibt es bei den Wasservögeln wirklich viel. Der ausgehende Winter ist die beste Zeit, um Enten und Gänse an Stadtgewässern zu beobachten. Bei den Enten tragen die Männchen (die Erpel) nun alle das

Prachtkleid. In diesem sind sie am leichtesten zu bestimmen und von anderen Arten zu unterscheiden. Was bei den Weibchen nicht so einfach geht. Manche sehen einander in ihrem recht tarnfarbenen Gefieder sehr ähnlich. Die Erpel sind umso verschiedener. Beginnen wir bei der «einfachsten», weil bei weitem häufigsten Entenart, die wir auf Stadtgewässern antreffen werden, der Stockente. Sie ist die Stammart der Hausenten*, und wir finden sie so gut wie überall auf Stadtgewässern. Die Erpel kennzeichnen ein glänzend flaschengrün gefiederter Kopf, der zitronengelbe Schnabel und ein schmaler weißer Halsring vor der kastanienbraunen Brust. Weniger gut zu sehen ist am Schwanzansatz die sogenannte Erpellocke aus hochgekrümmten Federchen der Oberschwanzdecken.

Es gibt Stockenten zwar auch draußen auf den «freien» Gewässern, aber an diesen können wir sie nur auf größere Entfernung beobachten. Denn «freies Gewässer» bedeutet, dass die Stockenten dort gejagt werden. Das macht sie sehr scheu, wie alles bejagte Wild. In der Stadt hingegen kümmern sich die Enten entweder gar nicht um die Menschen oder betrachten sie als mögliche Quellen von Futter. Sogar Hunde schätzen die Wasservögel in der Stadt richtig ein. Sie weichen höchstens ein Stück weit aufs Wasser aus, wenn ein allzu eifriger, frei laufender Hund ankommt. Panik verursacht er nicht. Manch kleinerer Hund macht mit Gänsen gleich mal eine schlechte Erfahrung, wenn er sich diesem großen Wassergeflügel zu forsch nähert. Dann wird er angegriffen. Von diesem indirekten Schutz profitieren die Enten, fühlen sich wohl und sicher.

Beste Voraussetzungen sind das, um Einblicke in ihre Lebensweise zu gewinnen. Sind die Stadtgewässer eisfrei und ist das Wetter für uns Menschen angenehm winterlich, geben sich die Enten besonders munter. Es kann sogar sein, dass sie nicht einmal aufpassen, ob jemand kommt, der Futter bringt. Sie sind mit anderem, jetzt Wichtigerem beschäftigt, mit der Balz. Sehen wir zu, dann erleben wir gleich etwas

* Mit einer Ausnahme allerdings. Die großen weißen, schwarzgrünen oder fleckigen Enten mit merkwürdigen, fleischigen Knollen am Schnabelansatz an der Stirn stammen von der Moschusente ab. Sie ist eine «Südamerikanerin» und lebt verschiedentlich verwildert auch auf Stadtgewässern und im nahen Umland von Städten. Die Moschusente lassen wir hier unberücksichtigt.

Stockenten im Vorfrühling auf einem Parkgewässer.

ganz Besonderes. Was die Erpel der Stockenten veranstalten, ist nämlich eine «Gesellschaftsbalz». Für diese braucht gar kein Weibchen anwesend zu sein. Man hat den Eindruck, plötzlich überkommt es die Erpel und sie legen los. Dabei machen sie recht komische Figuren. Fachliche Bezeichnungen wie «Kurzhoch» oder «Grunzpfiff» drücken dies aus. Beim «Kurzhoch» reißt der Erpel Kopf und Brust gleichzeitig mit dem Hinterteil mehrere Zentimeter weit in die Höhe, während sein Körper auf dem Wasser bleibt. Das macht ihn «kurz» und «hoch». Bringt er den Grunzpfiff, zieht er mit dem ein Stück eingetauchten Schnabel einen flotten Bogen und schleudert dabei eine Reihe Wassertropfen seitwärts nach hinten oben, während er sich selbst mit dem Vorderkörper aufrichtet und einen merkwürdig pfeifenden Laut ausstößt. Mehrere Erpel zusammen, mitunter ein Dutzend und mehr, vollführen diese wie von spastischen Zuckungen durchsetzte Gruppenbalz. Damit bringen und halten sie sich selbst in Stimmung.

Den Enten, den noch nicht verpaarten Weibchen, wird auf diese Weise die Paarungsbereitschaft der Erpel signalisiert. Sie können sich aus der Balzgruppe einen auswählen und sich mit ihm verpaaren. Hat

Stockerpel, normal gefiedert («Wildtyp»), mit gut erkennbaren «Erpellocken» über dem Schwanz, zitronengelbem Schnabel und orangeroten Beinen; dem Aussehen nach topfit.

Grunzpfiff des Stockerpels als Teil der Posen in der Gesellschaftsbalz. Im Hintergrund (links) ein fehlfarbener Mischlingserpel.

eine Ente dies vor, schwimmt sie auf den erwählten Erpel zu und beginnt, mit sehr künstlich übertrieben wirkenden, seitlichen Kopfbewegungen auf die anderen Erpel zu «hetzen». Der Erwählte versteht das Signal und zieht ab mit dieser Ente, die nunmehr für die nächsten Wochen seine Ente ist. Die zurückbleibende Gruppe von Erpeln setzt die Gesellschaftsbalz fort; natürlich nicht ununterbrochen, aber sofort, wenn sich eine einzelne Ente nähert. Was wir als Gruppenbalz der Erpel beobachten, stellt also gewissermaßen den Heiratsmarkt der Stockenten dar (und anderer Entenarten, bei denen es ähnlich zugeht; davon gleich mehr). Die ledigen Weibchen können sich bei dieser Darbietung ein Männchen auswählen, mit dem sie sodann für das bevorstehende Brüten ein festes Paar bilden.

Erst in diesem verpaarten Zustand kommt es zur eigentlichen, auf die Paarung bezogenen Balz. Diese läuft ganz anders ab als Gruppenbalz, die besser Gesellschaftsspiel genannt werden sollte. Das Weibchen merkt, dass in ihrem Körper Eier herangereift sind. Diese müssen zum genau richtigen Zeitpunkt befruchtet werden, bevor die für die Samenzellen pergamentartig-undurchdringlichen inneren Eihüllen und die äußere Kalkschale darauf abgelagert werden. Nur in einem ganz bestimmten Entwicklungszustand sind die Eier befruchtungsfähig, also geeignet für das Eindringen eines vom Männchen stammenden Spermatozoons. Für die Enten ist es daher wie für die allermeisten Vogelweibchen sehr wichtig, frisches Sperma vom Männchen zum möglichst genau passenden Zeitpunkt zu bekommen. Dazu dient die Paarbalz. Mit einer aufwärts und abwärts ausgeführten Kopfbewegung, dem «Pumpen», das die beiden Partner nun gemeinsam und einander gegenüber ausgerichtet durchführen, beginnt diese Balz. Ente und Erpel synchronisieren sich damit. Ist das Weibchen so weit, hört es auf zu pumpen, streckt den Kopf flach über die Wasseroberfläche aus und gibt dem Erpel damit das Signal zum Besteigen und zur Kopula. Schnell ist diese vollzogen. Danach schüttelt sich die Ente intensiv. Manchmal deutet sie auch ein Baden an und lässt Wasser über den Rücken laufen. Etwas weniger intensiv schüttelt sich auch der Erpel, der oft wie verlegen an seinem Gefieder herumputzt.

Bei Vögeln mit größerer Eizahl sind wiederholte Paarungen nötig, die jedes Mal wieder das Weibchen mit frischem Sperma versorgen. Warum das so wichtig ist, wird im 2. Teil des Buches näher erläutert. Enten machen große Gelege. Bei den Stockenten legt ein kräftiges Weibchen 7 bis 10, manchmal auch noch mehr Eier. Wiederholt paaren sich daher die Weibchen mit ihren Männchen. Beide Vorgänge, die Gruppen- und die Paarungsbalz, lassen sich auf Stadtgewässern sehr gut beobachten. Draußen fallen Balzgruppen zwar auf größere Entfernung auf, zumal wenn mit einem leistungsstarken Fernrohr beobachtet wird, aber die Paarungsbalz wird viel vorsichtiger, oft geradezu klammheimlich, vollzogen. Denn das sehr auf sich bezogene Paar könnte dabei von einem Greifvogel, wie einer Rohrweihe oder einem Seeadler, überrascht werden. Auf Stadtgewässern droht diese Gefahr kaum.

Manchmal passiert anderes, geradezu Grausliches. Eine Ente kommt allein angeflogen, landet in der Nähe einer Gruppe von Erpeln, löst bei diesen aber nicht wie üblich die Gruppenbalz aus, sondern einen direkten Ansturm auf sie selbst. Sie wird von den Erpeln regelrecht überfallen und vergewaltigt. Im schlimmsten Fall kommt sie dabei ums Leben. Was geht da vor? Verwahrlosen die Enten in der Stadt? Haben sie ihr normales Verhalten verloren, weil sie den ganzen Tag, dank guter Fütterung seitens wohlmeinender Menschen, keine Mühe mit der Suche nach Nahrung haben? «Wohlstandsverwahrlosung» wurden solche Verhaltensweisen tatsächlich genannt. Die Jäger sahen in den Vergewaltigungen eine klare Begründung für die Notwendigkeit der Bejagung und Dezimierung der Parkstockenten. Dabei war es höchstwahrscheinlich gerade die Bejagung, die zu solchen Verhältnissen geführt hatte. Warum, das ergibt sich aus dem weiteren Leben der Stockenten, nicht nur jener, die auf den Stadtgewässern leben. Denn sie erhalten Zuzug aus dem Umland, wenn dort auf Enten gejagt wird.

Wie sich das Leben der Stockenten abspielt, bekommen wir mit, wenn wir die Enten nicht nur bei der auffälligen Balz im Winter und Vorfrühling beobachten, sondern auch den großen Rest des Jahres über. Sie machen es uns leicht, weil sie so menschenvertraut bleiben. Nur zum Brüten ziehen sich viele Enten an geschützte Stellen zurück, die kaum oder gar keinen direkten Einblick ins Brutgeschehen ermöglichen. Dennoch gibt es in der Stadt auch Enten, die auf einem Balkon, im Blumenkasten zum Beispiel, ein Nest bauen und ihr Gelege darin ausbrüten. Allein dabei zuzusehen, wie die Entenmutter ihre Jungen, die kaum mehr als Flaumbällchen sind, wenn sie nach dem Schlüpfen trocken geworden sind, zum Absprung auf den Boden hinunterlockt, um mit ihnen zu Fuß zum nächsten Gewässer zu gehen, ist ein ergreifendes Erlebnis. Für eine Entenmutter, die mit ihrer Kükenschar eine Straße überquert, halten sogar die Autofahrer an. Nur wenige Entlein kommen tatsächlich unter die Räder, dank der Rücksichtnahme, die der Ente mit ihren Jungen in der Stadt zuteilwird.

Das Nisten

Doch noch ist es nicht so weit. Die winterlichen Beobachtungen hatten bis zur Paarbalz mit der Kopula auf dem Wasser geführt. Wie geht es weiter? Zunächst werden wir feststellen, dass die Menge der Stockenten auf dem Stadtgewässer im Frühjahr mehr oder weniger stark abnimmt.

Das liegt daran, dass sich die Paare, die zusammengefunden haben, nun nach einem Nistplatz umsehen. Der Erpel begleitet seine Ente dabei. Stockenten sind sehr findig, wenn es um Nistplätze geht. Die Weibchen bauen das Nest zwar häufig in gewöhnlicher Weise gut versteckt im Röhricht oder Gebüsch am Gewässerufer, aber sie nehmen mitunter auch eine geräumige, oben offene Baumhöhle an, nisten in einer hinreichend großen, von Buschwerk verdeckten Mauernische oder sogar, wie oben schon beschrieben, in einem Blumenkasten auf dem Balkon oder in einem eigens dafür aufgestellten Entennistkasten am Teich. Sobald das Gelege voll ist, fängt das Weibchen zu brüten an. Mit nur kurzen Pausen, um sich zu strecken und etwas Nahrung aufzunehmen oder zu trinken, bleibt es auf den Eiern sitzen, die mit weichen Federchen des Bauchgefieders im Nest warm eingepackt sind, bis nach knapp vier Wochen Brutzeit die Entlein schlüpfen. Mit diesen kommt die Ente, wenn alles gut gegangen ist, zumeist auf das ihr vertraute Gewässer zurück, wo die Kleinen alsbald lernen, dass sie von Menschen gefüttert werden.

Die Erpel, die zu Anfang des Brütens noch in der Nähe ihrer Enten geblieben waren, sind indessen längst zurück und haben sich den anderen Erpeln wieder angeschlossen. Zählen wir in dieser Zeit, im April insbesondere, die Geschlechter, so werden wir ein starkes Überwiegen der Männchen feststellen. Aber Weibchen sind auch (noch) da. Sie halten, als festes Paar klar erkennbar, mit ihren Männchen zusammen und machen keine Anstalten, einen Nistplatz zu suchen. Solche Weibchen erreichten höchstwahrscheinlich nicht die Kondition, Eier zu legen. Sie haben dafür nicht genügend Reserven in ihrem Körper. Dass sie dennoch mit einem Männchen fest verpaart sind und mit diesem auch den Sommer und Herbst über zusammenhalten, liegt an einem weiteren merkwürdigen Verhalten der nicht verpaarten oder wieder «frei» gewordenen Erpel. Sie bemühen sich weiterhin intensiv um jedes Weibchen, das allein in ihre Nähe kommt, und verfolgen es, wenn es davonzufliegen versucht. Ist das Weibchen verpaart, folgt sein Männchen nach, um den fremden Erpel von einer Vergewaltigung abzuhalten. Im Frühjahr können wir häufig solche Dreierflüge sehen. Vorneweg fliegt eine laut quakende Ente, dicht gefolgt von einem Erpel und einem weiteren Erpel mit etwas mehr Abstand. Der direkte Verfolger ist der Fremde. Die Weibchen sind bis in den Frühsommer hinein, wenn die Brutzeit endet, nicht sicher, wenn sie sich in der Nähe von Männchen blicken lassen. Da sich diese an günstigen Stellen ansammeln, geraten die Weibchen fast zwangsläufig in Konflikt mit den freien Erpeln. Auf den Stadtgewässern sind es die Stellen, an denen es Futter gibt, im Freiland die geschützten, nahrungsreichen Ufer. Der Konflikt ist eine notwendige Folge der Gruppenbalz. Viele Weibchen verlieren frühe Gelege, weil diese von natürlichen Feinden entdeckt werden. Hat die Ente noch für weitere Eier Reserven in ihrem Körper, wird sie ein Nachgelege versuchen. Ein solches enthält zwar weniger Eier als das Erstgelege, aber es ist allemal besser, als gar keinen Nachwuchs im betreffenden Jahr zu erzielen. Damit die neuen Eier befruchtet werden können, müssen die Keimdrüsen der Erpel weiterhin aktiv bleiben, solange Weibchen wegen eines Nachgeleges kommen könnten. Nach der Paarungszeit bilden sich die Keimdrüsen der Vogelmännchen zurück, und zwar so stark, dass sie geschlechtlich eigentlich zum Neutrum werden. Erst im nächsten Winter bzw. Frühjahr wachsen die Hoden wieder, produzieren Samenzellen und die Erpel können bei der Begattung befruchtungsfähiges Sperma dem Weibchen übertragen. Mit der Gesellschaftsbalz verzögern die Erpel durch gegenseitige Stimulierung die Rückentwicklung ihrer Geschlechtsdrüsen. Wenn die Erpel ihre Weibchen also verlassen haben und zum Platz der Gruppenbalz zurückgekehrt sind, bleiben sie weiter «in Stimmung», und jedes Weibchen, das sein Gelege verloren hat und zu ihnen kommt, kann sich erneut paaren. Dieser Vorteil bringt den Nachteil mit sich, dass die Erpel sexuell sehr aggressiv werden können, zumal wenn es (zu) viele von ihnen gibt. Wie umfangreiche Zählungen aus den letzten Jahrzehnten gezeigt haben, verändert draußen an Seen, Teichen und Flüssen die Bejagung das von Natur aus ausgeglichene Geschlechterverhältnis, so dass starke Erpelüberschüsse zustande kommen können. Die Folgen zeigen sich in den häufigen Verfolgungsflügen, das die Jäger «Reihen» nennen, und in Vergewaltigungen. Diese sind schon deshalb möglich, weil die Erpel im Gegensatz zu den meisten anderen Vögeln einen ziemlich langen, schraubig gedrehten Penis haben. Manchmal sieht man ihn, wenn er nach einer Paarung noch ausgestülpt ist und aus der Kloake des Erpels wie ein großer gelblicher Wurm heraushängt.

Nur weil sie häufig und leicht zu beobachten sind, sind Parkstockenten also keineswegs uninteressant. Allein aus ihrem winterlichen

Geschlechterverhältnis, also der Zahl der Erpel und der ihrer Art zugehörigen Enten (Weibchen), gewinnen wir eine ganz gute Vorstellung davon, was während der Brutzeit geschehen wird.

Flagge zeigen

Bei der Beobachtung der Enten auf den Stadtgewässern sehen wir auf den ersten Blick, wie unterschiedlich die Erpel der verschiedenen Arten sind, während sich die Enten viel stärker ähneln. Da sie wochenlang auf ihren Gelegen sitzen (müssen), um die sich die Erpel, wie auch um die Jungen, nicht kümmern, haben die Weibchen tarnendes Gefieder nötig. Die Erpel unterliegen dieser Belastung nicht. Sie können ihre Schönheit gleichsam frei entfalten. Darüber mehr in anderem Zusammenhang, weil Grundlegendes zum Verständnis der Vogelwelt damit verbunden ist. Hier reicht es festzustellen, dass das, was wir sehen, offensichtlich auch die verschiedenen Arten von Enten selbst (zumindest in grundsätzlich ähnlicher Weise) sehen. Die auffällige, geradezu plakative Färbung und Musterung des Gefieders der Erpel im «Prachtkleid» führt die artlich zueinandergehörenden Individuen zusammen. Es stimuliert die Erpel zur Gruppenbalz. Bei den Weibchen reicht zur Arterkennung hingegen offenbar eine «Flagge», die nur im Flug direkt sichtbar ist. Es ist dies der «Spiegel» in jedem der beiden Flügel. Ein abgegrenzter Teil der Armschwingen oder aber ein ähnlich deutlicher, fast über den ganzen Flügel verlaufender Streifen signalisiert, um welche Art es sich handelt. So ist, wie wir an den Stockenten leicht sehen können, der intensiv blau schimmernde, weiß eingefasste Spiegel bei Männchen und Weibchen gleich ausgebildet, sosehr sich Erpel und Ente auch im übrigen Gefieder unterscheiden. Der Spiegel bleibt als solcher erhalten und wird in gleicher Form wieder nachgebildet, wenn bei der Mauser im Hochsommer das Federkleid erneuert wird. Die Erpel nähern sich in diesem «Ruhekleid» (in dem sie die Weibchen in Ruhe lassen) stark den Weibchen an, wie wir beim Beobachtungsgang im Hoch- und Spätsommer sehen werden. Erst im Herbst mausern sie das Kleingefieder erneut und entwickeln zum Winter hin das Prachtkleid. Wir haben es somit bei den Männchen der Stockenten wie bei vielen weiteren Arten von Enten und anderen Vögeln im Jahreslauf mit mehreren «Kleidern» zu tun. Auf das dem Weibchenkleid noch ähnliche Jugendkleid der im Herbst groß gewordenen Jungerpel folgt das Prachtkleid des erwachsenen Erpels, das im Sommer zum schlichten, weibchenfarbenen Ruhekleid vermausert wird und im nächsten Herbst oder Frühwinter erneut durch ein Prachtkleid ersetzt wird. Die Federn dazu finden wir in mitunter großer Zahl an den Parkgewässern.

Die Weibchen verändern ihr Gefieder sehr viel weniger. Oberflächlich betrachtet, sehen sie vom Jugendkleid bis ins höhere Alter immer gleich aus. Aber eine Ausnahme gibt es, und diese zu beobachten haben wir wiederum auf Stadtgewässern die besten Chancen. Wird nämlich eine Ente so alt, dass sie keine Eier mehr legen kann, entwickelt sie bei der nächsten Mauser ein dem Erpel recht ähnliches Gefieder. Sie wird «hahnenfiedrig», wie es heißt. Der Grund dafür ist inzwischen gut bekannt. Das Weibchenkleid ist ein sogenanntes Unterdrückungskleid, das durch die Wirkung der weiblichen Hormone erzeugt wird. Diese unterdrücken das Männchenkleid, das eigentlich für die Art typisch wäre. Warum das so ist, hängt mit der Festlegung des Geschlechts bei den Vögeln zusammen. Bei ihnen hat das Männchen zwei männliche Chromosomen, das Weibchen aber ein weibliches und ein männliches. (Auch davon mehr im 2. Teil, in dem es um die Eigenheiten der Vögel ganz allgemein geht.) Wie erkennt man ein hahnenfiedriges Weibchen? Dazu müssen wir die Schnäbel betrachten. Bei den Erpeln der Stockenten sind diese intensiv gelb mit olivgrüner Tönung, bei den Weibchen aber verwaschen rötlich braun mit dunklem First. Hat ein im Prachtkleid etwas dumpfer als üblich wirkender «Erpel» keinen gelben, sondern einen bräunlichen, weibchentypischen Schnabel, handelt es sich um eine hahnenfiedrige Ente. Da die Enten in der Stadt nicht geschossen werden und weniger dem Risiko ausgesetzt sind, von einem Greifvogel oder einem Fuchs gefangen zu werden, sehen wir dort eher ein richtig alt gewordenes Weibchen, das nunmehr das Erpelgefieder trägt.

Müssen Mischlinge «ausgemerzt» werden?

Mit einer weiteren Besonderheit warten die Parkstockenten auf, nämlich mit Mischlingen, die gar nicht mehr wie die Wildform aussehen. Auch sie verdienen unsere Aufmerksamkeit. Ihr Spektrum reicht von ganz weißen Hausenten mit gelborangefarbenem Schnabel, also albinotischen Formen, bis zu im Grunde ganz schwarzen, deren Gefieder aber meistens einen metallischen Schimmer hat. Es gibt gescheckte Enten, solche, die ganz normal aussehen, aber anstelle einer braunen eine weiße Brust haben, oder solche, die ein «Krönchen» aus am Oberkopf emporstehenden Federn tragen. Entstanden sind diese Mischformen aus Kreuzungen von Hausenten mit «wilden», d. h. nicht domestizierten, aber mit der Menschenwelt vertrauten Stockenten. Da die Hausenten Zuchtformen der Stockente sind, ist eine «Rückkreuzung» leicht möglich – möchte man meinen.

Die Beobachtung der Enten im Stadtpark lehrt uns aber anderes. Es gibt sie zwar, diese Mischlinge, und sie verhalten sich auch ganz munter, wo man sie leben lässt, aber wenn die Paarungszeit kommt, bleiben so gut wie alle Mischlingserpel als Single übrig, wie wir bei näherer Betrachtung feststellen werden. Nur fahl- oder leicht fehlfarbene Weibchen schaffen es dank der bei Stockenten üblichen Weibchenwahl, ein

Stockenten-Mischlingserpel in zwei Formen (die rechte Variante mit viel schwarz und weißer Vorderbrust kommt relativ häufig vor).

normalfarbenes (wildfarbenes) Männchen zu bekommen. Eher selten kommen später solche Weibchen mit einer Jungenschar zurück. Daher mischen sich auf den Stadtgewässern keineswegs die dort lebenden Stockenten «hemmungslos» miteinander. Im Gegenteil. Die Mischlinge haben viel geringere oder gar keine Chancen, eine Partnerin zu bekommen. Außerhalb der Städte kommen Stockenten-Hausstockenten-Mischlinge nur selten vor. Sie sind in den Wildbeständen gänzlich bedeutungslos. Ihr Leben ist auf das Leben in der Menschenwelt eingestellt. Daher könnten wir dem Wohl und Wehe der Mischlinge viel über die Lebensbedingungen auf den Parkgewässern entnehmen, würden sie nicht von einer scheinbar überwundenen Rassenideologie getroffen, die da behauptet: «Rasserein müssen auch die Enten sein!» Naturschützer, die das fordern, sollten sich genauer überlegen, auf welcher ideologischen Basis sie dies tun. Und wie weit sie sich damit tatsächlich von der Natur, von der Selektion der Umwelt, entfernen und zu Ideologen machen. Dass es allzeit willige Jäger zur «Ausmerzung» der Mischlinge gibt, sollte gleichfalls zu denken geben.

Prachtkleider der Enten und die Sexuelle Selektion

Die Befunde an den Parkstockenten führen tief hinein in die Kernprobleme von Prachtgefieder, Partnerwahl und Evolution. Seit Darwins Werk zur ‹Sexuellen Selektion›, das vor fast 150 Jahren erschienen ist und seither ein Kernstück der Evolutionsbiologie darstellt, wissen wir, dass es die Weibchen sind, die wählen. Dementsprechend sollten die Männchen auch «wählbar», d. h. unterschiedlich sein. Wenn sie aber alle gleich aussehen, woran hält sich das Weibchen dann bei der Wahl? Bei näherer Betrachtung der Erpel bekommen wir den Eindruck, dass sie sich kaum oder gar nicht individuell unterscheiden (lassen). Schauen wir nur nicht gut genug hin? Und warum werden die Mischlingserpel mit ihrem anders aussehenden Gefieder nicht als etwas Neues bevorzugt, sondern abgelehnt? Je mehr wir die Enten beobachten, desto tiefer geraten wir hinein in die Geheimnisse der lebendigen Natur. Sie sind ein Schatz, der viel leichter zu heben ist als manch andere Besonderheit der Vögel.

Auch wenn wir auf die obigen Fragen nicht gleich eine plausible

Antwort bekommen, so bringen uns die Enten und die anderen Wasservögel im Stadtpark auf die Spur dessen, worum es im Leben der Vögel geht. Wir sehen, dass es außer den Stockenten noch weitere Arten von Enten gibt, die wir ebenfalls am leichtesten beim Vergleich der Erpel miteinander bestimmen können. Manche unterscheiden sich von vornherein in der Körpergröße, andere in der Art, wie sie schwimmen, und ob sie auch tauchen. Arten, die das tun, gehören zu zwei anderen Gruppierungen von Enten, die wir auf vielen innerstädtischen Gewässern beobachten können, sofern diese tief genug sind. Die eine der beiden bilden die sogenannten Tauchenten. Wenn sie schwimmen, liegen sie tiefer im Wasser als die Stockenten, die mit ihren näheren Verwandten die Untergruppe der «Schwimm- oder Gründelenten» bilden. Bei der Nahrungssuche stecken sie nur den Kopf ins Wasser oder kippen so, dass das Hinterteil in die Höhe gereckt wird (= «gründeln»). Sie tauchen nicht, weil es ihnen zu große Mühe machen würde. Manchmal schubsen sie sich selbst, vor allem beim Baden, mit solchem Schwung ins Wasser, dass sie ein Stück weit untertauchen.* Ihr Auftrieb, den das dichte, mit Luft gefüllte Gefieder verursacht, schleudert sie sogleich wieder zurück auf die Wasseroberfläche.

Die Tauchenten wirken kompakter, «dichter» und schlüpfriger in ihrer Körperform. Es bedarf nur eines kleinen Schwungs und schon tauchen sie unter, fast ohne Spritzer zu verursachen. Kräftig mit den Beinen paddelnd, streben sie zum Gewässerboden hinab, um dort nach kleinen Muscheln oder den Larven von Wasserinsekten zu suchen. Manche Arten der Tauchenten nehmen dabei die halb geöffneten Flügel zu Hilfe, so dass sie eigentlich auch Unterwasserflieger sind. Bei den Pinguinen ist dies sogar der Hauptantrieb beim Tauchen. Manche tauchen damit Hunderte Meter tief ins Meer. Von unseren in Mitteleuropa vorkommenden Tauchenten werden wir auf Stadtgewässern hauptsächlich die Reiherente antreffen. Die Weibchen dieser im Vergleich zu den Stockenten beträchtlich kleineren Ente sind dunkel ohne markante Kennzeichen, die Erpel im Prachtkleid sehr plakativ schwarz-weiß. Weiß sind (im Schwimmen) die Flanken, also der über Wasser sichtbare Teil der Bauchseite, der vorn scharf gegen die schwarze Brust und oberseits von

---

* Das tun auch Enten, und zwar frei auf dem Wasser, nicht in Pfützen wie die Spatzen!

den sehr dunklen Flügeln abgegrenzt wird. Hinter den Beinen fällt die Grenze zum gleichfalls tief dunkelbraunen Schwanzende nicht ganz so scharf aus. Vom Oberkopf hängt sichelförmig ein schmaler langer Federschopf nach hinten. Die Augen sind intensiv goldgelb. Bei der Balz schütteln die Erpel der Reiherenten ihren Kopf, so dass der Schopf wackelt. Auf diesen bezieht sich der deutsche Name der Reiherente. Weniger häufig sind auch andere Tauchenten im Winter auf städtischen Gewässern zu sehen, wie Tafel- und Schellenten.

Die «Säger»

Es gibt eine weitere Gruppe tauchender Entenvögel, die keine ‹Tauchenten› im obigen Sinne sind und tatsächlich einer eigenen Untergruppe (einer Unterfamilie im Sinne der zoologischen Verwandtschaftsverhältnisse) angehören. Es sind dies die «Säger». Wer noch keine Grundkenntnisse der Vogelwelt hat, dem wird eine solche Bezeichnung recht komisch vorkommen. Sie hat aber ihre Berechtigung. Denn die Seitenkanten der schlanken Schnäbel der Säger sind sägezähnchenartig ausgebildet. Damit halten sie ihre schlüpfrige Beute fest: Fische passender Größe. Vögel haben ja keine Zähne in den Schnäbeln; präziser ausgedrückt, keine Zähne mehr; denn in der fernen Vergangenheit trugen die Vögel durchaus Zähne. Das beweist der «Urvogel» *Archaeopteryx lithographica*, auf den ich ebenfalls im 2. Teil eingehen werde, aber nicht nur er, sondern auch weitere Vogelfossile einer großen, jedoch schon lange ausgestorbenen Vogelgruppe, genannt Zahnvögel. Jahrmillionen nach dem vollständigen Verlust der Zähne entwickelten manche Vogelgruppen «Zahnersatz» in Form von gesägten Seitenrändern des Schnabels. Ein Angehöriger einer solchen Gruppe, der Säger *(Mergini)*, den wir in manchen Städten, so zum Beispiel auf den Gewässern in München, antreffen können, ist der Gänsesäger. Er wirkt zwar deutlich größer als die Stockente, aber bei weitem nicht gänsegroß, wie die in München stets anwesenden Grau- und Kanadagänse im Vergleich zeigen. Im Prachtkleid, das vom Frühwinter bis in den Spätfrühling oder Frühsommer hinein getragen wird, ist bei den Erpeln der Gänsesäger der Kopf ähnlich flaschengrün wie bei den Stockerpeln. Den Körper

Reiherente (Erpel); dunkles, am Kopf blau schimmerndes Gefieder, weißer Bauch, hell blaugrauer Schnabel und gelbes Auge kennzeichnen ihn im Prachtkleid. Der dünne «Reiherschopf» am Hinterkopf ist nicht sichtbar.
(Foto: Alfred Limbrunner).

Kolbenenten-Paar. Den Erpel kennzeichnet der lackrote Schnabel auch im Schlichtkleid. Diese Tauchente ernährt sich vornehmlich von Wasserpflanzen.
(Foto: Ernst Weber)

hingegen bedeckt großenteils ein weißes, auf der Vorderbrust und an den Flanken lachsrosa überhauchtes Gefieder, das schwarze Flügelfedern an den Rückenseiten markant gliedern. Der Gänsesäger ist ein prächtiger Vogel. Die Weibchen sind, wie bei Entenvögeln üblich, viel schlichter mit braunem, etwas klobig wirkendem Kopf und grauem Körper. Da sie in Höhlen nisten, muss ihr Gefieder nicht so tarnend sein wie bei den Stockenten.

Diese Säger tauchen sehr gut und oft auch beträchtlich länger als die Tauchenten. Sie jagen unter Wasser nach Fischen. Dabei müssen sie natürlich schneller schwimmen können als diese. Nun sind aber viele Fische nicht gerade langsam, und wer sich in Fischkreisen gemächlich bewegt, tut dies nur in guter Deckung. Die Beobachtung der Gänsesäger führt uns daher zu einer weiteren für das Leben der Vögel grundlegend wichtigen Gegebenheit, zur Ernährung und zum Aufwand, der dafür

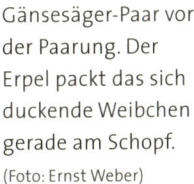

Gänsesäger-Paar vor der Paarung. Der Erpel packt das sich duckende Weibchen gerade am Schopf.

(Foto: Ernst Weber)

betrieben wird oder – besser – betrieben werden kann. Bei den Stockenten sieht die Nahrungsaufnahme vergleichsweise einfach aus. Sie schnattern im Flachwasser den Bodenschlamm durch, um etwas für sie Verwertbares darin zu finden. Der Aufwand bleibt gering. Auf den Umsatz an Energie im Körper der Ente bezogen, liegt er nur unwesentlich höher als beim ruhigen Schwimmen. Was der Tierkörper, ohne etwas Besonderes zu tun, an Energie umsetzt, wird Grundumsatz genannt. Dieser hält die innere Wärme des Körpers aufrecht, unterstützt die Vorgänge des Stoffwechsels, die Tätigkeit des Gehirns sowie die Reaktionsbereitschaft der Nerven und Muskeln. Wie eine Heizung, die auf eine bestimmte Temperatur im Raum eingestellt ist, benötigt der Grundumsatz dauernd Nachschub an Energie. Gewonnen wird diese aus der Nahrung. Reserven, die im Körper für kalte und im Hinblick auf die Ernährung schlechte Zeiten angelegt worden sind, reichen nur für mehr oder weniger kurze Zeit. Nachschub wird spätestens dann benötigt, wenn der Grundumsatz zum Abbau von Muskelmasse führt.

Die hohe Frequenz, mit der bei kaltem Wetter im Winter die Vögel an die Futterhäuser kommen, drückt den gesteigerten Energiebedarf ebenso aus wie das Drängeln der Wasservögel, wenn sie gefüttert werden. Die meisten Vögel sehen nun beträchtlich dicker als im Sommer aus, weil sie ihr Gefieder stark aufplustern. Das vergrößert den Raum zwischen den äußeren Federn, den Konturfedern, und der Oberfläche des Körpers. Luft isoliert, wie wir wissen. Wir schätzen die besondere Isolationswirkung von Daunenfedern. Diese stammen in ihrer qualitativ besten Form von einer an kalten Meeresküsten lebenden Tauchente, der Eiderente. Diese polstert ihre Nester außerordentlich gut mit ihren eigenen Daunen, den Eiderdaunen, aus. Dennoch hilft auch das beste Gefieder nichts, wenn der Nahrungsvorrat im Körper zu Ende geht. Neue Nahrung muss beschafft werden. Bei den Tauchenten heißt das, hinabtauchen zum Gewässergrund, wo mehr oder weniger blindlings, mit dem Schnabel tastend, nach den Kleintieren gesucht wird. Der Energieaufwand für das Hinabtauchen gegen den Auftrieb, den das Wasser verursacht, stellt eine Vorinvestition dar. Was die Tauchente unten findet, muss diesen Aufwand nicht nur ausgleichen, sondern darüber hinaus mehr bieten. Nur dann lohnt der Einsatz an Energie. Als Faustregel können wir davon ausgehen, dass das Tauchen fünf- bis zehnmal mehr Energie kostet als das Gründeln, je nachdem, wie tief das Gewässer ist.

Längst nicht überall gibt es aber im Bodenschlamm der Gewässer so viele Kleintiere, dass sie das Tauchen lohnen. Handelt es sich aus unserer Sicht um ein sehr sauberes Gewässer, werden wir kaum Tauchenten finden, weil sauberes Wasser Nahrungsarmut bedeutet. Die allermeisten Stadtgewässer werden, da sie flach sind und rasch verschlammen, in mehrjährigen Abständen gereinigt. Am Boden entwickeln sich dann nicht so viele Kleintiere, als dass sie für die Tauchenten attraktiv wären. Wenn also, wie üblich, Stockenten als Gründelenten mit Abstand die häufigsten Schwimmvögel auf dem Stadtgewässer sind, drückt dies nicht etwa die ökologische Überlegenheit der Stockente aus, sondern den Mangel an Kleintiernahrung im Bodenschlamm.

Gänsesäger sind in aller Regel noch seltener als Tauchenten, nur wegen der Pracht der Männchen viel auffälliger. Warum das so ist und auch unter ganz natürlichen Verhältnissen so sein muss, liegt am Verhältnis von der Verfügbarkeit der Nahrung und dem Aufwand, sie zu bekommen. Die Säger fangen, wie schon festgestellt, unter Wasser Fische. Hinter einem flinken Fisch herzuschwimmen kostet allerdings noch einmal beträchtlich mehr Energie, als nur zum Gewässergrund hinabzutauchen. Zudem ist eine ganz andere Technik erforderlich. Kann die Reiherente als Tauchente am Tag ruhen und das Tauchen auf die Nacht verschieben, wenn Raubfische, wie Hechte, nicht jagen können, weil sie nichts sehen, so kommt das für den Gänsesäger nicht in Frage. Er sollte sogar besonders gut sehen, wo ein Fisch der für ihn passenden Größe schwimmt und was dieser bei der Verfolgung für Ausweichmanöver unternimmt. Klares Wasser bietet also für den Gänsesäger die besten Fangmöglichkeiten. Das ist zwar einesteils richtig, doch muss man einschränkend gleich hinzufügen, dass es umso weniger Fische gibt, je klarer das Wasser ist. Denn desto sauberer und für die Fische ärmer an Nahrung ist es auch. In trüberem Wasser gibt es mehr Fische. Dessen schlechtere Sicht mindert jedoch den Fangerfolg des Sägers und alsbald lohnt der hohe Energieaufwand für das Tauchen nicht mehr.

So kommt ein «Optimierungsproblem» zustande. Das Ergebnis ist ein Kompromiss zwischen etwas getrübtem, nahrungs- und damit fischreicherem Wasser einerseits und der notwendigen Sicht für die Unterwasserjagd andererseits. Dieser Kompromiss lässt sich an manchem Stadtgewässer beobachten, wenn Gänsesäger darin fischen. Sie stecken aus ruhiger, keine Wellen hervorrufender Schwimmlage zunächst nur den Schnabel bis über die Augen ins Wasser und spähen so nach Fischen aus. «Wasserlugen» wird das genannt. Erst wenn sie einen geeigneten Fisch entdeckt haben, tauchen sie ab und jagen, so schnell sie können, hinterher. Manchmal tun sie das auch in einer Gruppe gemeinsam; ein Fangverhalten, das bei Kormoranen verbreitet ist und auch beim Haubentaucher gelegentlich vorkommt. Dieser ist ein anderer Fischjäger unserer Gewässer, der aber von deutlich kleineren Fischen lebt als der Gänsesäger.

Der Gänsesäger muss nun schneller als der angepeilte Fisch sein. In kaltem Wasser ist ihm das eher möglich, weil ihn seine innere Wärme leistungsfähiger macht als den Fisch. Letzterer schwimmt mit im Grunde derselben Temperatur, die das ihn umgebende Wasser hat. Die Muskeln der Säger arbeiten aber bei einer Temperatur, die um 20 bis 30 Grad Celsius höher ist als das umgebende Wasser. Das macht den Vogel von Natur aus schneller als den Fisch. Auf der Kostenseite liegt jedoch ein sehr hoher Energieverbrauch. Die für ihn und seine Fischjagd unter Wasser am besten geeigneten Gewässer sind daher solche, die kalt, klar und hinreichend fischreich sind. Im Trüben fischen geht für ihn insbesondere dann nicht, wenn das Wasser dazu noch ziemlich warm ist. Wassertemperaturen von 20 Grad und darüber «beschleunigen» die Fische. An Flüssen, die im Frühsommer sehr trübes Wasser führen, wie der aus den zentralalpinen Gletscherregionen kommende Inn, fehlt der Gänsesäger daher als Brutvogel. Nur dort, wo das trübe, schwebstoffhaltige Wasser nicht hinkommt, bieten sich für ihn eventuell Lebensmöglichkeiten. An klaren Flüssen des Alpenrandes, an den Ufern der

Voralpenseen und den Seen im norddeutschen Tiefland gibt es für die Gänsesäger günstige Lebensbedingungen. Und eben auch an manchen Seen in innerstädtischen Parkanlagen. Betrachtungen der Wasservögel im Stadtpark vermitteln einen ersten Einblick in die Ökologie. Wir können die verschiedenen Arten bestimmten «ökologischen Nischen» zuordnen. Dank der besonderen Umweltansprüche, die die verschiedenen Arten stellen und ausreichend voneinander unterscheiden, können sie gemeinsam existieren.

Wasservogelhybride

Längst ist damit noch nicht ausgeschöpft, was allein die Wasservögel in der Stadt zum Einstieg in die Beschäftigung mit der Vogelwelt bieten. Fast immer gibt es dort außer Enten (und mancherorts Gänsesägern oder sogar Kormoranen, die ähnlich wie die Säger unter Wasser nach Fischen jagen) die entengroßen schwarzen Blesshühner (ganz treffend wegen ihrer weißen Stirn so genannt!), häufig auch Gänse und Möwen. Bei den Gänsen handelt es sich um die Stammform der Hausgänse, die Graugans. In mehreren größeren Städten leben auch die noch beträchtlich größeren Kanadagänse auf innerstädtischen Gewässern. Weitere, weniger bekannte Gänse- und Halbgänsearten können gleichfalls vorkommen. Für ihre Bestimmung brauchen wir wiederum einen geeigneten Feldführer zur Vogelwelt. Doch trotz der hohen Qualität dieser Bücher werden wir unter Umständen mit Schwierigkeiten konfrontiert. So können darunter entflogene Wasservögel aus Zoologischen Gärten oder der Ziervogelhaltung sein, die in den gängigen Feldführern über die Vögel Europas nicht enthalten sind. Und dann gibt es auch Hybride, echte Kreuzungen zwischen zwei verschiedenen Arten.

Besonders häufig sind Hybride von Kanada- und Graugans. Beide Gänsearten sind eigentlich so verschieden voneinander, dass sie sogar in unterschiedliche Gattungen (*Branta* für die Kanadagans und *Anser* für die Graugans) gestellt werden. Sie unterscheiden sich also stärker als etwa Pferd und Esel, die sich zu Maultier bzw. Maulesel kreuzen können (je nachdem, zu welcher Art die Mutter gehört). Daher verwundert es nicht, dass die Hybriden von Kanada- und Graugans nicht mehr fort-

Wasservogelhybride **51**

Kanadagans und Hybridgans Kanada- x Graugans, Nymphenburger Park, München.

pflanzungsfähig sind, klappt das doch auch bei Pferd und Esel nicht, obgleich beide einer Gattung *(Equus)* angehören. Hybride sollten nur Bastarde zwischen verschiedenen Arten genannt werden, nicht die Rückkreuzungen zwischen der domestizierten Form und der Wildform, da dies innerhalb derselben Art geschieht (!).

Artbastarde kommen bei Entenvögeln recht häufig und völlig natürlicherweise vor (und nicht nur unter Zwang, wie bei gezielten Zuchten). Das liegt daran, dass die Angehörigen dieser Vogelordnung der Gänsevogelartigen (Anseriformes), zu denen neben den Gänsen und Enten auch die Schwäne gehören, vergleichsweise große Gelege haben. Tag für Tag wird ein Ei legebereit fertig, bis das Gelege voll ist. Wird während des Legens das Nest zerstört, kann das Weibchen in Legenot geraten. Es legt dann das buchstäblich fällige Ei in ein anderes, ähnliches Nest, das in der Nähe vorhanden ist. An Stadtgewässern, wo auf den wenigen dafür geeigneten Inselchen der Brutplatz knapp ist, passiert das eher als an den langen, unzugänglichen Ufern nordischer Seen, wo genug Platz vorhanden ist. Das im falschen Gelege ausschlüpfende Junge kann dann, wenn es Glück hat und die andersartigen Nestgeschwister zur selben Zeit schlüpfen, mit der fremden Mutter aufwachsen. Sie führt und schützt die Jungenschar ja nur. Füttern muss sie die Kleinen nicht. In so einem Fall wird das fremde Junge auf die falsche Art geprägt;

gerade so wie die eben aus dem Ei geschlüpften Gänseküken, die auf den berühmten Verhaltensforscher und Nobelpreisträger Konrad Lorenz (und all die anderen, die das nachmachten) geprägt wurden. Sie folgen der falschen Mutter, die sich aber in der richtigen Weise um den kleinen Fremdling kümmert. Wird das Junge erwachsen, sucht es die Nähe der Angehörigen der anderen Art und paart sich vielleicht mit einem Partner davon.

So kommen Arthybriden zustande. Meistens erkennt man sie daran, dass sie Merkmale beider Elternarten, manche miteinander gemischt, aufweisen. Von den jeweiligen Ausgangsarten der Kreuzung werden sie höchst selten anerkannt oder gar als Partner angenommen. Sie leben unter günstigen Umständen zwar lange, verursachen aber keine weitere Vermischung. Denn sie sind unfruchtbar.

Damit blenden wir nochmals kurz zurück zu den Stockenten, die sich mit Hausenten mischten und alle möglichen Mischlinge erzeugen. Schon bei diesen klappt es nicht mehr so recht mit der weiteren Fortpflanzung, vor allem bei den Erpeln, weil diese von den normalen Weibchen nicht angenommen werden. Fachlich ausgedrückt, weisen die Mischlinge eine verminderte Fitness auf, die unfruchtbaren Arthybriden haben gar keine mehr. Damit wird ausgedrückt, dass sich die Mischlinge weniger erfolgreich fortpflanzen als die reine Stammart und ihr Abkömmling, die domestizierte Zuchtform, bzw. dass eben gar keine Vermehrung mehr zustande kommt wie bei den artverschiedenen Hybriden.

Abgrenzung von Arten

Beide Fälle führen uns hinein in das komplizierte und auch unter den Fachleuten sehr umstrittene Gebiet der Abgrenzung von Arten. Dass Stockente und Reiherente voneinander verschieden sind, sehen wir auf den ersten Blick. Beide Entenarten verwechseln einander auch nicht, denn sie kreuzen sich in freier Natur nicht und sind selbst in Gefangenschaft kaum dazu zu bringen. Zu verschieden sind ihr Aussehen und ihre Verhaltensweisen bei der Balz, an denen sich die Arten nicht nur erkennen, sondern wodurch die Partner sich gegenseitig stimulieren.

Wie verhält es sich aber, wenn zwei äußerlich einander recht ähnliche Arten, die von Natur aus geographisch weit getrennt voneinander leben, durch Zutun des Menschen zusammenkommen und sich ohne weiteres paaren? Sind das nun keine zwei verschiedenen Arten mehr oder sind sie's doch, weil die Hybriden vielleicht weniger fruchtbar sind? Solche Schwierigkeiten bereiten gegenwärtig manche Möwen, insbesondere solche, die «wie Silbermöwen aussehen», sich aber für unser Auge in Kleinigkeiten unterscheiden. Ist die «Silbermöwe des Mittelmeeres» eine andere Art als die Silbermöwen der Nord- und Ostseeküste? Worum handelt es sich bei den Großmöwen vom «Typ Silbermöwe», die im Binnenland vorkommen und im Winter auch die Städte aufsuchen?

Die Fachleute sind sich da gar nicht einig – und sie können es auch kaum sein, weil Zeit und Raum bei der Trennung von Arten eine unterschiedlich starke Rolle spielen, je nachdem, wie lange es her ist, dass Angehörige einer Ausgangspopulation (einer Art) voneinander getrennt wurden und ohne Kontakt zueinander weiter existierten. Zwangsläufig kommt dabei eine gewisse Weiterentwicklung zustande, beispielsweise eine Anpassung an etwas andere Lebensbedingungen. Man behalf sich mit der formalen Bildung und Benennung von Unterarten (Subspezies), auch Rassen genannt. Und steht sodann vor der Entscheidung, wann eine Unterart aufhört, eine solche zu sein, und eine eigene Art darstellt.

Dass dies keine Spitzfindigkeit ist, daran muss mit Nachdruck erinnert werden. Denn auch wir Menschen entwickelten uns in vielen Jahrtausenden voneinander getrennt in Großregionen der Erde so unterschiedlich, dass es manchen Zeitgenossen immer noch schwerfällt, die Einheit der Menschheit zu akzeptieren. Wir sind jedoch sicherlich keine Gruppierung dreier oder mehrerer verschiedener Menschenarten, mögen auch einzelne Unterschiede noch so groß ausfallen, wie etwa die Körpergröße, wenn wir Pygmäen des Kongourwaldes mit für sie riesenhaften Massai vergleichen, von der Äußerlichkeit der Hautfarbe ganz abgesehen. Die Betrachtung der Vogelwelt und ihre Gliederung in Arten, Unterarten und Lokalformen vermittelt daher die biologischen Grundlagen dafür, wie wir Menschen uns selbst bei allen Unterschiedlichkeiten als Art zu verstehen haben. Sogar gewisse Ähnlichkeiten zu unseren Sprachen und Dialekten gibt es bei den Vögeln in ihren Gesängen. Diesen wenden wir uns nun zu, denn gegen Ende des Winters beginnen die ersten Arten zu singen. Das ist die beste Zeit, sich «einzuhören».

Erste Vogelgesänge

Was wir alsbald im März dank des noch relativ späten Tagesbeginns ohne extremes Frühaufstehen hören können, sind Gesänge und Balzrufe jener Vogelarten, die bei uns überwintert haben oder die aus geringer Entfernung schon beim ersten warmen Vorfrühlingswetter zurückkehren. Außer dem Flöten der Amseln ist es das für manche Zeitgenossen angeblich nervige «guh, guh, guckh» der Türkentauber, das uns am Morgen zu Ohren kommt. Diesen Ruf zu bestimmen fällt leicht. Je nach Lokalklima und Entwicklung des Wetters beginnen Ende Februar/Anfang März auch die Buchfinken zu «schlagen». Dieser Ausdruck passt allerdings nicht mehr in unsere vom Schlagzeug der Beat- oder Heavy-Metal-Musik geprägte Zeit. Auch das geradezu süße «zi, zi, zi, zi…iiih ^{zieh}» des Goldammergesangs würde heutzutage wohl kaum als ein Hämmern eingestuft werden. Aber die Vogelfamilie der Ammern (früher «Hämmerlinge») ist danach benannt worden. Die Buchfinken geben einen dichten Triller von sich mit Überschlag am Ende, dem als «Regionaldialekt» ein «kick» angehängt sein kann. Also sagen wir besser, der Buchfinkenschlag ist ein Triller. Er lässt sich leicht einprägen.

Häufiger als im Winter, wenn sich die dicken, rotbrüstigen Männchen am Futterhaus breitmachten, lassen nun die Gimpel ihre feinen Flötentöne hören. Wie gehaucht klingen sie. Schade eigentlich, dass die Zeiten vorbei sind, in denen man die Gimpel lehrte, die Grundmelodie von Nationalhymnen oder anderer bekannter Musikstücke zu pfeifen. Im Harz und in Thüringen gab es darauf spezialisierte «Waldvogelhalter», wie sie sich nannten, die den jungen Gimpeln so lange die Melodien vorpfiffen, bis sie diese gut beherrschten. Mit ihren Sängern (Pfeifern) zogen sie zum «Sängerwettstreit». Es lag an den sicher häufig – meistens sogar – schlechten Unterbringungsbedingungen, dass die Waldvogelhaltung geächtet wurde. Die Artenschutzbestimmungen verschärften die Genehmigungsverfahren und so verlor sich ein Können ziemlich rasch, das nicht hätte verschwinden müssen, wäre es den Anforderungen des Tierschutzes rechtzeitig angepasst worden. Bedauernswert ist das auch im Hinblick auf die Forschung, die durch die zu pauschalen und vielfach ganz unnötig überzogenen Verbote enorm

Singender Star im Frühjahr. Das Gefieder glänzt, weil sich die hellen, tropfenförmigen Spitzen des Herbst- und Wintergefieders abgestoßen haben. Der hellblaue Grund des Unterschnabels weist den Vogel auch ohne Gesang als Männchen aus. (Foto: Ernst Weber)

erschwert worden ist. Denn manche Vögel lernen auch ohne den Zwang eines engen Käfigs neue Melodien.

So zum Beispiel jene Haubenlerche, deren Können ein Erlanger Zoologe, Professor Tretzel, entdeckte und mit Tonbandaufnahmen dem staunenden Publikum bei einer Jahrestagung der Deutschen Ornithologen-Gesellschaft vorführte. Die Haubenlerche ahmte nämlich die Melodie nach, die ein Schäfer, der in der Gegend mit seiner Schafherde unterwegs war, immer wieder gepfiffen hatte. Er machte aber einen Fehler. Einen Ton hatte der Schäfer zu tief angesetzt. Die Haubenlerche korrigierte das und pfiff die Strophe richtig.

So etwas erleben nur Auserwählte, wird man dazu wohl sagen müssen. Aber das gewöhnliche Repertoire der Vogelgesänge ist im Frühjahr vielstimmig und vielsagend genug, um vollauf damit beschäftigt zu sein, alles kennenzulernen. Denn auf die Handvoll Vögelchen, die bereits im ausgehenden Winter singen oder – als Nichtsingvögel – mit dem Vortragen ihrer Balzstrophen beginnen, folgen Woche für Woche immer mehr, bis gegen Mitte Mai «alle Vögel da sind» (schön wär's, werden Kenner anmerken, denn es sind längst nicht mehr «alle», die kommen; das Schwinden der Vogelvielfalt wird im 3. Teil noch ausführlich behandelt werden). Vereinfacht auf «Amsel, Drossel, Fink und Star», stimmt der Reim immerhin noch, wenngleich zwei der vier keine Arten, sondern Gruppen von Vogelarten bezeichnen, nämlich Drosseln und Finken. Erstere gehören zu den sangesfreudigsten und sangeskräftigsten Singvögeln (die Amsel ist auch eine Drossel!), Letztere dagegen eher zu den unauffälligen, vom Buchfinken abgesehen, der natürlich auch ein Fink ist. Die Stare aber gehören zu jenen Vögeln, die besonders gut im Imitieren und offensichtlich (besser: ohrengängig) nicht sehr musikalisch sind. Sie können zwar das Klingeln von Telefonen, auch von Handys, und andere mechanische Töne so nachmachen, dass man sein Mobiltelefon zu hören meint. Aber was sie zwischendurch an Tönen, noch dazu unter heftigem Flügelschlagen, aus sich herausquetschen, hört sich sehr stümperhaft an. Das ist natürlich ein typisch menschliches Urteil, denn die Starendamen schätzen wohl gerade die für unser Ohr nicht so musikalischen Töne, weniger jedoch das Handy. Zumindest kenne ich keine Berichte, denen zufolge eine Starin angeflogen kam, als es klingelte.

Mit der Anlockung ist es in der Tat so eine Sache. Wenn, wie wir zu sagen pflegen, Schönheit im Auge des Betrachters liegt, dann gilt noch viel ausgeprägter für die Gesänge, dass ihre Attraktivität im Ohr der Hörerin liegt. Wie sonst wollen wir uns erklären, dass sich das Weibchen des so ergreifend lieblich singenden Fitislaubsängers diesem Gesang ergibt, während das fast gleich aussehende Weibchen des Zilpzalps mit einem «wörtlich» ausgedrückten «zilp-zalp» voll und ganz zufrieden ist? Ende März hören wir die ersten Zilpzalpe zilpzalpen; etwa zwei Wochen danach, wenn die Weidenbäume in den Flussauen austreiben und ihre männlichen Blütenkätzchen fein gelb blühen, singen auch die Fitisse. Ihren Gesängen nach lassen sie sich leichter als jedes andere bei uns vorkommende Artenpaar unterscheiden, das vom Äußeren fast ununterscheidbar gleich aussieht. Die allermeisten Vogelkenner machen sich nicht die (oft genug ziemlich vergebliche) Mühe, diesen kleinen, nicht einmal 10 Gramm leichten Laubsängern auf die Beine zu schauen. Sind diese nämlich schwärzlich dunkel, gehören sie zum Zilpzalp, im Fall heller, eher dumpf fleischfarbener Beinchen aber zum Fitis. Dessen Gefieder ist zudem gelblicher als das des «graueren» Zilpzalps. Keiner von beiden ist normalerweise entgegenkommend genug, sich auf Beine und Brust schauen zu lassen. Halten sie untereinander Kontakt, sagen sie entweder (fast) einsilbig «huit» oder (beinahe) zweisilbig «hu-it». Wichtig ist der Gesang, und dieser sagt alles für die Weibchen beider

Arten. Das gilt auch für die dritte oder vierte Laubsängerart, die wir in mitteleuropäischen Laubwäldern antreffen können, den etwas größeren, «länglicheren» Waldlaubsänger, der so schön «sib, sib, sib-sirrrrr» schwirrt und gegenwärtig immer seltener wird, und den etwas kleineren, im Gesang kaum beschreibbaren Berglaubsänger, den ein deutlich gelber Bürzel auszeichnet (so man darauf blicken kann).

Mit Zilpzalp und Fitis beginnt die große Zeit der Vogelgesänge, an der sich ab Ende März/Anfang April die Mönchsgrasmücken als erste der singgewaltigen Grasmücken beteiligen, gefolgt – wenn wir in wirklich «guten Gebieten» die Ohren spitzen – von Klapper- und Dorngrasmücke sowie ganz zuletzt, Anfang bis Mitte Mai, von der unermüdlichen Gartengrasmücke. Die sehr kräftig singenden Mönchs- und Gartengrasmücken können allenfalls durch ihre vergleichsweise große Häufigkeit eine akustische Dominanz der Grasmücken vortäuschen. Sie reichen jedoch bei weitem nicht an das heran, was andere Arten von Grasmücken im mediterranen Frühling vorsingen, ganz zu schweigen von der Stimmgewalt der Nachtigallen mit ihren «Schlägen» und dem Schluchzen.

In den Röhrichten schnarren und schwirren inzwischen die Rohrsänger und die Schwirle. Nannte man Erstere zu Zeiten, in denen sie noch häufig waren, Rohrspatzen, deren Schimpfen sprichwörtlich wurde und im Fall der Annäherungsversuche eines Kuckucksweibchens auch höchst sinnvoll war, hielten und halten alle Unkundigen die Gesänge der Schwirle für solche von Heuschrecken oder Grillen. Einer von ihnen, der Feldschwirl, der meistens nicht auf Feldern vorkommt, sondern (selten genug inzwischen) im Buschwerk von Gräben und Waldrändern, insbesondere in Flussauen, hieß früher deshalb sogar Heuschreckenschwirl. Der Rohrschwirl dagegen hört sich nicht einmal mehr insektenhaft an. Sein gelegentlich minutenlang am Stück vorgetragener Gesang gleicht so sehr dem Aufspulen einer Angelrolle, dass mancher Angler einen Konkurrenten in der Nähe verborgen im Schilf wähnte, der vielleicht sogar klammheimlich und unerlaubterweise dort fischte.

Die Meister im Dauergesang waren (muss es leider heißen!) aber die Feldlerchen. Wer sie noch erlebte, wie sie im Frühjahrsmorgen zum Sonnenaufgang über den Fluren singend, singend, ununterbrochen singend hochstiegen, anscheinend ohne atmen zu müssen, konnte sich

58 Vögel beobachten

Kleiner gelbgrüner Laubsänger – ein Bestimmungsproblem, wenn man das quirlige Vögelchen nicht sehr gut sieht und es nicht singt. Welche der in Frage kommenden Laubsängerarten Mitteleuropas es ist, das ist auf Seite 272 zu finden.
(Foto: Hannes Petrischak)

dem Zauber der Lerche nicht entziehen. Es gehört zu den unsäglichen Entwicklungen in der Natur unserer Zeit, dass die besten Plätze für die Feldlerchen hierzulande nicht mehr die Felder und Fluren, sondern die Flugplätze sind. Wo die Düsenriesen mit ohrenbetäubendem Gedröhn aufsteigen oder landen, geht es den Lerchen noch gut. Auch das ist ein Thema, das im 3. Teil behandelt wird. Hören wir an dieser Stelle gleichsam hinter die Kulissen der Vogelgesänge im Frühling. Warum singen die Vögel so sehr und so vielfältig? Was drücken die Gesänge aus? Was können wir dazu direkt beobachten, ohne an komplizierten (frustrierend langen naturschutzrechtlichen Genehmigungsverfahren unterworfenen) Forschungen beteiligt sein zu müssen? Jede Menge, wenn wir gut zuhören.

Wer singt denn da und wie lange?

Wenn sie nicht gerade oben auf einer alten Fernsehantenne (die ihnen als Singwarte inzwischen beinahe abhandengekommen ist) oder dem Wipfel eines Baumes singen, halten sich Amseln sehr viel am Boden auf. Wie schon auf Seite 26 beschrieben, veranlassen Wärme und Lichtfülle der Großstadt die Amseln dazu, ihr Singen bereits mehrere Wochen vor Rückkehr der Weibchen zu beginnen. Genauere Beobachtungen beantworten die Frage, ob das ein unnötiger Aufwand von Energie ist.

Wer singt denn da und wie lange? 59

Die räumliche Verteilung der singenden Männchen weist darauf hin, dass sie mit ihrem Gesang Reviere abgrenzen, in denen später, wenn die Weibchen zurückgekehrt sind, die Nester gebaut und die Jungen großgezogen werden. Eine wichtige Funktion des Gesangs ist es also, das Revier zu markieren, aber es ist nicht die einzige. Eigentlich verhält es sich bei den Amselmännchen ähnlich wie bei den Stockenten und ihrer Balz auf dem Stadtteich. Die Sänger stimulieren sich mit dem Gesang gegenseitig. Wir sehen dies, wenn sie an den Reviergrenzen aufeinandertreffen und gleich so heftige Raufereien beginnen, dass mitunter sogar ihre schwarzen Federn fliegen. Die kämpfenden Amseln sind meistens, wenn nicht sogar immer Männchen mit intensiv gelben und oft an der Spitze rotorangefarbenen Schnäbeln. Sie geraten so sehr in Rage, dass nach den Kämpfen auch gelbe Krokusse daran glauben müssen. Die Amseln reißen diese in ihrer Wut aus und schleudern sie zur Seite – zum Ärger mancher Gartenbesitzer und Krokusfreunde, die diese Frühlingsblumen nicht als Sparringspartner für die Amseln vorgesehen hatten.

Gibt es im Frühling viele Amseln, weil sie gut durch den Winter gekommen sind und im vorausgegangenen Jahr reichlich Nachwuchs ausgeflogen war, nehmen die Revierstreitigkeiten an Häufigkeit zu. Denn die sogenannte Siedlungsdichte ist hoch. Erst wenn die Weibchen da sind und sich für die verschiedenen, ein Revier besitzenden Männchen entschieden haben, entstehen einigermaßen stabile Verhältnisse. Nester werden gebaut und der Gesang verlagert sich in die düsteren Stunden des frühen Morgen. Am Abend werden die Strophen schon kürzer und weniger intensiv vorgetragen.

Nach welchen Kriterien die Weibchen wählen, entzieht sich zumeist der direkten Beobachtung. Wir brauchen ein gutes Gehör oder, besser, ein gutes Gerät, um die Gesänge der Amselmännchen aufzunehmen. Dann gelingt es vielleicht festzustellen, welche Männchen als Erste von den angekommenen Weibchen gewählt wurden und welche zuletzt. Der Reichtum des Gesangs an unterschiedlichen Motiven ist bei der Amsel ein wichtiges Auswahlkriterium. Bei den Feldlerchen ist es die Ausdauer, mit der die Männchen den Singflug durchhalten, und vielleicht sogar die Höhe, in die sie dabei emporsteigen. Diese lässt sich schwer oder gar nicht mehr messen, wenn wir die zum Pünktchen geschrumpfte Lerche aus dem Blick verlieren. Aber die Länge des

Gesangs können wir mit einer Stoppuhr umso leichter messen. Variantenreichtum und Ausdauer sind zwei Eigenschaften von Gesängen, an denen die wählenden Weibchen die Fitness der Männchen erkennen können. Versuchen wir solche Messungen, wird sich die tatsächlich vorhandene, ganz beträchtliche Variabilität zeigen.

Die Vogelgesänge zu registrieren taugt aber noch für etwas ganz anderes, sehr Wichtiges. Singende Männchen drücken bei den Kleinvögeln und über die Balzrufe bei zahlreichen anderen Vogelarten aus, wie häufig ihre Art in einem Gebiet vorkommt und welche Typen von Lebensräumen die verschiedenen Arten bevorzugen. Die direkt flächenbezogene Häufigkeit wird als «Siedlungsdichte» bezeichnet. Bei Kleinvögeln gibt man sie oft mit der Zahl «singender Männchen» pro 10 Hektar an. Quadratkilometer wären als Einheitsmaß zwar wünschenswerter und bei Großvögeln müssen sogar 100 Quadratkilometer als Bezugsfläche verwendet werden. Bei Kleinvögeln, wie den Zilpzalpen, Fitissen, Buchfinken oder solchen Winzlingen wie dem Zaunkönig, schafft man einen kompletten Quadratkilometer jedoch kaum, zumal möglichst gleichzeitig registriert werden sollte, wer dort sonst in welcher Anzahl noch singt. Deshalb ist die Verminderung der Flächengröße auf 10 Hektar sinnvoll. Sie bedeutet immer noch eine Erfassungsbreite von 100 Metern entlang einer Strecke von einem Kilometer.

Eine derartige «Linientaxierung» lernt man nicht beim ersten Versuch. Für gute Mittelwerte braucht man zudem mehr als nur ein paar solcher 10-Hektar-Flächen. Wie viele, hängt vom Ausmaß der Schwankungen in den einzelnen Zählergebnissen ab. Die Erfordernisse der Statistik sind nicht allzu kompliziert, aber in der Praxis der Zählung singender Vögel sind sie oftmals schwer zu erfüllen. So sollten für «gute Mittelwerte» die «Varianzen», also die Quadrate der Standardabweichungen in der Normalverteilung der Werte, kleiner ausfallen als der Mittelwert selbst! Das aber bleibt oft bloßer Wunsch, weil die Bedingungen draußen überhaupt kein solches «statistisch» gutes Vorgehen ermöglichen.

Wer dazu mehr erfahren möchte, sollte die geeigneten Fachbücher vornehmen (siehe Literaturverzeichnis). Wir behelfen uns auf andere Weise und erhalten damit rasch gute Befunde. Dazu wählen wir Wege/Routen geeigneter Länge, z. B. einen Kilometer oder mehr durch das Ortsgebiet, durch den Wald oder die Flur, und notieren alle singenden

Männchen entlang solcher «Linientaxierungen». Diese liefern zwar keine Ergebnisse mit festem (sicherem) Flächenbezug, wie Männchen (= angenommene Brutpaare) pro 10 Hektar oder pro Quadratkilometer, dafür aber umso einfacher zu vergleichende Relativwerte. Sie besagen beispielsweise, dass wir im Ortsgebiet, das reich an Gärten und/oder Baumgruppen ist, auf einem Kilometer Wegstrecke zehn und mehr Amseln hören können, draußen im Forst vielleicht aber nur eine und in einem Auwald zwei bis drei. Die Amsel ist also im Ortsgebiet zweifellos relativ am häufigsten. Bei sehr genauen Untersuchungen wurden die höchsten Siedlungsdichten in alten Friedhöfen und nicht allzu gründlich durchgepflegten Stadtparks ermittelt, und das nicht nur bei Amseln, sondern auch bei allen Singvögeln zusammengefasst. Mit einer Häufigkeit von über 1500 Brutpaaren pro Quadratkilometer übertreffen solche Teilbereiche der Städte sogar die ansonsten überaus artenreichen Auwälder (im Auwald 1200).

Untersuchungen zur relativen Häufigkeit der Vögel in verschiedenen Typen von Lebensräumen und auch zu ihrer Siedlungsdichte gibt es zwar in so großer Zahl, dass man bei der Sichtung der Befunde schnell den Überblick in der Fülle der Zahlenwerte verliert, aber es folgt daraus auch, dass es Gründe für die Unterschiede geben sollte. Diese Gründe ergeben sich aus der speziellen Art der Lebensräume. Natürlich sind weder alle Friedhöfe einander gleich, noch sind es die Hausgärten oder die Wälder draußen. Überall herrscht Unterschiedlichkeit. Daher bilden die Zählungen zu ihrer Zeit zutreffende Aufnahmen eines Zustandes, wie er gerade herrscht. Gemeint ist dabei nicht nur der Zustand des Lebensraumes – Biotop genannt, wenn es wissenschaftlicher klingen soll –, sondern auch derjenige der Vogelbestände selbst, die keineswegs in jeder Brutsaison immer gleich groß sind. Und genau deswegen sind die eigenen Untersuchungen besonders interessant und wichtig. Denn sic geben uns Aufschluss darüber, wie es hier und jetzt aussieht, in der Vogelwelt und in der Natur, in der sie lebt und die wir so gut wie nirgends mehr Natur sein lassen, sondern auf die wir stets mehr oder minder stark einwirken.

Sind die Einflüsse seitens der Menschen groß, nennen wir sie Eingriffe. Sind sie weniger ersichtlich, weil sie im Verborgenen ablaufen, wie die Düngung oder der Einsatz von Pflanzenschutzmitteln auf den Fluren, oder handelt es sich um Änderungen, die sich aus dem Heranwachsen der Bäume und der übrigen Vegetation in Städten, Dörfern und Wäldern ergeben, übersehen wir sie. Nicht so die Vögel. Ihre Vorkommen und ihre Häufigkeiten drücken Zustände wie auch deren Veränderungen aus. Deshalb sind die Zählungen singender Männchen vom zeitigen Frühling bis in den Sommer hinein, wenn die Brutzeit endet, so aufschlussreich und auch so wichtig.

Vieles, was im 3. Teil dazu ausgeführt wird, basiert auf den meist von Amateuren, von Ornis, erhobenen Zählergebnissen. Hätten wir diese nicht, könnten wir weit weniger gut nachvollziehen, wie stark die Vogelwelt und die gesamte Natur in der kurzen Zeit des vergangenen halben Jahrhunderts verändert worden ist. Früher waren die Wälder, vor allem aber Feld und Flur ungemein reich an Vögeln. Heute sind es die Städte, allen voran die Großstädte. Berlin ist eine Weltmetropole für die Vögel, Hamburg und München und andere Millionenstädte sind es ihrer geringeren Größe gemäß auch. Die Fluren, über denen die Lerchen sangen, verödeten unter dem Einfluss der modernen Landwirtschaft. Im Frühtau ist es besser, in den Stadtpark zu gehen, um ein vielstimmiges Vogelkonzert zu hören, als hinaus aufs «freie Land» zu fahren. Die Vögel verstummen auf den Fluren, diesen neuen Agroindustriegebieten. Mit dem Autoverkehr und dem Stadtlärm, ja sogar mit den Bedingungen von Großflughäfen kommen sie viel besser zurecht als mit den Mais- und Rapsmonokulturen und mit den mehrfach im Jahr wiederholten Güllefluten, die weit schlimmer als jedes Hochwasser sind.

Vogelmonitoring

Fassen wir an dieser Stelle kurz zusammen, was wir von den Gesängen der Vögel erfahren können. Zumindest ungefähr zeigen sie im Frühjahr und Frühsommer an, wie viele Paare welcher Arten in unseren Untersuchungsgebieten vorkommen. Wir erhalten damit Einblick in die relativen und absoluten Häufigkeiten der Vögel. In die relativen beim Vergleich verschiedener Gebiete; in die absoluten, wenn wir die singenden Männchen genau auf Flächen bezogen ermitteln. Wir werden dabei feststellen, dass die Städte keineswegs so «schlecht», so naturfern sind, wie ihnen das immer noch nachgesagt wird, und auch, dass so mancher

Vogelmonitoring 63

Forst, weil (zu) wirtschaftlich ausgerichtet, sich nicht gerade durch ein vielstimmiges Waldvogelkonzert auszeichnet. Wie verarmt die intensiv landwirtschaftlich genutzten Fluren geworden sind, wird sich nicht überhören lassen, weil wir oft auf vielen Quadratkilometern Flur gar keinen Vogelgesang mehr hören. Wir können uns mit Untersuchungen zur relativen Häufigkeit der Vögel also ganz direkt in der Umweltforschung betätigen. Monitoring wird das genannt, damit es wissenschaftlicher klingt. Und wir könnten (sollten!) bestimmte, aus welchen Gründen auch immer als interessant einzustufende Strecken im gesamten Verlauf der Sangeszeit der Vögel zu erfassen versuchen. Diese Zeit erstreckt sich bis in den Juli hinein, soweit die Gesänge mit der Fortpflanzung verbunden sind.

Ist erst einmal ein genügend großer Grundstock an Kenntnissen der Vogelgesänge und ihrer tages- und jahreszeitlichen Häufigkeit vorhanden, wird fast zwangsläufig der Wunsch entstehen, die Entwicklung der Häufigkeit «unserer Vögel» über die Jahre hinweg mitzuverfolgen. Dann nehmen wir teil an Fragen, die derzeit besonders intensiv diskutiert werden. Etwa der, ob die Erwärmung des Klimas den Vögeln schadet, nützt oder letztlich ziemlich gleichgültig ist, weil sich Sangesbeginn und Brutzeit gleichermaßen verschieben und ebenso das Nahrungsangebot an Kleininsekten, da diese dem Temperaturregime in ihren Entwicklungszyklen folgen. Viel, allzu viel ist hierzu inzwischen spekuliert und über Computermodelle prognostiziert worden. An guten Langzeituntersuchungen herrscht hingegen Mangel. Denn diese lassen sich nicht mit Mitteln finanzieren, die für die Forschung kaum mehr als nur für ein paar Jahre am Stück gewährt werden. Kundige Amateure tragen mehr (und Besseres) zur Forschung von langfristigen Umweltveränderungen bei als die meisten staatlich geförderten Forschungsprogramme, die wie Eintagsfliegen auftauchen und wieder verschwinden, je nach politischer Stimmungslage. Den Notwendigkeiten der Kontinuität folgen (können) sie nicht. Weil nach der nächsten Wahl vieles wieder anders sein kann.

Folgen wir den Gesängen der Vögel, vor allem jenen am frühen Morgen, so bekommen wir den Ablauf der Brutzeit(en) der verschiedenen Arten recht gut mit. Die Intensität des Singens ist am höchsten in den Tagen vor dem Legebeginn der Weibchen. So gut wie alle Männchen, die ein Revier für sich in Anspruch nehmen konnten, artikulieren mit dem Gesang ihre Paarungsbereitschaft. Mit den Nachbarn haben sie sich inzwischen so weit arrangiert, dass Grenzstreitigkeiten unterbleiben oder nur gelegentlich kurz aufflackern. Der Morgengesang bewirkt nun unter Umständen anderes. Weibchen werden aus der Umgebung angelockt, schnell zu einem «Seitensprung» vorbeizukommen und sogleich wieder in ihr Brutrevier zurückzufliegen. Lautstärke und Ausdauer des Gesangs sind also nicht nur auf den/die unmittelbaren Reviernachbarn gemünzt. Um diesen oder umherstreifenden Männchen, die kein Revier erobern konnten, mitzuteilen, dass dieses hier besetzt ist, müsste nicht so laut und anhaltend gesungen werden. Die Nachbarn wissen ja Bescheid. Wahrscheinlich ist der tiefere Grund die Anlockung anderer Weibchen aus ferneren Revieren.

Mag sein, dass manche Vögel in den lärmerfüllten Städten deshalb deutlich (und messbar) lauter singen als draußen in den Wäldern, in denen es doch auch ziemlich stark rauschen kann. In Wäldern, in denen Brutrevier an Brutrevier der betreffenden Art grenzt, leben eventuelle Interessentinnen viel näher als in der Stadt, wo die Reviere häufig eher inselartig verteilt sind und Häuser akustisch viel abschirmen. Der Verkehrslärm wirkt möglicherweise gar nicht so, wie wir uns das vorstellen, weil er uns stört. Lang schon vor der Autozeit war bekannt, dass einsame Männchen nicht nur lauter, sondern auch viel länger singen als ihre verpaarten Artgenossen. Auf dem Frühjahrszug zurück in die Brutgebiete bleiben manche Vogelmännchen an Orten hängen, an denen keine Artgenossen vorhanden sind. Diese Singlemännchen singen sich dann schier die Kehle wund, so der Eindruck, im vergeblichen Bemühen, andere Artgenossen, insbesondere ein Weibchen, auf sich aufmerksam zu machen. Mit diesem Phänomen befassen wir uns etwas ausführlicher, wenn es im 3. Teil um die Verbreitung der Vögel geht. Denn dabei taucht zwangsläufig die Frage auf, warum manche Arten vielerorts nicht vorkommen, obwohl – zumindest aus unserer Sicht – alles passend für sie aussieht. Die meisten Vogelarten schätzen Nachbarn ihrer Art, auch wenn sie sich mit diesen dann um die besten Reviere streiten müssen. Deshalb gibt es auch mehr oder minder deutliche Grenzen der Verbreitungsgebiete, selbst dort, wo keine natürlichen Gegebenheiten, wie Gebirgsbarrieren, Küsten oder abrupte Wechsel im Typ des Lebensraums, solche vorgeben.

Vogelzug

Im Frühjahr also kehren die verschiedenen Zugvogelarten zu unterschiedlichen Zeiten zurück. Nach über einem Jahrhundert intensiver Forschungen zum Vogelzug, insbesondere dank der Beringung von Millionen Vögeln mit kleinen, sie nicht behindernden, aber über eine Nummer individuell gekennzeichneten Aluminiumringen, wissen wir ungefähr, wie der Vogelzug verläuft. Die Winterquartiere der allermeisten Arten sind bekannt. Moderne Methoden, wie die Verwendung von Minisendern, die über Satelliten verfolgt werden können, liefern inzwischen zunehmend genauere Befunde zu den Zugwegen, Zwischenaufenthalten und Verweildauern im Überwinterungsgebiet. Sie erklären, warum die verschiedenen Arten nicht etwa gleichzeitig ziehen, sondern zeitlich gestaffelt. Der direkte Grund ist meistens die Entfernung des Brutgebietes vom Winterquartier. Liegt dieses nahe, wie etwa die Gebiete rund ums Mittelmeer, in deren wintermildem Klima eine ganze Reihe unserer heimischen Vogelarten den Winter verbringt, kommen die Heimkehrer früh. Überwintern die Arten aber im tropischen Afrika, treffen sie erheblich später ein.

Ein Beispiel: Die Mönchsgrasmücke weicht unserem Winter nur bis in den Mittelmeerraum aus. Manche überwintern seit einem halben Jahrhundert in Südengland. Einzelne versuchen, auch den Winter über bei uns zu bleiben. Die Rückkehrer treffen Ende März/Anfang April ein. Die im tropischen Afrika überwinternde, der Mönchsgrasmücke in Körpergröße und Gesang durchaus ähnliche Gartengrasmücke kommt dagegen über einen Monat später zurück. Aber was ist der eigentliche Grund, die tiefere Ursache? Warum nimmt die eine Art den viel weiteren Zug auf sich, auf dem sie auch noch die größte Wüste der Erde, die Sahara, überfliegen muss, nachdem sie das Mittelmeer geschafft hat, während die andere die Kurzstrecke wählt und damit besser lebt, wenn man beider Bestandsentwicklung in den vergangenen Jahrzehnten betrachtet? Eine schlüssige Antwort hierauf kann die Vogelforschung, auch im Fall anderer Artenpaare mit ähnlich unterschiedlichem Zugverhalten noch nicht geben. Aber begründete Vermutungen sind möglich. Sie betreffen die Ernährung im Winterquartier und die Zahl der Bruten, die im Frühsommer getätigt werden können.

Arten mit tropischem Winterquartier, wie die Gartengrasmücke, gelangen nach ihrem Fernflug in einen Lebensraum mit normalerweise, d. h. ohne Einflussnahme durch den Menschen, sehr gleichförmigen Bedingungen von Jahr zu Jahr. Entgegen den landläufigen Vorstellungen sind die Tropen keineswegs ein reich gedeckter Tisch für die Wintergäste, sondern arm an Insekten, die als Nahrung für Kleinvögel geeignet sind. Die meisten tropischen Insekten sind entweder, wenn auffällig, giftig oder durch schlechten Geschmack geschützt oder aber dank sehr guter Tarnung extrem schwer zu finden. Die von Insekten lebenden Tropenvögel haben daher kleine Gelegezahlen und machen häufig mehrere Brutversuche im Jahreslauf, weil auch die Brutverluste hoch sind. Für die als Wintergäste in die Tropenwälder kommenden Singvögel reicht das, was sie finden, zum Überleben und auch dafür, genügend Fettreserven für den Rückflug und, bei den Weibchen, für eine rasche Entwicklung der Eier nach der Rückkehr anzulegen. Zum Brüten gleich an Ort und Stelle hätten sie nicht genug.

Die außertropischen Regionen, vor allem die Laubwälder mittlerer geographischer Breiten und die nordischen Nadelwälder, bieten im Sommer ein viel reichhaltigeres Spektrum an ungiftigen, leicht zu findenden Insekten. Zudem sind die Tage lang zur Brutzeit; um mehrere Stunden länger als in den Tropen, je nach geographischer Breitenlage. Die von Insekten lebenden Kleinvögel haben also in unseren und den noch nördlicheren Regionen mehr Nahrung und mehr Zeit am Tag, die Jungen zu versorgen. Die Weibchen legen mehr Eier, denn es können, so die Frühsommerwitterung nicht allzu schlimme Kapriolen schlägt, mehr Junge erfolgreich gefüttert und zum Ausfliegen gebracht werden als in den Tropen mit nur 12 Tagesstunden.

Sollten dann nicht alle von Insekten lebenden Kleinvögel in den Tropen überwintern und etwa zur gleichen Zeit ins außertropische Brutgebiet zurückkehren; am besten vor Einsetzen des großen frühsommerlichen Insektenfluges? Das sollten sie in der Tat, gäbe es neben den Vorteilen nicht auch erhebliche Nachteile einer brutgebietsferneren Überwinterung. Der eine Nachteil liegt auf der Hand: Der Flug ins innertropische Winterquartier und aus diesem zurück beansprucht den Kleinvogel weit mehr als die Kurzstrecke über die Alpen oder in den wintermilden Südwesten Europas. Die Verluste auf dem Langstreckenflug sind riesig; die Konkurrenz der dortigen Tropenvögel ist groß.

Arten, die im Nahbereich überwintern, gewinnen den Vorteil geringerer Energieausgaben, wie ich das für die Amseln schon ausgeführt habe. Sie können im mediterranen Winterquartier insbesondere Beeren nutzen, die zwar wenig Protein enthalten, aber viel Zucker, d. h. Brennstoff für ihren Stoffwechsel. Mönchsgrasmücken verzehren im Winterquartier gleichfalls in beträchtlichem Umfang Beeren. Auch Rotkehlchen tun das. Im näheren Bereich überwintern können daher vor allem solche Kleinvögel, die in der Lage sind, sich von der sommerlichen Insektennahrung auf Beeren oder auf Körner umzustellen. Pflanzensamen sind noch reicher an Energie und enthalten zudem Eiweiß. Die Meisen gehen so vor. Sie müssen dank ihrer Fähigkeit, von der Insektennahrung im Sommer auf die Pflanzensamen im Winter umzuschalten, gar nicht mehr nennenswert ziehen, sondern können weitgehend an Ort und Stelle bleiben. Im Frühjahr und Sommer leben sie von Insekten, mit denen sie auch ihre Brut füttern. Sonnenblumenkerne mögen sie im Winter besonders gern, wie wir an den Futterstellen gesehen haben.

Die Kurzstreckenzieher sind dennoch nicht immer besser dran als die Langstreckenzieher. Die Witterung schwankt viel stärker. Auch den Mittelmeerraum können Kaltlufteinbrüche mit Schnee und Frost treffen. Die frühe Rückkehr im Frühling mag ihnen zwar in vielen Jahren zugutekommen, jedoch keineswegs immer. Es gibt, wie wir wissen, heftige Nachwinter oder Spätfröste bis Anfang Mai (die «Eisheiligen»). Wer mit dem Brüten zu früh angefangen hat, verliert Gelege oder Jungvögel. Die hohe Investition, die mit dem Brüten verbunden ist, kehrt sich dann in einen Nachteil um. Eine zweite Brut gerät mitunter in eine heiße, trockene Sommerzeit und wird ebenfalls wenig erfolgreich. Zwei Brutversuche erbringen so gegebenenfalls weniger ausgeflogene Junge als der eine der spät angekommenen Art aus dem tropischen Winterquartier. Ideal ist keine der beiden Lösungen. Gegenwärtig verlieren die tropischen Fernzieher sogar immer mehr, während sich Kurzstreckenzieher gut halten.

Was können wir dazu in unserem Beobachtungsgebiet feststellen? Zunächst einmal den Anteil der Fernzieher an den zur Brutzeit vorhandenen («singenden») Vogelarten. Ist dieser vergleichsweise hoch, zeichnet sich unser Gebiet durch eine entsprechende Beständigkeit in Nahrungsverfügbarkeit und Verlauf der Jahreszeiten aus. Tropische Fernzieher sind beispielsweise die Rohrsänger, die im Röhricht unserer

Rotkehlchen, ganz kugelig, weil kalte Witterung herrscht. In geringer Zahl überwintern Rotkehlchen auch in Süddeutschland im Alpenvorland.
(Foto: Alfred Limbrunner)

Gewässer leben und nisten. Auch sie kommen spät zurück, Ende April/ Anfang Mai die Drossel- und die Teichrohrsänger, Mitte Mai sogar erst die Sumpfrohrsänger. Ihre Lebensräume sind vom Wasser geprägt, das die Temperaturschwankungen der Witterung stark dämpft. Und wenn die Uferzonen nicht durch irgendwelche Erschließungsmaßnahmen plötzlich vernichtet werden, können wir die Rohrsänger dort über eine Spanne von einigen Jahren in gewohnter Häufigkeit erwarten – nicht jedoch über längere Perioden. Denn erstens können tropische Fernzieher sehr wohl auch von Schwankungen der Großwetterlagen betroffen sein, zumal wenn sie nicht in den innertropischen Wäldern, sondern an den Gewässern der randtropischen Savannen, wie der Sahelzone am Südrand der Sahara, überwintern. Die Saheldürre der 1970er und 1980er Jahre dezimierte unsere Rohrsängerbestände gewaltig, weil für die Überwinterer dort die Lebensbedingungen zu ungünstig geworden waren. Dank wieder reichlicherer Niederschläge haben sich die Verhältnisse in den vergangenen beiden Jahrzehnten deutlich verbessert. Aber es gibt zweitens auch Auswirkungen von Maßnahmen bei uns, die wir nicht direkt sehen und grundsätzlich gutheißen. Das ist die Verschmutzung des Wassers bzw. die Reinigung von Abwässer. Sie führte dazu, dass praktisch alle unsere Gewässer wieder recht sauber geworden sind – und deshalb vogelärmer! Denn die Kleintiere im Bodenschlamm, zu denen die Tauchenten hinabtauchen, nach denen die langhalsigen Schwäne gründeln und von denen die Rohrsänger leben, weil nach Abschluss der Larvenentwicklung die Wasserinsekten aufsteigen und im Röhricht von ihnen erbeutet werden, sie alle sind jetzt sehr viel seltener geworden als zu Zeiten der starken Verschmutzung mit organischen Abwässern. Nicht alle Rückgänge von Vogelbeständen sind daher alarmierend, oder doch? Darüber mehr im 3. Teil.

Der stumme Frühling

Mit Beginn der Brutzeit der Vögel sind wir also in ein noch größeres Feld von Fragen und Problemen geraten, das wiederum sehr direkt uns selbst und unseren Umgang mit der Natur betrifft. In den Gesängen der Vögel steckt sehr viel Information über Zustand und Veränderung der Umwelt. Rachel Carson rüttelte mit ihrem Buch «Der stumme Frühling» vor einem halben Jahrhundert die Menschen wach. Das Verstummen der Vögel bedeutet mehr als den Verlust von lediglich schönen Erlebnissen am Frühjahrs- und Frühsommermorgen. Betroffen ist die Qualität auch unseres Lebens.

Frühjahr und Frühsommer vergehen (uns) meist allzu schnell. Richtig schöne Tage gibt es in den meisten Jahren eher wenige. In der Überzahl sind häufig die regnerisch kalten Wetterphasen. Im Mai kann es noch Spätfröste geben. Im Juni ist die «Schafskälte» sprichwörtlich. Was uns nicht behagt, ist zur Brutzeit meistens auch für die Vögel nicht günstig. Nasskalte Witterung beeinträchtigt ihre Futtersuche für die Jungen. Häufig kühlen kleine Nestlinge zu sehr aus und sterben, weil ihre Körperchen nicht genügend Eigenwärme erzeugen. Die Eltern können aber nicht gleichzeitig Futter suchen und die Brut wärmen. Der Bedarf der Kleinen ist zu groß. In solch ungünstigen Phasen der Witterung erweist sich die Bedeutung möglichst großer Gelege. Wenn auch einige Jungen verhungern, kommen andere durch, und der hohe Einsatz der Elternvögel war nicht ganz vergebens. Vogelarten, die früh mit dem Brüten angefangen haben, können eine zweite Brut machen und mit dieser sowohl hohe Verluste bei der ersten Brut im Jahr entweder einigermaßen ausgleichen als auch zu guten Ausfliegeerfolgen der Jungen der Erstbrut weitere hinzufügen. Sie verteilen gleichsam das Risiko der Verluste durch verdoppelte Anstrengung. Arten, die nur eine Brut machen (können), setzen alles auf eine Karte. Dort, wo die Sommerwitterung stabil genug verläuft, ist dies den Ergebnissen zufolge die bessere Strategie.

Solche Regionen gibt es, und zwar in den Bereichen des sogenannten Kontinentalklimas, aber auch in hohen geographischen Breiten, in der Waldtundra und in der Tundra. Dorthin ziehen die Tiefdruckgebiete nur ausnahmsweise, die den mittleren Breiten in Meeresnähe das wechselhafte Sommerklima bescheren. Mitteleuropa liegt in der Übergangszone, so dass in einem ein- bis eineinhalbtausend Kilometer breiten und etwa ebenso «hohen», d. h. von den Alpen nordwärts reichenden Gebiet mal (häufig) mehr atlantisch wechselhafte und niederschlagsreiche Witterung, mal (selten) kontinentale (stabile) Schönwetterverhältnisse herrschen. In einer solchen der Witterung nach höchst instabilen Region ist es nicht nur für die Vögel unmöglich, ihre Fortpflanzungszeit jahreszeitlich fest einzuordnen. Sie müssen auf die Schwankungen der Witterung reagieren können – und tun dies auch im Rahmen ihrer Möglichkeiten.

Wie eng begrenzt diese sein können, sehen wir an den Mauerseglern. Fast kalendergenau kehren sie um die Wende vom April zum Mai an ihre Brutplätze zurück, je weiter südlich gelegen, desto früher. Um Mitte Mai legen die Weibchen und starten damit die eigentliche Brutzeit. Verzögert nasskaltes Wetter die Eiablage oder nach dem Schlüpfen der Gelege die Entwicklung der Jungen, wird die Brut Ende Juli verlassen, ob die Jungen flügge sind oder nicht. In den Brutgebieten der Mauersegler südlich der Alpen, wo sie mit dem deutlich größeren, hellbrüstigen Alpensegler (mit dunklem Kehlband) zusammentreffen, funktioniert so ein strenger Ablauf der Brutzeit in den allermeisten Jahren gut. Nördlich der Alpen kann es witterungsbedingte Störungen des Brutablaufes geben und zur Aufgabe der Bruten kommen. Der über den Seen und Wäldern nördlich der Alpen in den Sommermonaten vorhandene, unvergleichlich größere Reichtum an Kleininsekten, die zum sogenannten Luftplankton aufsteigen oder von den Luftströmungen hochgewirbelt werden, gleicht die Unzuverlässigkeit der Witterung über die Jahre jedoch aus.

Vogelarten, die flexibler sind, kommen mit den Witterungs- und Nahrungsverhältnissen noch besser zurecht. Verschiebungen der Brutzeit um ein oder zwei Wochen sind vielen Arten möglich. Manche Wasservögel richten sich sogar nach dem Wasserstand oder den aktuellen Verhältnissen im Gewässer bezüglich der Nahrung, die sie brauchen. Am besten zu beobachten ist dies bei fast ungedeckt frei an den Rändern stehender Gewässer nistenden Blesshühnern oder auch den Haubentauchern. Letztere bauen ihre Schwimmnester oft erst nach Rückgang der Frühsommerhochwässer. Eine wochengenau feste Nistzeit lässt sich für sie nicht angeben. Sehr flexibel reagieren können an den Bächen und kleineren Flüssen auch die Wasseramseln und im Buschwerk von Parks oder Wäldern die Zaunkönige. Brütende oder Junge fütternde Amseln finden wir zu allen Zeiten im Sommerhalbjahr. Allzeit bereit scheinen auch die Tauben, allen voran die zutraulichen Türkentauben. Bei Stadt- oder, wie sie genannt werden sollten, bei Straßentauben kommen sogar echte Winterbruten vor. Ende Dezember und im Januar hören wir mitunter die typischen Bettelrufe der Jungtauben unter Straßenbrücken. Diese Taubenart kann zu dieser unmöglichen Jahreszeit brüten und Junge großziehen, weil sie ihre Jungen mit Kropfmilch ernährt.

In der Brutzeit zeigt sich, was die verschiedenen Vögel wirklich können müssen oder als Lebensraum zur Verfügung haben sollten. Zentral sind die Nester, ihre Standorte und Ausführungen. Dazu mehr im 2. Teil. Die nähere Befassung mit der Brutbiologie der Vögel erfordert viel Zeit, Geschick und gute Vorkenntnisse zu ihrem Verhalten. Anfangs bekommen wir nicht viel davon mit, außer Vögel tun uns den Gefallen und nisten auf einer Fensterbank, in einer Blumenampel oder auf einem Balken unter vorspringendem Dach. Außer modernen Glasbauten gibt es kaum ein Gebäude, an dem keine Vögel nisten. Fast in jedem Garten, der diese Bezeichnung verdient, werden wenigstens gelegentlich Vögel nisten. Falls nicht, sollte dies als Alarmzeichen gewertet werden. Irgendetwas ist dann damit nicht in Ordnung.

Die ruhige Zeit der Mauser

Dem Fortschreiten der Jahreszeit gemäß werden zum Hochsommer hin die Vogelbruten rasch seltener. Die Brutzeit geht zu Ende. Wir hören kaum noch Vögel, weil die Männchen das Singen eingestellt haben. Aus-

72 Vögel beobachten

Mausernde Stockenten. Die gelbschnäbligen Erpel ähneln in diesem Gefiederzustand stark den Weibchen. Dass die Schwungfedern unterhalb des blauen «Spiegels» fehlen, ist bei der Ente (vorne rechts) im Flügel zu erkennen.

gerechnet jetzt, wo auf jeden Menschen in der Großstadt (statistisch) drei bis fünf Vögel kommen, hören und sehen wir fast nichts mehr von ihnen. Zu Beginn der Hauptbrutzeit war das Verhältnis noch ungefähr ein Vogel auf jeden Einwohner. Nun aber ist der Nachwuchs da. Überall sollte es geradezu schwirren vor Vögeln, in den Großstädten ganz besonders, aber auch in den Wäldern. Was wir nun draußen vermehrt oder überhaupt erst finden, weil wir darauf achten, sind Federn; Vogelfedern, die «gemausert» wurden, so der Fachausdruck.

Die Mauserzeit ist die Zeit des Federwechsels. Das Gefieder wird erneuert. Flugtauglich soll, ja muss es sein für die bei vielen Arten bevorstehenden, strapaziösen Fernflüge in die Winterquartiere. Es ist die Zeit, in der bekanntlich auch in der Menschenwelt die Autos überholt, poliert und aufgefüllt werden mit allerlei Unentbehrlichem, auch ziemlich Überflüssigem, für die große Reise in den Süden. Merkwürdig eigentlich, dass wir Menschen (in unseren Breiten und dank guter Lebensbedingungen) dazu neigen, etwa zur selben Zeit wie die Zugvögel den Drang nach Süden zu verspüren, und uns auf den Weg machen, koste es (an Energie), was es wolle.

Tatsächlich stehen Gefiedererneuerung («Mauser») und Zug in den Süden in engstem Zusammenhang. Sie beruhen in der Vogelwelt (bei großzügigem Vergleich) auf ähnlichen Vorgängen wie beim Menschen. Wir mausern (uns) zwar nicht vor der Großen (Ferien-)Reise, aber wochen-, ja monatelang sparen wir «Vorräte» (Geld genannt) an, um uns die Reise leisten zu können. Entsprechendes tun die Vögel. Nach der Brutzeit sammeln sie Energiereserven in Form von Körperfett an, mit dem als Treibstoff sie den Fernflug selbst durchführen. Die Mauser und das Anlegen von Fettreserven gehören zusammen, sehr eng sogar. Denn das zu speichernde Fett gelangt als Bestandteil der Nahrung in den Vogelkörper. Ihr Eiweißgehalt eignet sich nicht als Energiespeicher. Um die benötigten Fettreserven zu bekommen, müssen die Vögel in Vorbereitung des Fernflugs also zwangsläufig auch viel (zu viel) Eiweiß (und andere Inhaltsstoffe) mit der Nahrung zu sich nehmen. Sie machen sich «zugfett» und verabreichen sich damit Überschüsse an Eiweißstoffen (Proteinen oder den Bauteilen davon, Aminosäuren genannt). Diese müssen aus dem Körper entfernt werden, bevor die Flugreise beginnen kann. Um das Ergebnis dessen vorwegzunehmen, was über die Entstehung und Bedeutung der Vogelfeder im 2. Teil näher ausgeführt wird: Die Erneuerung des Gefieders in der Mauser vor Beginn des großen Vogelzugs im Herbst hängt mit dem Überschuss an Eiweiß in der Nahrung zusammen, aus der das Fett für den Flug gewonnen wird.

Und so finden wir jetzt im Hochsommer, wenn wir von den Kleinvögeln fast nichts mehr sehen und hören, umso mehr Federn von ihnen, Mauserfedern. Am ehesten fallen die Federn der Enten und Schwäne auf, die an den städtischen Gewässern mausern. An ihren Aufenthaltsorten kann es aussehen, als ob ein Federbett ausgeschüttet worden wäre. Doch bald finden wir Federn an den unterschiedlichsten Stellen. Schwarze Schwanz- und Flügelfedern von Amseln, schwer zu bestimmende, mehr oder weniger kleine graue verschiedenster Kleinvogelarten, schwarz-weiße von Meisenschwänzen oder Bachstelzen, gelblich grüne von Grünfinken, abgenutzt bis zum spitzen Federkiel aussehende vom Stützschwanz des Buntspechts oder im Wald auch die beliebten weißblau-schwarzen kleinen Schulterfedern des Eichelhähers. Natürlich und stets auffallend gibt es die großen rußschwarzen Federn von Rabenkrähen und die fast samtartig wirkenden, mit breitflächiger Fahne ausgestatteten von Tauben.

In der Mauserzeit könn(t)en wir viel entdecken zur Vogelwelt, wenn nicht ein ganz und gar unsinniger Bestandteil der Vogelschutzverordnung das Federsammeln verbieten würde. Denn «geschützt» sind nicht allein die geschützten Vogelarten selbst (und damit alle Singvögel nach der Europäischen Vogelschutzrichtlinie!), sondern auch Teile davon, also die Federn, sowie ihre Niststätten und Nester. Nun ist es zwar bei den Nestern ganz in Ordnung, dass diese zur Brutzeit nicht aus- oder mitgenommen werden dürfen. Nachher sind sie aber für viele Vogelarten überflüssig, allenfalls für Zweitnutzer interessant und ihre Entfernung jedenfalls keine Beeinträchtigung der Bestandsentwicklung ihrer Erbauer (wir greifen das Thema im Rahmen des Vogelschutzes im 3. Teil wieder auf).

Anders als mit den Nestern sieht es jedenfalls bei den Mauserfedern aus. Sie nicht aufheben, mitnehmen, bestimmen und sammeln zu dürfen ist schlicht barer Unsinn, denn die Mauserfedern sind tote, vom Vogel abgeworfene Gebilde, mit denen er nach ihrem Ausfall so wenig zu tun hat wie wir mit unseren Haaren, die wir beim Friseur zurücklassen oder irgendwo verlieren. Dass Haare als Beweismittel bei der Verbrechensbekämpfung sehr wichtig sein können, ist kein Widerspruch dazu, sondern eine Bestätigung: Auch wir sollten Federsammlungen uneingeschränkt anlegen können, um mehr über die Vögel, die Mauser und auch über die Schadstoffe zu erfahren, die aus unserer menschengemachten Umwelt stammen und die sich in den Vogelfedern ablagern. Mauserfedern können gewichtige Beweismittel werden, wenn es etwa um den unsachgemäßen Einsatz von Pflanzenschutzmitteln geht. Sie sollten gesammelt und nach Ort und Datum genauestens dokumentiert werden, weil sie eine hochspezifische Umweltdatenbank darstellen. Die Auswertungsmethoden sind vorhanden. Fast immer fehlt es an Vergleichsmaterial aus der Zeit vor dem Zeitpunkt, an dem es wieder einmal, wie so oft, einen «Störfall» in der Umwelt gegeben hat.

Zudem macht das Aufsammeln von Federn Spaß. Sie zu bestimmen ist eine spannende Herausforderung. Die das Federsammeln verbietende Artenschutzbestimmung, die es von einer behördlichen Genehmigung abhängig macht, gehört ersatzlos gestrichen. Das sollte insbesondere den Vogelschutzverbänden ein ernstes Anliegen sein, weil die reine Fernglasbetrachtung der Vögel nicht ausreicht, um wirksamen Vogelschutz betreiben zu können. Denn dabei geht es auch um Beweise.

Die ruhige Zeit der Mauser

Mehr als zur Brutzeit, in der wir selbstverständlich die Vogelbruten nicht stören dürfen, und bei Nestkontrollen abwarten, bis sie vorbei ist, um etwaige tote Jungvögel oder einen hohen Befall mit Nestparasiten festzustellen (was sehr wichtig wäre, leider aber unter den gegebenen Verhältnissen auch eine Ausnahmegenehmigung der Naturschutzbehörde erforderlich macht!), werden wir also gerade zur Mauserzeit mit der Problematik eines zwar gut gemeinten, in manchen Teilen aber falsch gelaufenen Vogelschutzes konfrontiert. Wie leicht einzusehen ist, reicht das bloße Schützenwollen nicht aus, sonst hätten wir ja längst bessere Verhältnisse in unserer Vogelwelt. Absichtserklärungen gibt es genug. Deshalb sind neue Freunde der Vogelwelt dringend nötig und darüber hinaus bessere Kenntnisse. Mit der behördlichen Ausweisung als «geschützte Art» ist dieser überhaupt noch nicht gedient, unabhängig davon, ob es sich um eine Vogel- oder irgendeine andere Art von Lebewesen handelt.

Die Mauserzeit ist die ruhige Zeit im Vogelleben. Das muss so sein, denn die nachwachsenden Federn sind noch nicht gleich fest und belastungsfähig. Über Blutkiele werden sie versorgt. Erst wenn sich die Adern aus den Kielen zurückgezogen haben und die Feder damit ein totes Gebilde geworden ist, erfüllt sie all die Funktionen am Vogelkörper, die unsere Bewunderung verdienen. Was tun aber Vögel, die bei ihrer Nahrungssuche auf das Fliegen angewiesen sind? Die Lösung ist so einfach wie genial. Das «Fluggefieder», also jene Federn an den Flügeln und am Schwanz, die unmittelbar für das Fliegen benötigt werden, können auch einzeln, schön der Reihe nach, gerade so ersetzt werden, dass keine größeren, die Flugfähigkeit beeinträchtigenden Mauserlücken entstehen. Solche beobachten wir zwar gelegentlich, zum Beispiel bei Bussarden, die mit ausgebreiteten Flügeln und gefächertem Schwanz in der sommerlichen Thermik kreisen, aber die schmalen Schlitze einzelner fehlender Federn mindern die Flugfähigkeit nicht nennenswert. Denn wenn der Flug schnell werden soll, werden die Federn enger zusammengezogen und die Lücken sind überdeckt. Ob ein Bussard oder ein anderer Greifvogel Mauserlücken hat oder angeschossen wurde, können wir daran erkennen, ob die Feder an beiden Flügeln an derselben Position fehlt oder nicht. Vögel, die auf diese Weise Federwechsel durchführen, brauchen natürlich viel länger, bis alle Federn erneuert sind, als solche, die das schnell, in wenigen Wochen, machen. Kleinvögel, wie die sich auf den Zug ins Winterquartier vorbereitenden Grasmücken und Laubsänger, fangen ihre Nahrung, die Kleininsekten, im Gezweig und Blattwerk der Bäume und Büsche. Ihre Flügel müssen dazu nicht unbedingt voll funktionstüchtig sein. Das gilt auch für die am Boden nach Nahrung suchenden Finkenvögel und Drosseln. Sie halten sich zur Mauserzeit nur näher an der Deckung oder verlassen diese möglichst gar nicht. Im Garten sehen wir dies bei den Amseln und bemerken auch, wie «schäbig» sie während der Mauser aussehen. Ein zerrupft wirkendes Gefieder bedeutet im Hoch- und Spätsommer also keineswegs eine Erkrankung des Vogels, obgleich Vögel in Käfighaltung während der Mauser wirklich einen kranken Eindruck machen. Manche brauchen in dieser Zeit sogar ein sogenanntes Mauserpulver; ein Medikament, das den Verlauf der Mauser und die Neubildung der Federn erleichtert.

Eine Besonderheit zeichnet die Mauser der Entenvögel (und einiger anderer Vogelgruppen, die wir nicht so leicht beobachten können) aus. Sie machen im Sommer eine Vollmauser, also eine komplette Erneuerung von Groß- und Kleingefieder. Dabei werden sie für etwa drei Wochen flugunfähig, weil alle Federn der für das Fliegen unentbehrlichen Hand- und Armschwingen sowie die Steuerfedern am Schwanz gleichzeitig ausfallen. Außer hilflos auf dem Wasser herumzuplanschen (Gründelenten) oder wegzutauchen (Tauchenten), können die Enten in diesem Zustand nichts weiter als schwimmen und ruhen. Das macht sie sehr anfällig für natürliche Feinde. Entsprechend empfindlich reagieren sie auf Störungen. Die Enten suchen in dieser für sie kritischen Zeit daher solche Gewässer auf, die ungestört bleiben, am Ufer Deckung bieten und nahrungsreich sind. Solche Gewässer gibt es von Natur aus wenige. Noch rarer sind solche, an denen im Juli/August kein Bade- und Erholungsbetrieb stattfindet und an deren Ufer nicht alle paar Meter Angler stehen.

Tatsächlich sind gute Mausergewässer für Enten etwas so Besonderes, dass eines davon, der für die Öffentlichkeit als Werksgelände gesperrte Ismaninger Speichersee bei München mit seinen angegliederten Teichen, gleich von Zehntausenden Enten aus einem weiten Umkreis angeflogen wird. Ringfunde bewiesen, dass manche Enten sogar von Westsibirien bis München flogen, um im Schutz dieses Gebietes die zur Flugunfähigkeit führende Vollmauser durchzuführen. Am Ismaninger Speichersee wird nicht gejagt, und außer einigen wenigen zugelassenen Ornithologen kommt niemand in das umzäunte, abgesperrte Gebiet. Dass es überhaupt so etwas gibt, liegt an einer früheren Form der Abwasserreinigung in großen Nachklärbecken. Der Ismaninger Speichersee, der über einen Kanal mit Isarwasser versorgt wird, hatte Münchner Abwässer zur Nachklärung erhalten. Zum mehrere Quadratkilometer großen Speichersee gehören direkt anschließende, flache Fischteiche. In diesen wurde im mit Abwasser vermischten Isarwasser Karpfenzucht betrieben. Es war dies ein Recycling der Abwässer, die ja jede Menge an Nahrungsstoffen enthielten; verwertet wurden sie von Kleinlebewesen, die sich dabei in Massen entwickelten. In einer neuen «Nahrungskette» landeten die menschlichen Abfallstoffe zunächst in diesem Kleingetier, von dem die Karpfen groß und fett wurden, welche wiederum schließlich bei den Menschen auf den Tisch kamen.

Dieser Vorgeschichte und dem Entgegenkommen der Betreibergesellschaft ist es zu verdanken, dass das Ismaninger Speicherseegebiet zum Mauserzentrum für die Wasservögel großer Teile Europas wurde und diese einzigartige, nach wie vor unersetzbare Rolle erfüllen kann, obwohl die Münchner Abwässer längst über hochmoderne, höchst effiziente Kläranlagen gereinigt werden und die Nachklärung im Speichersee nicht mehr vonnöten ist. Nirgendwo sonst im seen- und stauseenreichen Voralpenland steht den Wasservögeln ein auch nur annähernd vergleichbares Reservat zur Verfügung, in dem sie im Sommer, zur Zeit des größten «Erholungsdruckes» an den Gewässern, vor Störungen geschützt sind. Die offiziellen Naturschutzgebiete erfüllen diese notwendige Aufgabe nicht. In den meisten werden die Wasservögel gejagt, die Angler haben freien Zugang an die Ufer oder per Boot, und der Erholungsbetrieb wird selbst dort nicht kontrolliert, wo er offiziell verboten ist. Dass die Wasservögel so empfindlich auf Störungen reagieren, liegt an der Bejagung. Sie macht nicht nur die betroffenen Arten scheu, sondern auch jene, die eigentlich geschützt sind. Diese können nicht wissen, wem die Schüsse gelten, die die Panik auslösen.

Die Enten und Gänse in der Stadt zeigen, dass es auch anders ginge. Werden sie nicht bejagt, reicht ihnen eine Insel im Teich oder eine den Menschen nicht direkt zugängliche Uferstrecke zum Mausern. Das sehen wir an den Federn, die wir dort finden und die der Wind über die Stadtgewässer treibt. Bei diesen können wir zu bestimmen versuchen, von welcher Art und von welcher Partie am Vogelkörper sie stammen.

Die von der Jagd erzwungene Scheu ist das Hauptproblem für fast alle größeren und großen Vögel. Die Lage verschärft sich allgemein, wenn, wie verbreitet, am 1. September «die Jagd aufgeht». Dann müssen wir hinnehmen, dass sich die Verhältnisse bei uns zwar graduell, aber nicht grundsätzlich von denen rund ums Mittelmeer unterscheiden, wo der Krieg ausgebrochen scheint, wenn die Jäger bei der herbstlichen Vogeljagd loslegen – und sehr viel von unserem Vogelschutz zunichtemachen. Wohl der Ente, die im Burgfrieden der Städte geblieben ist. Wenige Kilometer außerhalb kann sie tödlicher Bleischrot treffen.

Konsequenzen der Jagd auf Vögel

Zwar wurden der Jagd seit dem Zweiten Weltkrieg nach und nach verschiedene Vogelarten abgetrotzt, aber es gelang nicht, die Vogeljagd insgesamt zu verbieten. Dabei ist sie nichts anderes als ein Überbleibsel aus Zeiten, in denen die Menschen kaum Fleisch zum Essen hatten und sich solches über Vogelfang zu beschaffen versuchten. In unserer Zeit ist sie nur noch Vergnügen der Jäger. Eine Notwendigkeit ist sie nicht. Denn wo Vögel wirtschaftliche Schäden verursachen, etwa Stare in Weingärten, leistet die Jagd nichts zur «Regulierung». Ich komme auch darauf im 3. Teil zurück. Bei unserem Gang durchs «Vogeljahr» bleibt uns im Herbst die Problematik der Vogeljagd nicht erspart. Mitunter geraten die Ornis in direkte Konfrontation mit den Jägern, zumal wenn sie den Vogelzug im Süden beobachten. Vorsicht ist da geboten; Gelassenheit notwendig, weil Einzelne das Übel nicht verhindern können. Wer in dieser Zeit als Orni in Südeuropa unterwegs ist, sollte sehr darauf achten, nicht selbst in Konflikt mit den Jägern zu geraten. «Jagdunfälle» werden sogar in Deutschland milde behandelt.

Draußen auf unseren Gewässern sind die Wasservögel nun (sehr) scheu. Oft lassen sie sich sogar in Vogelschutzgebieten nur auf große Distanz mit Fernrohren beobachten und bestimmen, weil – fasse es, wer es kann – «Vogelschutzgebiet» in Deutschland nicht bedeutet, dass die Vögel geschützt sind, sondern eher, dass Vogelfreunde nicht oder höchstens mit schwer zu bekommender Ausnahmegenehmigung hineindürfen. Die Vogeljagd geht wie die anderen Formen der Jagd darin trotzdem weiter. Eher noch heftiger, weil ja dank des «Betreten verboten» unangenehme Zeitgenossen ferngehalten werden, die Zeugen des jagdlichen Tuns werden oder die «Jagdausübung» (welcher Ausdruck!) sogar stören könnten.

Dass es die Ornis dennoch besonders im Herbst nach draußen zieht und sie gerade solche Gebiete aufsuchen, in denen es aus allen Rohren krachen kann, liegt am Vogelzug. Er beschert jene Raritäten, für die ansonsten vielleicht Fernreisen auf andere Kontinente nötig wären, um sie kennenzulernen und der Liste der gesehenen Arten hinzufügen zu können. «Irrgäste» werden sie genannt. Für «Strandgut» könnte man sie auch halten, denn wie solches von den Wellen des Meeres von irgendwoher angespült wird, werfen Stürme oder auch nur starke Winde aus für die Jahreszeit unüblicher Richtung diese Vögel aus ihrer Flugbahn. Sie machen eigentlich Notlandungen auf Eilanden im Meer, wie auf Helgoland zum Beispiel, oder einfach an den Küsten des Ozeans, die die ersten Möglichkeiten zum Landen bieten. Daher streben die Ornis im Herbst an die Nordseeküste oder noch weiter an Europas Westrand zu den Stränden Irlands, Schottlands oder gar zu den kleinen Inseln vor den Britischen Inseln, wo Irrgäste aus Nordamerika am ehesten zu erwarten sind. Schwere Herbststürme sind das Wunschwetter solcher Irrgastjäger, oder auch unzeitgemäße Kaltlufteinbrüche aus dem Nordosten, mit denen «Sibirer» kommen könnten. Das große (normale) Vogelzuggeschehen lässt sich hingegen am besten gerade in ruhigen, möglichst wolkenlosen Herbstnächten erleben, wenn die Zugrufe der verschiedenen Arten die Dunkelheit durchdringen oder bei Vollmond sogar Vögelchen zu sehen sind, die an der Mondscheibe vorbeifliegen.

Schlafplatzflüge der Stare

Viel eindrucksvoller, weil direkter zu beobachten, ist das Geschehen an den Herbsttagen, zumal gegen Abend, wenn manche Zugvogelarten bestimmte Schlafplätze aufsuchen. Am bekanntesten sind – oder besser: waren – solche Schlafplatzflüge der Stare. Sie setzten im August ein, erreichten im September oder Anfang Oktober den Höhepunkt und brachten auch jene Menschen zum Staunen, die sich ansonsten wenig

Kleiner Staren-
schwarm im
Formationsflug.
Die Zeit der großen
Schwärme ist lang
vorbei.

(Foto: Alfred Limbrunner)

oder gar nicht für die Vögel interessieren. Denn wenn Tausende, Zehntausende, mancherorts Hunderttausende Stare angeflogen kamen, um in einem großen Schilfbestand am Seeufer oder mitten in der Stadt an Häuserfassaden und auf Lichtreklamen zu nächtigen, war das ein grandioses Spektakel. Allein die Tatsache, dass es in diesen dicht gedrängten Schwärmen, in denen die Vögel fast Flügelspitze an Flügelspitze fliegen, zu keinen Zusammenstößen und Abstürzen kommt, nötigt uns Respekt ab. Wie hilflos und gefährdet wären unsere Flugzeuge, die wir zu Recht für Meisterstücke der Technik halten, in ähnlicher Situation.

Der Starenschwarm überbietet sich in seiner Flugkunst aber noch selbst, sollte es ein Greifvogel, ein Bussard oder Habicht, wagen, sich ihm zu nähern. Dann wird der Vogelschwarm zu einem Gebilde, das sich wie eine gigantische Amöbe entfaltet, zusammenzieht, dreht, verdreht und dabei den Feind einschließt, bis er, der viel mächtigere Flieger, regelrecht abstürzt. Wer es nicht mit eigenen Augen gesehen hat, wird es kaum glauben, dass Tausende und Abertausende Stare in der Lage sind, in rauschendem Flug zu einer Einheit zu werden, die wie auf geheime Kommandos hin sinnvolle Manöver ausführt. Dabei äußert sich weniger die hohe Flugkunst, wie Falken sie im Jagdflug etwa ausführen, sondern die uns kaum glaublich erscheinende Steuerfähigkeit und Reaktionsgeschwindigkeit der Vögel im Schwarm. Hätten wir halbwegs vergleichbare Fähigkeiten wie die Stare, gäbe es keine Unfälle im Autoverkehr. Denn Geschwindigkeiten von 100 bis 150 km/h ließen sich mit dem Steuersystem der Vögel leicht meistern. Ein Teil ihres kleinen Gehirns, das Kleinhirn, reicht ihnen dazu.

Bis unsere Computer so weit sind, dass sie in Laptopgröße wenigstens im Auto eine ähnliche Leistung zur sicheren Steuerung des Fahrverhaltens auf festen Bahnen (!) zustande bringen, wird noch einige Zeit vergehen. Eine Gartengasmücke mit 20 Gramm Gesamtgewicht fliegt mit ihrem Minicomputer im Kleinhirn aber problemlos bis Zentralafrika, so ihr unterwegs der Treibstoff nicht ausgeht und die Möglichkeiten zur Zwischenlandung zum Wiederauftanken fehlen, weil die Menschen die geeigneten Gebiete unbrauchbar gemacht oder gar mit Insektenvernichtungsmitteln vergiftet haben. Nur wenige Vogelarten profitierten bisher vom Vogelschutz; vor allem früher bejagte, nun aber (weitgehend) von der Jagd verschonte Arten. Ihre Zunahme, die wir insbesondere auf dem Herbstzug feststellen können, beweist den Einfluss von Jagd und Verfolgung auf Bestände und Bestandsentwicklung größerer Vogelarten.

Der Erfolg der Kraniche

Eine wahre Erfolgsgeschichte in dieser Hinsicht sind die Kraniche. In Ostasien gelten sie seit alten Zeiten als Vögel des Glücks. Seit nunmehr rund einem halben Jahrhundert genießen sie auch in weiten Teilen Europas und Nordwestasiens Schutz. Zunächst langsam, dann immer schneller nahmen daraufhin die Bestände des («unseres») Graukranichs zu. Sogar neue Zugrouten entstanden. Aus der früher schmalen «Zugstraße» durch Deutschland, die von Nordosteuropa über das Rheintal und westlich der Schweiz durch die als Burgundische Pforte bezeichnete Niederung zwischen Vogesen und Jura nach Frankreich und weiter nach Spanien führt bis zu den Korkeichenwäldern im Südwesten der Iberischen Halbinsel, ist in den letzten Jahrzehnten ein Breitbandzug geworden. Fast in jeder Gegend Deutschlands sind nun im Oktober/Anfang November die weithin und wohltönenden Flugrufe der Kraniche zu hören. Sie lenken die Blicke nach oben, hin zu den Keilen gestaffelt einander folgender Formationen Dutzender oder Hunderter Kraniche. Immer mehr spalten sich neuerdings vom großen Zwischenrastplatz in Ungarn ab und ziehen auf neuem Weg an der Nordseite der Alpen entlang, um sich mit den westlichen Zugscharen zu vereinigen und den Flug weiter nach Südspanien fortzusetzen.

Die auf der östlichen Route fliegenden Kraniche sind weit größeren Bedrohungen durch Abschüsse ausgesetzt als die westlichen. Der südöstliche Balkan, die Türkei, der Libanon und die weiteren Routen bis nach Ostafrika werden für viele zur Todesroute, wie auch für die Störche, die nur am Tag im Segelflug ziehen. Dabei sind sie besonders gut zu sehen und zu schießen. Sperrfeuer treffen auch die großen Greifvögel, insbesondere die Adler, auf diesem äußerst gefährlichen Flugweg. Wie wenig europäisiert der Süden und der Südosten Europas immer noch sind, drückt sich im Verhalten der dortigen Bevölkerung gegenüber den Zugvögeln aus, die ja nicht aus ihren Ländern stammen, sondern aus jenen des Nordens und Nordwestens, deren Lebensstandard sie erreichen möchten.

Das Kommen der Wintervögel

Besser ergeht es den Kleinvögeln, die aus nordischen Gebieten kommen und bei uns überwintern. Hier sind die Zeiten des Vogelfangs mit Leimruten und Netzen vorbei, in denen Vögel mit vernähten oder geblendeten Augen als Lockvögel benutzt wurden, um mit ihren Rufen die Artgenossen zum Einfliegen in die tödliche Falle zu veranlassen. Drosseln haben keine Leimruten mehr zu befürchten, wenn sie irgendwo in kleinen Gehölzen landen, um sich auszuruhen oder um von dort aus auf den angrenzenden Wiesen nach Nahrung zu suchen. Wieder sind es aber die Städte und größeren Siedlungen mit ihren Gärten, die für nordische Zugvögel besonders attraktiv und sogar überlebenswichtig geworden sind. Denn darin gibt es jede Menge Beeren und Früchte tragende Sträucher; Buschwerk, das nicht auf «Produktion» getrimmt ist, und Bäume, die in ihrem Wachstum keine Sollwerte für die Holzverwertung zu erfüllen haben.

Daher setzen die Buchen im Stadtpark viel regelmäßiger Frucht an,

d. h. Bucheckern, wie auch die Eichen fast alljährlich reichlich Eicheln «liefern». Bergfinken aus den nordischen Wäldern fallen dann in manchen Jahren im Spätherbst und zu Anfang des Winters in riesigen Schwärmen ein, um die Eckern zu «ernten». In großen, aber lockeren und dadurch nicht so auffälligen Schwärmen kommen nordische und aus dem Nordosten stammende Eichelhäher, wenn es bei den Eichen ein Mastjahr gegeben hat, in den Genuss von besonders guten Eicheln. Die in der Färbung etwas blasser wirkenden nordischen Eichelhäher lassen sich in einer Hinsicht meistens recht gut von den bei uns heimischen Hähern unterscheiden, nämlich in der Distanz, die sie zu den Menschen halten. Wo sie, wie in den nordischen Wäldern, kaum bejagt werden, entwickeln sie keine unnötig große Scheu. Die Nähe der Menschen bedeutet für sie meistens mehr Nahrung. Unsere heimischen Eichelhäher müssen sich von den Menschen fernhalten, weil sie immer noch ausschließlich zum jagdlichen Vergnügen geschossen werden. Wer nach Nordamerika kommt und die dortigen, jagdlich überhaupt nicht verfolgten Häher erlebt, kann sich an deren schier unglaublich intelligentem Verhalten erfreuen und wird vielleicht auch (hoffentlich!) bedauern, dass man nur wegen des Schießvergnügens der Jäger bei uns das nicht erleben kann. Uns bleiben (vorerst, die Verhältnisse können ja unter dem Druck der Öffentlichkeit durchaus und rasch geändert werden!) die kleinen Vögel, die nunmehr mit dem beginnenden Winter die Futterhäuschen aufsuchen.

Verfolgen wir aufmerksam den «Einzug» der Wintervögel und das Verschwinden der letzten Zugvögel, werden wir feststellen, dass bei den Kleinvögeln nun für die nächsten Monate die Meisen und die Finken das Spektrum der Arten bestimmen. An größeren Vögeln sehen wir nunmehr häufiger, oder überhaupt erst, die Sperber, die zur Kleinvogeljagd in die Städte und Dörfer kommen. Auch die Turmfalken, die bei uns überwintern, werden immer häufiger Kleinvögel zu erbeuten versuchen, weil sie draußen auf den Fluren der Intensivlandwirtschaft keine Maus mehr finden. An den Fernstraßen fallen Bussarde auf. Die Autos erlegen so manches Tier, dessen Kadaver die Bussarde dann verwerten. Mäuse finden sie am ehesten noch an den von der Landwirtschaft verschonten Straßenböschungen.

Zählungen von Mäusebussarden entlang von Autobahnen und Bundesstraßen ergeben nun ziemlich falsche Befunde zu ihrer Häufigkeit.

Denn die Bussarde sammeln sich aus den genannten Gründen entlang dieser Trassen an, wie übrigens auch die Füchse, welche aber hauptsächlich nachts unterwegs sind. Die Häufigkeit der Bussarde an den Straßen kann zehnmal höher liegen als auf den Fluren, auf denen es nach der Maisernte im Spätherbst nichts mehr für sie zu holen gibt. Wenn Jäger daraus den Schluss ziehen, es gäbe zu viele Bussarde und eine Bestandskontrolle wäre wieder dringend nötig, so liegen sie völlig falsch. Was aber nicht verhindert, dass Politiker und Behörden auf sie hören, weil diese noch geringere Kenntnisse von den tatsächlichen Verhältnissen haben. Deshalb sind Zählungen zur Häufigkeit von Greifvögeln wie Mäusebussarden, Turmfalken und den in Mitteleuropa überwinternden Kornweihen überall sehr wichtig und nötig, um Gegengewichte gegen die Einseitigkeit der jägerischen Darstellungen aufbauen zu können.

Das gilt auch für die Krähen. Diese bekommen im Spätherbst und Frühwinter Zuzug aus dem Osten und Nordosten in Form von Schwärmen aus Saatkrähen und Dohlen, in Nordostdeutschland auch von Nebelkrähen. Letztere lassen sich wenigstens leichter erkennen als die ganz schwarzen, die meistens nur als eine Art behandelt werden. Dann heißt es, «die Krähen» hätten wieder so zugenommen, weil ein Schwarm Saatkrähen angekommen ist. Die heutigen Winterschwärme sind jedoch nur noch ein Abglanz der früheren Verhältnisse – der Menge nach kaum mehr als ein Fünftel oder gar nur ein Zehntel. An milderen Wintern liegt das nicht. Die Gründe für den Rückgang sind im 3. Teil zu behandeln.

Im Winter wird uns irgendwie bewusst, dass es die Vögel schwer haben zu überleben. Warum eigentlich – schließlich gehört der Winter wie die Brutzeit im Frühsommer, die Mauserzeit im Hoch- oder Spätsommer und die beiden Zugzeiten im Frühjahr und Herbst seit Urzeiten zum normalen Lebensablauf der Vögel? Die Forschung hat dazu so viel aufgedeckt, dass wir den «Engpass Winter» ganz gut verstehen. Und Schlüsse daraus ziehen können, ob überhaupt und, wenn ja, wie wir den bei uns überwinternden Vögeln helfen können, ihn zu überstehen. Mit diesen Betrachtungen kehren wir nach Vollendung der Übersicht zum Jahreslauf wieder zum Ausgangspunkt zurück, dem Futterhäuschen im Garten oder am Fenster und dem «munteren Treiben» von Grünfinken, Sperlingen, Meisen und einigen weiteren Vogelarten.

Ausblick 85

Bei dem munteren Treiben geht es um Leben oder Tod. Im folgenden 2. Teil versuche ich, einen Überblick über das Leben der Vögel zu geben. Was geht vor in ihren Körpern? Wie sind diese aufgebaut? Was ist das Besondere?

Ausblick

Die Vögel sind uns in mancherlei Hinsicht recht «nahe», so dass wir ihr Leben leichter und besser verstehen als das der meisten Säugetiere, obwohl wir selbst zur letzteren Tierklasse gehören. Aber sie sind uns auch «fern», weil sie über Fähigkeiten verfügen, die uns fehlen. Dass die meisten Vögel fliegen können, ist eine dieser Besonderheiten. Die Menschen waren sicherlich seit Urzeiten davon beeindruckt und vom Wunsch ergriffen, es ihnen gleichzutun. Warum aber können Vögel fliegen und wir nicht? Dass wir zu schwer dafür sind, um uns mit eigener Muskelkraft in die Lüfte zu schwingen, reicht als Erklärung nicht. Denn die größten flugfähigen (und tatsächlich auch fliegenden) Vögel werden 20 bis 25 Kilogramm schwer. Durch diese «Gewichtsklasse» bewegen wir uns während des Heranwachsens in der Kindheit. Also wäre es doch

Großtrappe (junger Hahn), einer der schwersten flugfähigen Vögel und eine große Seltenheit. Links dahinter ein Fasanenhahn.
(Foto: Ernst Weber)

vorstellbar, dass sich eine Menschengruppe oder andere Säugetiere in der Gewichtsklasse von 10 bis 20 Kilogramm zur Flugfähigkeit entwickelt hätten. Die über Versteinerungen (Fossilien) dokumentierte Entwicklung des Lebens beweist, dass es einst Flugsaurier mit Flügelspannweiten von über 10 Metern und Körpergewichten gegeben hat, die beträchtlich über 10 Kilogramm lagen. Was Angehörige der Tiergruppe der «Kriechtiere», der Wirbeltierklasse der Reptilien, und eine ferne Parallelentwicklung der Dinosaurier zuwege brachten – sollten dazu nicht auch die viel «moderneren» Säugetiere in der Lage gewesen sein? Tatsächlich brachten sie es auch zum Fliegen, allerdings nur in recht kleinen Formen, nämlich mit den Fledermäusen und Flughunden (zusammen auch «Fledertiere» genannt). Und diese blieben weitgehend oder vollständig auf das Fliegen in der Nacht und in geringen Höhen beschränkt. «Frei wie ein Vogel in der Luft» wurden nur die Vögel. Demnach müssen sie wirklich etwas Besonderes sein.

Teil 2 – Die Natur der Gefiederten

Was macht einen Vogel zum Vogel?

Vögel kann man eigentlich nicht mit anderen Tieren verwechseln. Ein Vogel ist ein Vogel, das sieht man auf den ersten Blick. Tatsächlich zeichnen sich die Vögel durch ihre Eigenständigkeit aus. Ein einziges Merkmal genügt zu ihrer Kennzeichnung, und das ist die Feder. Sie macht den Vogel zum Vogel. Bei keiner anderen Tiergruppe tun wir uns so leicht, sie von anderen zu unterscheiden. Wir nehmen uns die Feder daher besonders vor. Doch so bezeichnend sie auch ist, so wenig würde sie allein ausreichen, das Leben der Vögel und ihre Besonderheiten zu charakterisieren. Weitere Eigenschaften gehören zum Vogelleben, die erst in ihrem Zusammenwirken «den Vogel» ergeben. Manche bemerken wir sogleich, wenn wir uns ein Vögelchen am Futterhaus, die Enten und Gänse am Teich oder Hühner auf dem Hühnerhof ansehen.

Die Grundeigenschaften vermitteln uns so etwas wie eine Rangfolge der Bedeutung. Alle Vögel tragen Federn (1.), alle sind sie Zweibeiner (2.), alle haben sie auch Flügel (3.), mit denen sie aber wenig (Hühner), etwas schwerfällig beim Start (Enten, besonders die Schwäne) oder sehr wendig und schnell (die Vögel am Futterhaus) fliegen. Dass das Fliegen nicht unbedingt zum Vogel gehören muss, wissen wir von flugunfähigen Vögeln, wie dem Strauß, den Pinguinen und einigen anderen Vogelarten bzw. gruppen. Sämtliche Vögel wiederum haben einen Schnabel (4.), in dem keine Zähne vorhanden sind. Vögel können also nicht beißen und kauen, wohl aber zwicken, mit einem Hakenschnabel reißen oder mit spitzem Schnabel speerartig zustoßen. Alle Vögel haben Zehen (5.), jedoch unterschiedlich viele, wie noch ausgeführt werden wird, und auch sehr verschieden gebaute. Greifvögel (Adler, Falken, Habichte etc.) ergreifen mit ihren Zehen die Beute und können sie damit töten («schlagen», sogar in der Luft, dass die Federn des vom Stoß getroffenen Vogels

Turmfalke, der mit schon «ausgefahrenen Fängen» aus dem Rütteln in den Stoßflug auf eine Maus wechselt.
(Foto: Ernst Weber)

nur so fliegen!). Laufvögel greifen nicht oder kaum, weil ihre Zehen dem Boden angepasst sind. Spechte klettern an Baumstämmen; Singvögel turnen im Gezweig. Vereinfacht lässt sich sagen, dass für viele Vögel die Füße mit den Zehen das leisten, was für uns die Hände tun. Auch das Kratzen hinterm Ohr.

Bei manchen Vögeln fällt zudem auf, dass ihr Hals lang und sehr biegsam ist. Beste Beispiele sind Reiher, Störche und der Schlangenhalsvogel, ein den Kormoranen verwandter Schwimmvogel, der wegen seines schlangenartig wirkenden Halses so genannt wird. Könnten wir durchs Gefieder sehen, würden wir feststellen, dass Vögel mehr als nur die sieben Halswirbel tragen, die für die Säugetiere und damit auch für uns Menschen bezeichnend sind. Falls noch Hals am Brathähnchen ist, lässt sich leicht nachzählen, wie viele es beim Huhn sind (14). Ihre Zahl liegt bei den verschiedenen Vögeln nicht fest; innerhalb einer Art aber schon. Die meisten hat der Höckerschwan mit 25.

Mit der Betrachtung der Halswirbel sind wir nun schon ins Vogelinnere gekommen. Wir nehmen uns dieses näher vor – und genauer als beim Brathähnchen, weil uns dieses wesentliche Eigenschaften nicht mehr zeigt. Vorher werfen wir aber noch einen Blick auf die Federn und weitere wichtige «Äußerlichkeiten». Das Gefieder besteht aus zwei gut sichtbaren Typen von Federn, nämlich solchen, die das «Fluggefieder» bilden und für den Flug gebraucht werden, und dem «Kleingefieder», das zwar die äußere Körperform weich rundet und für die Luftströmungen günstig macht, aber nicht unmittelbar für den Flug vonnöten ist. Die Federn des Fluggefieders sind aus gut nachvollziehbaren Gründen in solche aufzuteilen, die am Handteil des Flügels ansetzen, die sogenannten Handschwingen, und die nach innen zu anschließenden des Armteils, die Armschwingen. Hinzu kommen die Schwanzfedern, deren große, im Flug wiederum mehr oder weniger direkt eingesetzte Steuerfedern genannt werden. Ein stufiges Deckgefieder unterschiedlicher Federgröße bedeckt diese Hauptfedern. Sie lassen sich in Große Flügeldecken, Kleine Flügeldecken etc. gliedern und sollen an dieser Stelle nicht weiter interessieren. Ihre Funktion besteht darin, dem Flügel die für das Fliegen richtige Wölbung und Glätte zu geben. Der Schwanz, der den Vögeln eigentlich weitestgehend fehlt und von den Schwanzfedern ersetzt wird, muss diese besondere «Windschlüpfrigkeit», im Fachausdruck aerodynamische Formung, nicht haben, außer bei Vögeln, die sehr schnell oder sehr wendig fliegen (können müssen). Deshalb «leistet» sich der Hahn auf dem Hühnerhof ein sichelförmiges Schwanzgefieder. Seine Flügel taugen aber durchaus für einen kurzen Flug hinauf ins rettende Geäst oder auf einen Schlafbaum, so er mit seiner Hühnerschar nicht allabendlich in den Stall und auf die Stange muss.

Was wir schließlich «außen» an den Vögeln noch sehen, sind die Augen. Auf sie und ihre Leistungen komme ich zurück, wie auch auf die der Ohren, die wir äußerlich nicht erkennen können. Denn Vögel haben kein Äußeres Ohr, wie wir Menschen und die meisten Säugetiere. Mit diesem meinen wir die Ohrmuschel. Sie fehlt den Vögeln vollständig. Was nicht bedeutet, dass sie deshalb weniger gut hören würden. Manche, wie die Eulen, hören tatsächlich auch ohne Ohrmuscheln viel besser als wir mit solchen. Was sie mit ihrem Gehör leisten, grenzt für uns sogar ans Wunderbare. Auch davon mehr, wenn es um die Sinnesleistungen der Vögel geht. So viel nur vorweg zu zwei Besonderheiten. Wo «Ohren» am Vogelkopf zu sehen sind, handelt es sich um verlängerte, ohrartig gestaltete Federbüschel, die mit dem Hören nichts zu tun haben. «Ohreulen» hören nicht besser als Käuze ohne Federohren. Das Hören spielt ganz allgemein in der Vogelwelt eine beträchtlich andere Rolle als bei den Säugetieren. Vögel «lauschen» nicht, ob sich ein Feind nähert, wie das viele Säugetiere tun müssen, um zu überleben. Für sie haben Kontaktrufe, Gesang und das Orten von Beute die weit größere Bedeutung. Lediglich in letzterer Hinsicht entsprechen die Eulen den nach Mäusen jagenden Füchsen oder Katzen. Ansonsten sind die Vögel viel ausgeprägter – und uns Menschen ähnlicher – «Augentiere». Auf Geräusche reagieren sie weniger empfindlich als Säugetiere.

Der Innenbau des Vogelkörpers

Das Äußere vermittelt uns viel Wichtiges, und zwar durchaus auf den ersten Blick. Federn machen den Vogel. Die Zweibeinigkeit gehört dazu, wie auch der Schnabel. Fliegen können nicht alle Vögel, schwimmen und tauchen auch nicht, obgleich gerade die sehr unterschiedlich zusammengesetzte Großgruppe der Wasservögel zahlreiche Sonderanpassungen an das Leben auf dem Wasser und an das Hinabtauchen ins Wasser zeigt. Das Wichtigste, das den Vogel so besonders, so besonders leistungsfähig macht, verbirgt sich in seinem Innern. Vögel verfügen über das beste Atmungs- und Kreislaufsystem, das wir kennen. Deshalb können die meisten Vögel fliegen, und wenn nicht, dann außerordentlich schnell und ausdauernd laufen oder (tief) tauchen. Wahrscheinlich ist es dieser inneren Höchstleistung auch zuzuschreiben, dass ihr Gehirn so schnell arbeitet und sie im Flug Zusammenstöße nahezu mühelos vermeiden können, auch wenn sie dicht an dicht im Schwarm fliegen.

Wie sieht dieses Atmungs- und Kreislaufsystem aus? Dem Brathähnchen können wir dazu nichts entnehmen, zumindest nicht im Normalfall seiner Ausführung und ohne entsprechende Vorkenntnisse. Eigentlich sollten wir uns einen frisch toten Vogel vornehmen, der groß genug ist, um ihn aufzupräparieren. Mit wenig Aufwand lässt sich dabei viel entdecken und verstehen. Ideal für so ein Vorhaben ist eine Taube, eine verwilderte Straßentaube zum Beispiel, wenn wir eine solche finden, die beim Zusammenprall mit einem Auto getötet wurde. Um sie zu öffnen und um ihre Anatomie kennenzulernen, brauchen wir erfreulicherweise auch keine naturschutzrechtliche Ausnahmegenehmigung, wie das bei einer toten Amsel der Fall wäre. Straßentauben leben nicht immer ganz «hygienisch», weil es in unserer Außenwohnwelt in den Städten, unter

Brücken und anderen Bauwerken so viel von Menschen hinterlassenen Schmutz gibt und sie meistens auch akuten Brutplatzmangel haben, der sie dicht zusammendrängt. Deshalb empfiehlt sich die Präparation mit dünnen Gummihandschuhen und Atemmaske. Straßenstaub unter Großstadtbrücken ist zwar wahrscheinlich noch schmutziger und das Risiko, sich eine Infektion mit Mikroben zu holen, bei einer Fahrt in einer überfüllten Stadtbahn höher, aber Vorsicht ist nie ein Fehler.

Das Erste, was wir beim Versuch einer Öffnung des Vogelkörpers feststellen werden, sind die leichte Zugänglichkeit des Bauchteils mit Darm und Magen und die Abgeschlossenheit des Brustteils mit Herz und Lunge. Dieser befindet sich unter der massiven (beim Brathähnchen, aber auch bei gebratenen Tauben geschätzten) Brustmuskulatur. Sie setzt beiderseits des Brustbeinkammes an und enthält die Muskeln für den Flug. Der größere äußere Brustmuskel besorgt den Abschlag der Flügel. Dieser ist der schwerere Teil der Flügelbewegung. Der kleinere, schmalere Muskel darunter, der Kleine Brustmuskel, zieht den Flügel wieder in die Höhe.

Dass dies geht, hängt mit einer sehr komplizierten, «technisch unsinnigen» Führung der Sehne zusammen, die den Flügel nach oben zieht. Sie verläuft nämlich fast durch das Flügelgelenk, durch das sogenannte Dreiknochenloch an den Oberarm- und den beiden Unterarmknochen. Säße der Muskel, der die Flügel nach oben zieht, auf dem Vogelrücken, ginge die Bewegung viel einfacher. Die merkwürdige Sehnenführung lässt sich am besten so verstehen, dass der «Flügel» ursprünglich, also bei seiner Entstehung in der Urzeit der Vögel, noch nicht für das Fliegen «gedacht» war, sondern seine Aufgabe seinerzeit darin bestand, das Laufen zu ermöglichen. Die Flügel der Vögel entsprechen ja den Vorderbeinen der Echsen und der Säugetiere. Doch wie beim Menschen mit der Aufrichtung des Körpers auf die zweibeinige Fortbewegungsweise die Vorderbeine «frei» geworden waren und sich nach und nach zu Armen mit geschickten Händen umgebildet haben, weil sie nicht mehr zum Laufen benutzt wurden, so entstanden aus den Vorderbeinen der Vorfahren der Vögel die Flügel. Die Lage des Kleinen Brustmuskels als «Heber» der Flügel unter dem Großen auf der Bauchseite und die damit zwangsläufig verbundene, komplizierte Sehnenführung sind Überbleibsel aus der fernen Vergangenheit, als die Vögel nach und nach zu dem wurden, was sie sind. Dazu mehr in einem eigenen Kapitel.

Dass die großen Muskeln der Vogelbrust eine entsprechend feste Verankerung für ihr Wirken brauchen, ist klar. Der Brustbeinkamm bildet die Ansatzfläche. Je größer er ist, desto kräftiger sind auch die Flugmuskeln. Daher können wir aus Fossilfunden des Brustbeins ausgestorbener Vögel schließen, ob diese einst gute oder schwache Flieger gewesen sind. Die Taube gehört zu den guten. Ihre Brustmuskeln sind groß und der Brustbeinkamm ist hoch. Viele Singvögel tragen trotz ihrer Kleinheit relativ große Brustbeinkämme. Vor allem die Zugvögel müssen lang fliegen können. Kraftflug kostet aber, die Bezeichnung drückt es aus, «Kraft», also Energie. Reichen die Fettvorräte dafür nicht mehr, fangen die Vögel an, Brustmuskulatur (und andere Muskeln) abzubauen, um den Bedarf zu decken. Wenn sich der Kamm des Brustbeins deutlich oder gar scharfkantig ertasten lässt, geht es dem betreffenden Vogel schlecht. Fühlt man diesen Knochen kaum oder nur bei mäßigem Druck und eher eingesenkt zwischen den weichen Rundungen der Brustmuskulatur, ist der Vogel in guter Kondition. Bei geschwächt oder verletzt aufgefundenen Vögeln stellt der Griff zum Brustbeinkamm den ersten Test zu seinem Zustand dar.

Unter dem breitflächig ausgebildeten Brustbein und den daran ansetzenden, mit bezeichnenden «Winkeln» versehenen, flachen Rippen, die zusammen den Brustkorb bilden, liegt gleichsam der Motor des Vogels, nämlich die Herz-Lungen-Luftsack-«Maschine». Der Vergleich mit einer Hochleistungsmaschine ist gar nicht so abwegig, denn was Herz und Lunge, verstärkt durch die «Blasebalg-Pumpen» der Luftsäcke, tatsächlich leisten, lässt sich fast nur noch technisch ausdrücken, weil es unser eigenes Leistungsvermögen bei weitem übersteigt. Ohne auf die Einzelheiten einzugehen, die bei vertieftem Interesse den Lehrbüchern entnommen werden können (wie zum Beispiel der «Ornithologie» von Bezzel, E. & R. Prinzinger), funktioniert diese lebendige Maschinerie nach folgendem Prinzip:

Adern nehmen das in der Lunge mit Sauerstoff angereicherte Blut auf, transportieren es zum Herzen, von wo aus es über eine der beiden voneinander getrennten Herzkammern über die Aorta in das System der Arterien bis in die Endkapillaren verteilt wird. Durch Venen fließt das sauerstoffarm und an Kohlen(stoff)dioxid reich gewordene Blut zum Herzen zurück und wird von dort in die Lunge gepumpt. Das Herz ist komplett in zwei Kammern geteilt. In die eine kommt das Blut aus

Der Innenbau des Vogelkörpers 93

der Lunge und wird von dort in den Körper gepumpt. Von dort zurück, kommt es in die andere Kammer, die es zur Lunge weiterschickt.

So beschrieben, würde der Blutkreislauf nicht wesentlich anders als bei uns Säugetieren sein. Um den Unterschied kenntlich zu machen, genügt ein einziges Wort. Das Blut strömt beim Vogel nämlich nicht nur «zur» Lunge, sondern «durch» die Lunge. Diese ist gänzlich anders gebaut als bei uns und allen anderen Säugetieren. Sie besteht aus einer schwammartigen Masse von Röhren, durch die die Atemluft nur in einer Richtung, und zwar von hinten nach vorn, hindurchströmt. Die Adern umgeben diese Röhren als ganz feines Geflecht. Sie treffen aufeinander und gehen ineinander über. Dabei gibt das venöse, mit Kohlendioxid aus der Atmung im Körper befrachtete Blut dieses an die Röhren ab, während das abführende Kapillarsystem im Gegenzug Sauerstoff aufnimmt.

Ganz grob vereinfacht, können wir uns das so vorstellen, dass wir ein Rohr mit unseren Händen und Fingern von beiden Seiten umklammern. Über einen Arm zu den Fingern würde das «verbrauchte», mit Kohlendioxid belastete Blut an das Rohr herangeführt, durch dessen dünne Wand es in die Atemluft entweicht, während über die Finger der anderen Hand Sauerstoff aufgenommen und in unseren Körper zurücktransportiert wird. Vergleichbare technische Systeme kennen wir von Wärmeaustauschern. In der Lunge der Vögel geht es um den Gasaustausch, also um jenen Teil der Atmung, der den Sauerstoff dem Körper zuführt und das im Stoffwechsel entstehende Abgas entsorgt.

Der grundsätzlich gleiche Vorgang findet auch in unserer Lunge statt, und zwar in den Lungenbläschen. Den großen Vorteil brächten die Röhren der Vogellunge nicht, gäbe es nicht ihre Anbindung zu den Luftsäcken. Solche Gebilde fehlen unserem Körper völlig. Auch kein anderes Säugetier hat Luftsäcke. Sie kennzeichnen den Innenaufbau des Vogelkörpers.

Wiederum stark vereinfacht geschildert, sind sie folgendermaßen angelegt. Im hinteren Teil des Körpers («Bauchteil») gibt es ein Paar ziemlich großer Luftsäcke, ein weiteres im Mittelteil und eines im vorderen Abschnitt, wo es bis zum Halsansatz reicht. Verlängerungen erstrecken sich übrigens, kaum glaublich, bis in die großen Knochen der Flügel hinein, die deswegen «Röhrenknochen» genannt werden. Wozu das gut ist, weiß man noch nicht so recht. Dass sie die Knochen angeblich leichter machen, überzeugt nicht ganz, weil diese im Außenteil der «Röhren», die sie bilden, dafür umso fester gebaut sein müssen. Aber lassen wir diese Frage, an der die Forschung noch arbeitet; denn sie ist ohne Einfluss auf das Prinzip der Atmung. Und diese verläuft wie folgt: Atmet der Vogel ein, strömt die Luft unter der Lunge in die hinteren Luftsäcke. In diesen wird sie auf Körpertemperatur aufgewärmt und nach vorn durch (!) die Lunge, durch ihr Röhrensystem in die vorderen Luftsäcke gepresst. Erst von diesen kommend, wird sie ausgeatmet. Somit gibt es nirgends einen Stillstand der Luft in einem sackartigen Ende, wie in unserer Lunge. Es bleibt kein totes Luftvolumen, wie wir es auch bei größter Anstrengung nicht aus der Lunge bekommen. Sauerstoffreiche und sauerstoffarme, mit Kohlendioxid angereicherte Luft vermischen sich in unserer Lunge, die ganz treffend Sacklunge genannt wird. In der Vogellunge gibt es das nicht. Daher kommen eine viel bessere Ausnutzung des Sauerstoffgehalts der Atemluft und ein wirkungsvollerer Abtransport des Kohlendioxids zustande. Als Faustregel gilt, dass die Lunge eines Säugetieres nur ein Fünftel einer Vogellunge gleicher Größe leistet oder, andersherum ausgedrückt, ein Herz-Lungen-System gleicher Größe wie bei einem Säugetier dem Vogel die fünffache Leistung ermöglicht.

Hauptsächlich deshalb können Vögel fliegen! An der außergewöhnlichen Wirksamkeit ihrer Atmung liegt es, dass sie stundenlang in mehreren tausend Metern Höhe unterwegs sein können. Manche Vögel erreichen Höhen, in denen wir Sauerstoffgeräte benötigen, weil uns schon bei leichter körperlicher Anstrengung die Luft zu dünn wird. Vögel, wie die Pinguine, vermögen auch Hunderte Meter tief ins Meer hinabzutauchen. Winzlinge, wie unser Zaunkönig, brauchen keine Höhenanpassung, wenn sie zwischen Lebensräumen in Meereshöhe und dem Krummholz im Hochgebirge wechseln. Das macht ihnen nichts oder kaum etwas aus. Der blitzschnelle Wechsel vom Herumpicken am Boden zu pfeilschnellem Flug auch nicht. Sie brauchen keine Aufwärmphase wie unsere Spitzensportler, die in ihren Leistungen dennoch, beispielsweise als Läufer, sehr schlecht aussähen, müssten sie mit einem Strauß um die Wette laufen. Beim Versuch, ein Huhn einzufangen, das nicht in die Enge getrieben werden kann, macht der Fänger eine klägliche Figur; ein schneller Hund meistens auch. Denn ein paar Flügelschläge aus dem Laufen heraus reichen einem gesunden, nicht überzüchteten und übergewichtigen Huhn, um rechtzeitig abzuheben und davonzufliegen.

Bei aller Bewunderung, die, wie noch gezeigt wird, die Vogelfeder tatsächlich verdient, steckt die eigentliche Besonderheit der Vögel im Bau ihrer Lunge und in ihrer Verbindung mit Luftsäcken. Die Lunge ermöglicht letztlich auch dem Herzen die Leistungen, die sich so mancher Mensch für sein Herz wünschen würde. Herzflimmern mit 800 Schlägen pro Minute ist für einen Spatzen durchaus normal. Auch Raben- und Krähenherzen arbeiten mit über 300 Schlägen pro Minute ähnlich schnell wie Hühnerherzen. In dem Umstand, dass Spitzmäuse noch beträchtlich höhere Herzschlagraten haben müssen, drückt sich nicht etwa ein vergleichbares oder sogar höheres Leistungsniveau aus, sondern nur, wie sehr sie als Säugetiere ihre Kleinheit strapaziert. Beim Herumsuchen nach Nahrung am Boden muss ihr Herz so extrem arbeiten wie bei einem Kolibri im Schwirrflug, um den kleinen Körper auf der notwendig hohen Betriebstemperatur zu halten. Mit einem Drittel der Spitzmausherzschläge pro Minute fliegt das winzige Sommergoldhähnchen Hunderte von Metern hoch in der Luft ins mediterrane Winterquartier.

Mit diesen Seitenblicken auf kleine Säugetiere sind wir bei der Energie angelangt, deren Umsatz mit Atmung, Lungenbau und Luftsacksystem zusammenhängt. Mit hoher Herzschlagrate und der damit verbundenen, sehr wirkungsvollen Versorgung mit Sauerstoff halten die Vögel ihren Körper auf beträchtlich höherer Betriebstemperatur als die Säugetiere. Sie liegt um 3 bis 5 Grad Celsius höher als bei den Säugern; meist über 40 Grad, häufig um die 42 Grad, im Extremfall sogar bei 44 Grad Celsius bei Kleinvögeln und um 40 Grad bei größeren Vögeln. Den massigen Pinguinen reichen anscheinend auch 38 Grad, da sie nicht fliegen können müssen. Für uns Menschen sind 40 Grad Fieber höchst alarmierend. Steigt es nur wenig weiter, wird es lebensgefährlich. Viele Vögel leben tatsächlich, so können wir es nennen, direkt an der Todesgrenze.

Dennoch «verbraucht» die so hohe innere Hitze sie nicht annähernd so schnell, wie man meinen möchte. Im Gegenteil: Verglichen mit Säugetieren, werden sie sehr alt. Für Buchfinken gibt es Angaben von 29 Jahren, für Elstern von 25, für Haussperlinge von 23, für Kolkraben gar von fast einem (derzeit) durchschnittlichen Menschenalter, nämlich 69 Jahren. Viele weitere hohe Lebensdauern sind festgestellt worden.

Mancher Papagei hat seine Halter überlebt. Hunde sind dagegen schon mit 10 Jahren ziemlich am Ende. 12 bis 15 Jahre erreichen wenige. Pferde werden kaum 30. Höchstens erreichen sie ein Rabenalter. Wir Menschen sind mit einer Lebenserwartung, die mindestens das Doppelte, eher das Dreifache des Wertes erreicht, der unserer Körpergröße zukäme, die große Ausnahme. Denn allgemein gilt, dass Größe lebensverlängernd, Kleinheit lebensverkürzend wirkt. Und wenn auch noch das Herz dauernd sehr schnell schlagen muss, sollte der Körper rasch verbraucht sein – wie bei den Spitzmäusen.

Dass Vögel beträchtlich länger leben als Säugetiere mit vergleichbar großer Körpermasse, hängt aller Wahrscheinlichkeit nach ebenfalls mit der Wirksamkeit ihrer Atmung zusammen. Wir wissen ja selbst, dass auch uns regelmäßige körperliche Betätigung, die Herz und Kreislauf anregt, guttut. Bei der hochwirksamen Atmung der Vögel entstehen weniger sogenannte (und im Körper gefährliche) freie Radikale. Die bessere Versorgung mit Sauerstoff hilft bei der körpereigenen Reparatur von Schäden in den Geweben und Organen. Vogelflug und Vogelzug konnten aufgrund dieser Leistungsfähigkeit entstehen, die wir zusammenfassend als Stoffwechsel bezeichnen. Der Stoffwechsel der Vögel verläuft fast immer auf höchstem Niveau. Manche Vögel können sich dank der Effizienz ihrer Atmung auch leisten, ihre Körpertemperatur schnell und stark abzusenken. Bei erniedrigter Körpertemperatur drosseln sie die Ausgaben für ihre innere Heizung. Sie fallen dabei in einen Starrezustand, Torpor genannt, in dem sie unter Umständen tagelang ungünstige Außenbedingungen, wie nasskaltes Wetter, überdauern. Ansonsten sind sie normalerweise «gleichwarm»; homöotherm, so der Fachausdruck, wie wir Menschen und viele Säugetiere, nicht «wechselwarm» (poikilotherm) und von der Umgebungstemperatur abhängig wie die Kriechtiere.

Auch wenn man das kaum glauben möchte, sind die Vögel jedoch viel näher mit den Kriechtieren, den Reptilien, als mit den Säugetieren verwandt. Dass sie wie diese ihre Körpertemperatur geregelt hoch halten und ihnen in verschiedensten Leistungen und Verhaltensweisen ähnlicher sind als den Reptilien, beruht auf einer unabhängigen Parallelentwicklung. In einer Hinsicht sind sie ihrer Kriechtierverwandtschaft absolut verbunden geblieben: Vögel legen Eier, die sie außerhalb ihres Körpers bebrüten. Bei keiner einzigen Vogelart gibt es auch nur den geringsten Ansatz zu einer Entwicklung der Eier im Körper der Mutter. Dabei existiert eine solche Fortpflanzung schon bei manchen Reptilien.

Von der Möglichkeit, dass sich die Jungen im mütterlichen Körper entwickeln und in einem geeigneten Zustand geboren werden, findet sich in der Vogelwelt keine Spur. Die Art der Fortpflanzung wie bei den Säugetieren (ausgenommen die Eier legenden, wie Schnabeltier und Schnabeligel in Australien) ist der Vogelwelt vollkommen fremd. Wie oben schon angedeutet, sind in dieser Hinsicht sogar Schlangen und Eidechsen fortschrittlicher, wenn die Weibchen die befruchteten Eier im Körper zurückhalten und die Jungen bei deren Schlüpfen aus den Eihüllen gebären. Auf diese Weise bringen die Kreuzotter *Vipera berus,* die Blindschleiche *Anguis fragilis* und die Wald- oder Bergeidechse ihre Jungen zur Welt. Letztere trägt «lebendgebärend» deshalb sogar in ihrem Artnamen: *Lacerta vivipara*. Zahlreiche weitere Kriechtiere nutzen die Möglichkeit, die Eier im eigenen Körper auszutragen. Der Nachwuchs wird dadurch besser vor ungünstiger Witterung und Gefahren geschützt als sich selbst überlassene Gelege. Die Vögel hingegen betreiben bis auf ganz seltene Ausnahmen einen immensen Aufwand, Nester zu bauen, ihre Eier zu bebrüten und die daraus geschlüpften, mehr oder weniger hilflosen kleinen Jungen zu füttern und zu behüten. Das Vogelei ist daher ein Rätsel. Warum treiben alle Vögel diesen Aufwand mit den Eiern, wenn es doch auch anders und einfacher ginge?

Vogeleier

Um diese Besonderheit der Vögel zu verstehen, müssen wir uns zunächst näher mit dem Vogelei befassen. Wie es aufgebaut ist, kennen wir vom Hühnerei. «Das Gelbe vom Ei» ist der Dotter, «das Weiße» das Eiklar. Weiß wird es erst beim Erhitzen, wenn das klare, flüssige Eiweiß gerinnt. Vom Schälen eines hart gekochten Hühnereis wissen wir, dass eine weiche, aber zähe innere Hülle das Ei umschließt. Die spröde äußere Schale, die Kalkschale, gibt die Festigkeit. Die Stabilität des ‹frischen›, ungekochten Hühnereis erweist sich anhand eines kleinen Versuchs, auch wenn dessen Folgen ein wenig unangenehm sein können.

Man nehme ein Ei mit gleichmäßig glatter Schale und fasse es so mit den fest ineinander verschränkten Händen, dass es in der Kuhle dazwischensteckt. Ohne von den Seiten her zu drücken, kann man nun von Pol zu Pol pressen, so stark wie es geht. Wir werden es nicht zusammendrücken können. Mit einiger Übung und der nötigen Vorsicht klappt das wirklich, ohne dass uns der Inhalt ins Gesicht spritzt. Wer nicht über extreme Kräfte verfügt, wird es nicht schaffen, das Ei auf diese Weise zu zerdrücken. Bruchsicher sind die Eier deswegen aber nicht. Der Versuch zeigt lediglich, warum das Ei beim Auspressen aus dem Körper des Vogelweibchens nicht kaputtgeht. Oder aber, dass das Huhn, welches ein Ei legt, das dennoch zerplatzt, nicht richtig ernährt worden ist. Dann ist es vielleicht sogar ratsam, auch das Innere vor dem Verzehr skeptisch zu betrachten.

Dass Eier «faul» werden können, ist uns geläufig. Warum sie so unangenehm stinken, wird uns gleich näher beschäftigen. Denn der spezielle Gestank «nach faulen Eiern» hat beträchtliche Bedeutung. Er wird uns auf die Spur der Feder führen. Warum können Eier faul werden? Sie sind doch geschlossen. Das liegt an der Durchlässigkeit der Schale für Luft. Sie hat Poren. Diese sind nötig, weil die kleine Menge Sauerstoff in der Luftkammer unter der Schale rasch aufgebraucht wäre, könnte das Ei nicht «atmen». Ein passives Atmen ist das. Durch den Verbrauch von Sauerstoff, der in der Luftkammer gespeichert ist, entsteht ein leichter Unterdruck. Dieser saugt Luft durch die Poren nach innen. Im Gegenzug wird Kohlendioxid nach außen abgegeben. Der Gasaustausch vollzieht sich rein physikalisch. Er ist aber wirkungsvoll genug, zumal bei der Bruttemperatur von 37 bis 38 Grad Celsius. Und da mit dem Gasaustausch auch ein Durchtritt von Wasserdampf durch die Poren der Schale verbunden ist, stellen diese zwar winzige, aber passierbare Eintrittspforten für Bakterien dar. Hat sich im Ei kein Leben entwickelt, beginnen diese mit der Zersetzung des Inhalts. Dabei entsteht der übel riechende Schwefelwasserstoff; das Gas, das nach «faulen Eiern» riecht.

Hühnereier, wie man sie üblicherweise im Geschäft kauft, sind entweder kalkig weiß oder bräunlich. Die Schalenfärbung hängt vom «Typ» der Hennen ab, die diese Eier gelegt haben. Stammen sie von solchen mit rostbräunlichem Gefieder, sind die Eischalen ähnlich bräunlich, während weiße Leghorn-Hennen auch weiße Eier legen. Da all diese Hennen als Zuchtformen des Haushuhns zur selben Art gehören, bedeutet dies, dass die Färbung der Eierschale durchaus unterschiedlich ausfallen kann und nicht «artgemäß» festgelegt sein muss. Welche Bedeutung sie bei den meisten Vögeln wirklich hat, wird bei der näheren Betrachtung des Kuckucks und seines Brutparasitismus eine Rolle spielen. Hier geht es zunächst darum, woher die Farbe der Eischalen kommt. Sie entsteht bei Abbauvorgängen im Stoffwechsel und gehört zur Gruppe der Farbstoffe, die auch in den Federn eingelagert werden (können). Dort werden sie näher behandelt. An dieser Stelle reicht der Hinweis, dass ihre Hauptquelle Blutfarbstoffe sind. Besondere Farbdrüsen lagern sie außen auf dem Ei ab, wenn dieses auf seinem Weg vom Eierstock durch den Eileiter daran vorbeikommt. Je nach Intensität des Farbstoffwechsels und Rasse (im Fall der Hühner) unterscheiden sich die Eier farblich. Extrem sind die blaugrünen der Araucaner, die äußerlich im Gefieder dem Grundtyp der Stammart, dem Bankivahuhn, ziemlich ähneln. Manche «Stämme» dieser Hühner legen sogar rötliche Eier. Wie so oft lohnt auch in diesem Fall ein Blick auf das Haus- und Ziergeflügel, weil wir an diesem leichter, und ohne dazu Genehmigungen vom Naturschutz einholen zu müssen, sehen können, was bei der Fortpflanzung der Vögel vor sich geht. Was bei der Entwicklung zum Hühnchen geschieht, wird sich bald nicht mehr so leicht mitverfolgen lassen, weil es immer weniger herkömmliche Hühnerhaltungen mit Hahn gibt. Kein Ei aus dem Supermarkt lässt sich dazu bringen, dass sich sein Inhalt zum Küken entwickelt, welches sich piepsend meldet, wenn es zum Schlüpfen bereit ist.

Von den kommerziellen Hühnerzuchtstationen abgesehen, die massenhaft wie am Fließband produzieren, gerät die richtige Hühnerhaltung immer mehr zu einer seltenen Liebhaberei. Kaum ein Kind erlebt noch, wie das Küken aus dem Ei schlüpft und was geschieht, bis es zum forsch in die Welt blickenden, hellgelben Flaumbällchen munter geworden ist und nach kurzem Bemühen, auf die Beine zu kommen, piepsend und suchend herumläuft. Bei frei lebenden Vögeln wird man den Vorgang des Schlüpfens nur ausnahmsweise beobachten können. Den Vögeln ins Nest zu schauen ist verboten. Denn entweder «schützt» sie vor unseren wissensdurstigen Augen das Naturschutzgesetz, oder sie fallen, weil «jagdbar», unter das Jagdgesetz. Mit diesem sollte man noch weniger in Konflikt geraten als mit dem Naturschutzgesetz, weil eine der großen Merkwürdigkeiten der Gesetzgebung darin besteht, dass Verstöße gegen das Jagdgesetz Straftaten, solche gegen das Naturschutzgesetz aber nur Vergehen sind. Einer Ente ins Nest zu schauen kann daher den Konflikt mit dem Jagdgesetz nach sich ziehen. Die Eier einer Amsel zu zählen, die im Blumenkasten auf dem Balkon nistet, verstößt gegen das Naturschutzgesetz. Das nicht geschlüpfte, «taube» Ei darf ihr nicht aus dem Nest genommen werden, auch wenn es aufschlussreich wäre festzustellen, ob es bloß unbefruchtet war oder ob der Embryo einen Defekt hatte, der seine ordentliche Entwicklung verhinderte. Dies als Warnung. Vögel zu beobachten geht konfliktfrei am ehesten durchs Fernglas. Im Nahbereich haben Naturschutz und Jagd Barrieren aufgebaut, um allzu Interessierte fernzuhalten. Im 3. Teil werden die Notwendigkeiten und Ungereimtheiten des Vogelschutzes ausführlicher behandelt. Aufgrund der rechtlichen Rahmenbedingungen bleibt uns nichts anderes als das Hühnerei, wenn wir erfahren möchten, wie die Fortpflanzung der Vögel eigentlich funktioniert und worin die Unterschiede zu den Säugetieren bestehen.

Sehen wir uns nun das (Hühner-)Ei noch weiter an. Der Dotter liegt beim frischen Ei ziemlich genau in der Mitte. Eine dünne Dotterhaut trennt ihn vom Eiklar. Er ist das eigentliche Ei. Der Dotter schwebt im Eiklar dank der zu den Polen hin gedrehten, festeren Strukturen, Hagelschnüre genannt. Diese halten ihn wie eine Hängematte in der dicken Flüssigkeit des Eiweißes. Was mit der Bezeichnung «das eigentliche Ei» gemeint ist, geht daraus allerdings noch nicht hervor. Dazu müssen wir zwischen «Ei» und Eizelle unterscheiden. Die Neubildung des Vogelkükens beginnt mit dem Eindringen der männlichen Samenzelle in die weibliche Eizelle. Dabei kommt die «Befruchtung» zustande. Bei dieser vereinigt sich das männliche Erbgut mit dem weiblichen. Die befruchtete Eizelle wird fachlich Zygote genannt. Bei uns Menschen wie bei den anderen Säugetieren, deren Weibchen eine innere Gebärmutter haben, nistet sich die befruchtete Eizelle, die Zygote, in einem Nährgewebe ein, das Plazenta genannt wird. Eine kaum noch bekannte Bezeichnung dafür lautet Mutterkuchen. Dass sie allmählich außer Gebrauch gerät, ist aber nicht weiter schade; denn das Wort ist geradezu ein Beleg für die Hilflosigkeit der deutschen Sprache, wenn es um Vorgänge bei der sprachlich so tabuisierten Fortpflanzung geht. Allein «Fortpflanzung» ist lächerlich genug, als ginge es dabei um Pflanzen, die nachgepflanzt würden. Daher lassen wir den ‹Mutterkuchen› beiseite und wählen Plazenta als den besseren Ausdruck, selbst wenn er fremd klingen sollte.

Dieses Nährgewebe im mütterlichen Körper versorgt nun das sich teilende, furchende und zum Embryo («Keimling», wiederum pflanzlich!) entwickelnde Ei mit all der Nahrung (und Energie), die es dafür braucht. Genau dies leistet der Dotter im Vogelei. Er entspricht der Plazenta. Das eigentliche Ei liegt als Keimscheibe auf diesem. Es zehrt bei seiner Entwicklung von den im Dotter gespeicherten Nährstoffen und durchwächst ihn mit Blutgefäßen. Wir sehen sie manchmal bei nicht mehr so ganz frischen Eiern vom Hühnerhof, deren Entwicklung bereits begonnen hat. Die Eizelle liegt also auf dem von ihr nicht getrennten Dotter. Es ist darin eingebettet wie das Säugetierei, das sich in der Plazenta einnistet. Daher stellt das Vogelei eigentlich eine riesenhafte Eizelle dar, die alles für die Entwicklung Benötigte mitbekommen hat. Sie liegt im «Wasser» des Eiklars wie in einem Aquarium. Dieses wird von der Schale umschlossen. Die Situation ähnelt wiederum dem Ei in der Gebärmutter, die es so lange einhüllt, bis die Geburtsreife erreicht ist. Dann öffnet sich der Muttermund und die Geburt kann beginnen.

Dies ist einer der drei entscheidenden Unterschiede in der Entwicklung des Nachwuchses zwischen (plazentalen) Säugetieren und Vögeln. Während bei Säugern die Geburt ein aktiver Vorgang unter Mitwirkung der Mutter ist, muss sich das Vogelküken selbst aus dem Ei befreien. «Schlüpfen» ist kein besonders treffender Ausdruck, geht es doch um ein Aufsprengen der Eischale von innen her. Das geschieht durch Drehbewegungen des Kükens. Dabei ritzt der Eizahn, der sich auf der Spitze des Oberschnabels gebildet hat, die innere, pergamentartige Schale an. Angeritzt wird auch die Kalkschale. Durch Stemmen mit den Beinen und durch weiteres Drehen kommt ein ziemlich runder Anschnitt zustande. Das Küken sprengt das Schalenstück nun vollends ab. Vom «geschlüpften» Ei löst sich ein Halbrund, eine Kalotte. Durch diese ziemlich große Öffnung zwängt sich das Küken hinaus. Das Schlüpfen ist recht mühsam. Bei einigen Vogelarten hilft die Mutter, indem sie Teile der Kalkschale mit dem Schnabel wegzupft oder die Kalotte entfernt, wenn das Junge dagegendrückt. Bei den Vögeln jedenfalls haben die Jungen die Hauptanstrengung beim Schlüpfen zu leisten, bei der Geburt der Säugetierjunge aber die Mutter.

Der zweite wichtige Unterschied betrifft die Versorgung des Nachwuchses. Bei den plazentalen Säugetieren werden die Embryonen bis zur Geburt über den Blutkreislauf der Mutter versorgt. Aber dieser ist nicht direkt mit ihnen verbunden. Die Plazenta ist dazwischengeschaltet. Mütterliches Blut strömt, beladen mit Sauerstoff und den benötigten Nährstoffen, in die Plazenta. Dort wechselt der Inhalt zum Blutkreislauf des Nachwuchses. Die Verbindung tragen wir bei der Geburt als Nabelschnur und danach als Nabel. Doch die Plazenta verbindet nicht nur, sie trennt auch den Mutterkörper von dem des Nachwuchses. Das ist enorm wichtig, weil die Mutter andere Erbanlagen trägt als ihre Kinder. Diese enthalten Erbgut, das vom Vater stammt. Mutter und Kinder sind daher genetisch verschieden. Eigentlich müsste der Mutterkörper die sich entwickelnden Embryonen als Fremdkörper behandeln und abstoßen. Das Immunsystem reagiert auf diese Weise und schützt damit den Organismus. Die Plazenta sorgt dafür, dass der Nachwuchs nicht als «fremd» erkannt und von der Immunabwehr angegriffen wird. Als Randbemerkung sei hier daran erinnert, dass Menschenmütter große Schwierigkeiten bei der Entwicklung von Babys bekommen, wenn diese in Bezug auf den sogenannten Rhesusfaktor (positiv oder negativ) von ihr selbst abweichen. Nach der zweiten oder, fast sicher, nach der dritten Schwangerschaft führt diese Rhesusunverträglichkeit dazu, dass die Entwicklung nicht mehr vollendet werden kann.

Solchen Schwierigkeiten sind die Vogeljungen in den Eiern nicht ausgesetzt. Es gibt für sie keine Verträglichkeit oder Unverträglichkeit mit dem Körper der Mutter. Die Trennung von der Mutter ist vollständig und endgültig, bevor die Embryonalentwicklung eingesetzt hat, nämlich sobald das Ei die festen Schalen aufgelagert bekommt. Die bessere «Lösung» also? Ja und nein, denn auch wenn es vorteilhaft ist, nicht den Schwierigkeiten der Immunreaktion ausgesetzt zu sein, so liegt der Nachteil darin, dass alles, aber wirklich auch alles, was für die Entwicklung des Vogeljungen nötig ist, vorab ins Ei gepackt werden muss. Dazu gehören auch all jene Stoffe, die für die Abwehr eingedrungener Keime nötig sind und die anfänglich noch schwache eigene Immunabwehr des Embryos unterstützen. Es gibt bis zum Schlüpfen keinen Nachschub mehr. Erst danach kann über die Nahrung der weitere Bedarf gedeckt werden. Je selbständiger die Vogeljungen nach dem Schlüpfen aus dem Ei sein sollen, desto größer müssen die Eier sein, in denen sie sich entwickeln. Nun gilt dies zwar für alle Tiere, die sich über Eier fortpflanzen, aber für die Vögel kommen weitere Besonderheiten hinzu, die ihre Lebensweise kennzeichnen und die Eigröße begrenzen. Das Gelege wird bebrütet. Das Brüten der Vögel ist der dritte Unterschied zu den Säugetieren, die Beuteltiere mit eingeschlossen. Es bedeutet aktive Energiezufuhr für die Eier. Die Brutwärme erhöht und regelt die Geschwindigkeit der Entwicklung der Küken in den Eiern.

Von ganz wenigen Ausnahmen abgesehen (Großfußhühner, Krokodilswächter), überlassen die Vögel ihre Gelege nicht einfach der Außenwelt und natürlicher Erwärmung, wie sie etwa in der Anhäufung faulender Pflanzenmassen oder im Boden unter sonnigen Stellen zustande kommt, sondern sie setzen sich auf die Eier und «bebrüten» diese mit ihrer Körperwärme. Seit Hühner nur selten nachgezüchtet werden, ist kaum noch bekannt, dass die Bebrütungstemperatur erheblich niedriger liegt als die Körperinnentemperatur der Vögel, nämlich bei etwas über 37 Grad Celsius. Die Hühnereier brauchen für ihre Entwicklung also fast genau die Temperatur, die unsere Körpertemperatur ist. Das überrascht, hat die Henne selbst doch 41,5 Grad Celsius in ihrem Körper.

Die Bebrütung findet somit bei einer um 4 Grad niedrigeren Temperatur als im Körper der Henne statt. Gegen Ende der (beim Haushuhn) dreiwöchigen Bebrütungszeit, in den letzten Tagen vor dem Schlüpfen der Küken, wird sie um ein weiteres Grad gesenkt, so dass der Unterschied nun 5 Grad ausmacht. Das ist viel, wie wir aus eigener Erfahrung wissen. Unsere Körpertemperatur darf nicht so stark schwanken. Sinkt sie auf 36 Grad, ist uns bereits ziemlich kalt. Steigt sie um 3 bis 4 Grad über den Sollwert von knapp 37 Grad, unserer Normaltemperatur, haben wir hohes Fieber, das lebensbedrohlich wird. Nun leben aber die Vögel mit Körpertemperaturen nahe der Todesgrenze und vollbringen dabei körperliche Höchstleistungen. Die Entwicklung des Kükens im Ei vollzieht sich indessen bei Körpertemperaturen der Säugetiere; sogar eher im unteren Bereich, zu dem wir Menschen gehören. Gibt es also möglicherweise einen Zusammenhang zwischen dem Eierlegen und der so hohen Körpertemperatur der Vögel?!

Wenn dem so sein sollte, stellt sich die Frage nach den Gründen. Was ist problematisch an der hohen Körpertemperatur, wenn sie doch die Leistungsfähigkeit des Körpers steigert?

Wiederum von uns Menschen selbst wissen wir, dass hohes Fieber während der Schwangerschaft die Entwicklung des Kindes gefährdet, insbesondere wenn der Fötus noch klein ist. Missbildungen können dabei zustande kommen. Wachstum und Entwicklung sollten zu den

Eier verschiedener Größen. Das Riesenei stammt vom ausgestorbenen Elefantenvogel von Madagaskar (Madagaskarstrauß). Rechts daneben ein Ei vom Kaiserpinguin, davor Seeadler und Wanderfalke und in der vorderen Reihe Zaunammer, Wachtel, Elster und Kohlmeise. Ein Kolibri-Ei wäre hier als «Pünktchen» zu winzig.

jeweils passenden Temperaturen ablaufen, sonst kommt es zu Störungen. Höchst empfindlich gegenüber zu hohen Temperaturen ist vor allem das Gehirn. Unser Kopf bedarf daher auch nachgeburtlich einer noch wirkungsvolleren Kühlung als der Rest des Körpers.

Als Regel gilt, dass chemische Vorgänge bis zu dreimal schneller ablaufen, wenn die Temperatur um 10 Grad Celsius erhöht wird. In einem lebenden Körper verdoppeln sich die Geschwindigkeiten bei einem Anstieg um 10 Grad. Ist der Vogelkörper um fünf Grad wärmer als die Eier, fließt Wärme zu diesen und ihre Entwicklung vollzieht sich im richtigen Tempo. Entwicklung hat mit Auf- und Umbau zu tun. Das ist etwas anderes als Muskelleistung. Diese erreicht bei 42 bis 43 Grad die besten Werte, etwa in schnellem Laufen oder im Flug. Die Embryonalentwicklung hingegen ist kein Muskelzucken. Als Vorgang, der mit Zellteilungen und Wachstum verbunden ist, braucht sie Zeit und die dafür günstigsten Temperaturen.

Hinzu kommt, dass der sich entwickelnde Embryo noch nicht kühlen kann. Eine sehr gut funktionierende Kühlung ist aber ganz besonders wichtig, wenn sich die Temperatur der Todesgrenze nähert. Dass es für den sich entwickelnden Vogelembryo besser ist, wenn er sich davon weit genug entfernt hält, versteht sich von selbst. Ein Vogelweibchen, das die 42 Grad Innenwärme braucht, um schnell und sicher fliegen zu können, kann aber die Körpertemperatur nicht einfach um

Vogeleier **105**

Kohlmeisengelege in einem Nistkasten.
(Foto: Alfred Limbrunner)

5 Grad absenken, um Embryonen vor Überhitzung zu schützen, wenn sie diese im Körper trüge.

Sinkt die Temperatur in Brutpausen ein paar Grad ab, gefährdet diese vorübergehende Auskühlung die Entwicklung der Eier nicht unmittelbar. Sie verzögert sie lediglich ein wenig. Für manche Vogelarten gehen daher die Angaben zur Dauer des Bebrütens der Gelege beträchtlich auseinander. Das liegt zunächst daran, dass in größeren Gelegen die Eier zumeist in Tagesabständen gelegt werden. Ihre Entwicklung fängt an, selbst wenn das richtige Brüten erst nach dem letzten Ei beginnt. Zudem vertragen die Eier eine Abkühlung, sofern diese die Entwicklung nicht ganz zum Stillstand bringt. Ein zeitweiliges Verlassen des Geleges während des Brütens ist ohnehin notwendig, weil die Mutter selbst zwischendurch Nahrung aufnehmen und sich entleeren muss, wenn sich das Männchen nicht am Brutgeschäft beteiligt. Brüten beide Geschlechter abwechselnd, ist das einfacher und die Brutdauer wird präziser. Die Bedeutung der Temperatur beim Brüten geht daraus deutlich genug hervor. Die Vögel können ihre Gelege nicht einfach «der Natur» überlassen, wie die meisten Eidechsen, Schildkröten und Schlangen. Die Entwicklung würde zu langsam ablaufen und irgendwann unterbrochen werden, wenn die sich aufbauende, innere Wärmefreisetzung, die schließlich eine gleichmäßig hohe, d. h. geregelte Körpertemperatur erzeugt, nicht in der richtigen Weise von außen durch die Wärmezufuhr des brütenden Vogelkörpers unterstützt und abgesichert würde.

Aus dem beträchtlichen Unterschied in der Entwicklungsdauer, die beispielsweise die Eier im Gelege einer Ringelnatter im Vergleich zu einem Vogel mit ähnlicher Körpermasse benötigen, geht das ebenfalls ganz klar hervor: Die Vogeljungen schlüpfen nach einem Drittel der Zeit, welche die jungen Ringelnattern benötigen, bis sie aus dem Ei hervorkommen können, verfügen aber im Gegensatz zur Natter bereits über die geregelt hohe Körpertemperatur. Sie sind nicht mehr wie die Schlangen von der Wärme der unmittelbaren Umgebung abhängig. Diese Eigenschaft teilen sie als Warmblüter natürlich auch mit den Säugetierjungen. Schlangen, die wie Kreuzottern, und Eidechsen, die wie die Blindschleiche oder Bergeidechse «lebende Junge» zur Welt bringen, verkürzen die Entwicklungsdauer ihres Nachwuchses zwar auch, zumal wenn sie warme Plätze finden. Die Wärme kommt der Entwicklung der Jungtiere in den Eiern im Körper der Mutter zugute, aber die bei der «Geburt» aus den Eihüllen schlüpfenden Junge bleiben von der Umgebungstemperatur direkt abhängig. Daraus können wir schließen, dass für die Beibehaltung der Eier als Form der Fortpflanzung bei den Vögeln die hohe Körpertemperatur und ihr Aufbau gegen Ende der Entwicklung im Ei so wichtig sind, dass sie ein Lebendgebären verhindern. Denn wenn die Vogeljungen im Ei beginnen, ihre Körpertemperatur hochzufahren, müssten sie im Gegenzug Kühlung vom Mutterkörper bekommen, sonst wird es ihnen zu heiß. Hat der Körper der Mutter aber über 40 Grad (und mehr), ist es kaum vorstellbar, wie verhindert werden soll, dass die Küken im Ei nicht «gekocht» werden, wenn diese selbst ihre Temperatur auf wenige Grad unter der späteren Betriebstemperatur hochfahren. Der Rückgang der Bruttemperatur um ein Grad kurz vor dem Schlüpfen drückt diese notwendige Anpassungsreaktion aus. Beim Bebrüten der Eier außerhalb des Körpers ist dies leicht möglich. Innerhalb ließe sich kein Mechanismus vorstellen, der dies entsprechend leisten könnte. Denn das Problem der Atmung kommt noch hinzu.

Sie ist ein weiterer wichtiger Punkt in der Behandlung der recht schwierigen Frage, warum die Vögel beim Eierlegen geblieben sind und keine Jungen gebären wie die Säugetiere. Innere Kühlung lässt sich über zwei Formen zustande bringen, nämlich über «Wasserkühlung», d.h. über den Blutstrom, und über «Luftkühlung», d.h. über die Atmung.

Die erstgenannte Form der Kühlung findet im mütterlichen Körper des Säugetiers statt. Der an die Plazenta angeschlossene Nachwuchs wird über den Blutstrom in der gleichen Temperatur wie der Mutterkörper gehalten. Das geht problemlos, denn die Mutter hat ohnehin bereits das richtige Niveau. Die «lebendgebärenden» Reptilien müssen hingegen ihre Körper immer wieder in den Schatten verlagern, damit sie sich nicht zu sehr erwärmen. Zu große Hitze ist auch für sie gefährlich, selbst wenn sie Wärme liebende Tiere sind.

Die zweite Möglichkeit der «Luftkühlung» kann im mütterlichen Körper nicht funktionieren, weil die Lungen des sich entwickelnden Nachwuchses nicht an das Atmungssystem der Mutter angeschlossen sind und auch nicht daran gekoppelt werden können. Beim Vögelchen, das im Ei heranwächst, sieht die Lage ganz anders aus. Es hat die Luftkammer unter der porösen, den Gasaustausch zulassenden Schale und entwickelt eine Röhrenlunge, die nach dem Schlüpfen aus dem Ei keinen «Urschrei» braucht, um sich mit Luft zu füllen. Es kann selbständig atmen. Dadurch ist im Vogelei auch grundsätzlich eine «Luftkühlung» möglich, direkt über die Atmung wie auch indirekt über die poröse Schale, durch die Wasser austritt und Verdunstungskälte erzeugt. Schon durch den Kontakt zum Boden oder zum Nest wird eine eventuell auftretende überschüssige (und dadurch gefährliche) Wärme aus dem Ei nach außen abgegeben. Das komplizierte Gefüge von hoher Innentemperatur, temperaturabhängiger Geschwindigkeit des Wachstums und notwendiger Regulierung gelingt daher im Ei weit besser als bei einer Entwicklung im Körper der Mutter. Es ist fraglich, ob das aktive Fliegen überhaupt möglich geworden wäre, hätten die Vögel schon sehr frühzeitig in ihrer Entwicklungsgeschichte mit Atmung und Körpertemperatur einen ähnlichen Weg eingeschlagen wie die Säugetiere.

Es gibt noch einen weiteren Grund, der in Richtung Beibehaltung und Optimierung der Entwicklung über Eier gewirkt hat und weiter wirkt. Auch diesen kennen wir von uns Menschen und den meisten anderen Säugetieren. Nur wenige, speziell solche, die viel oder dauerhaft im Wasser leben, unterlagen diesem Zwang nicht. Als Ausnahmen bekräftigen sie die Wichtigkeit. Es ist dies der Abstieg der Hoden aus der Körperhöhle und ihre Verlagerung in einen mehr oder weniger freien Hodensack. Dieser Abstieg setzt normalerweise rechtzeitig vor Erreichen der Funktionsfähigkeit der Hoden ein. Verbleiben diese etwa beim

Menschen in der Bauchhöhle, sind die von den Hoden produzierten Samenzellen unfruchtbar. Und das, obgleich unsere Körpertemperatur nur knapp 37 Grad Celsius beträgt. Bei 5 Grad mehr wäre es schier unmöglich, die Samenzellen, die ja als bewegliche Spermatozoen ausgebildet werden, für eine nennenswerte Zeit am Leben zu erhalten. Sie würden ihren winzigen Energievorrat für die Bewegung des Schwanzfadens in kürzester Zeit verbrauchen. Eine Kühlung der Hoden kommt also der Befruchtungsfähigkeit zugute. Die unbewegliche Eizelle ist in dieser Hinsicht nicht so anfällig, aber auch sie überlebt nur sehr kurze Zeit nach dem sogenannten Eisprung. Ihre Befruchtungsfähigkeit bleibt nur für wenige Tage erhalten. Eine Speicherung von Sperma über längere Zeit im weiblichen Körper ist bei den hohen Temperaturen nicht möglich. Im männlichen Körper besorgt ein lokales Kühlsystem eine Abkühlung der Körpertemperatur um die Samenblase, in der die Spermien eine Zeitlang gespeichert werden, um 4 Grad Celsius. Sehr gut halten sie sich bei Tiefkühlung in flüssigem Stickstoff; eine Technik, die in der modernen Tierzucht umfangreich verwendet wird.

Hieraus ergeben sich weitere Besonderheiten der Vögel ganz von selbst. So sollten bzw. müssen sich die Vogelmännchen oft mit den Weibchen paaren, damit eine erfolgreiche Befruchtung der Eier sichergestellt ist. Dennoch kommen in Gelegen auch unbefruchtete Eier vor, wenn sie eine größere Eizahl enthalten; also insbesondere bei Hühnern, Enten und auch manchen Singvögeln. Es sind daher die Weibchen, die zur richtigen Zeit der Entwicklung der Eier in ihrem Körper die Männchen zur Paarung auffordern müssen. Diese können das nicht wissen und von außen nicht sehen. Die Konkurrenz der Spermien der Vögel sollte höher sein als bei Säugetieren, weil es sich buchstäblich um ein Wettschwimmen zu den befruchtungsfähigen Eiern handelt, die noch dazu nacheinander in Serie, aber mit zeitlichen Abständen kommen. Die besondere Spermienkonkurrenz ist vielfach nachgewiesen worden, seit entsprechende Untersuchungsmethoden molekulargenetischer Art zur Verfügung stehen. Besonderheiten im Vogelverhalten, wie zum Beispiel dass das Männchen das Weibchen ununterbrochen begleitet, bis das Gelege fertig ist, gehören dazu. Aber auch, weniger leicht erkennbar, die Beeinflussbarkeit des Geschlechterverhältnisses von (Zahl der) Männchen zu Weibchen hängt damit zusammen. Denn wenn es um besondere Eile im Wettschwimmen der Spermien geht, gewinnen die etwas leichteren.

Vogeleier **109**

Ein Paar Afrikanischer Strauße mit einem Teil seiner Jungenschar (rechts vorn ein Springbock), Etoscha-Nationalpark, Namibia.

Und nun wird die Lage fast bizarr, auf jeden Fall aber schwer durchschaubar. Denn anders als bei uns Menschen und den Säugetieren sowie den meisten anderen Tieren ist bei den Vögeln das männliche Geschlecht jenes mit zwei gleichen Geschlechtschromosomen und das weibliche das mit zwei unterschiedlichen. Männchen sind also XX, Weibchen XY. Aus spezielleren, hier nicht näher zu erörternden Gründen werden die Geschlechtschromosomen der Vögel häufig anders als bei Säugetieren benannt, nämlich mit W und Z (WZ = Weibchen, ZZ = Männchen). Bei den Vögeln ist die Abhängigkeit von der Temperatur bei der Geschlechtsbestimmung größer als bei Säugetieren und allen Angehörigen des X-Y-Systems. Sie ähnelt der der Krokodile. Bei diesen entscheidet die Temperatur in den «Nestern», in die hinein die Weibchen ihre Eier abgelegt und anschließend sich selbst überlassen haben, zu welchen Anteilen männliche oder weibliche Jungtiere schlüpfen.

Diese Abschweifung zu einer recht urtümlichen Reptilienfamilie hat folgenden Grund: Die Krokodile sind die den Vögeln nächststehenden Verwandten unter den lebenden Reptilien. Auch wenn es grotesk wirken mag, die so beschwingt umherfliegenden Vögel mit den schwergewichtigen, dem Boden verhafteten Panzerechsen zu vergleichen, so ist dieser verwandtschaftliche Zusammenhang dennoch unabweisbar gegeben. Krokodile und Vögel haben gemeinsame Vorfahren aus der Zeit der Dinosaurier. Die Vögel teilen daher verschiedene Eigenschaften mit den Krokodilen. Dazu gehören auch der Bau des Herzens und die Anlage des Blutgefäßsystems. Wer sich mehr dafür interessiert, muss sich mit den Lehrbüchern der Vergleichenden Anatomie der Wirbeltiere befassen. Nichts deutet darauf hin, dass die Verwandtschaft der Vögel mit den Krokodilen und den Dinosauriern in Frage gestellt werden könnte. Manche Eier, die versteinert gefunden wurden, lassen sich besser Letzteren und nicht den äußerst ähnlich aussehenden Eiern sehr großer Vögel zuordnen, die ebenfalls längst ausgestorben sind.

Das größte Vogelei, das gelegt wurde, seit es Menschen gab, ist das der Elefantenvögel von Madagaskar. Diese starben erst in historischer Zeit aus. Letzte Exemplare überlebten möglicherweise bis ins 17. Jahrhundert. In einem einzigen ihrer bis 37 Zentimeter langen und neun Kilogramm schweren Rieseneier hätten 180 Hühnereier Platz gehabt. Der Vogel selbst, *Aepyornis maximus,* wog rund 450 Kilogramm, also fast so viel wie ein Warmblutpferd. Zwischen diesem größten bekannten Vogelei, das beim Schlüpfen zu durchbrechen für den jungen Elefantenvogel gewiss eine enorme Anstrengung bedeutete, und den winzigen Eiern der Kolibris liegt das Spektrum der Vogeleier. Das Vogelei sieht eindrucksvoll groß aus, ist in Wirklichkeit aber eher klein, zumal wenn wir den Sonderfall des Elefantenvogels ausklammern und uns an die noch lebenden Vögel halten. Deren größter ist der Afrikanische Strauß. Sein Ei wiegt durchschnittlich etwa 1,5 Kilogramm; das der kleinsten Kolibris 1,5 Gramm. Kleine Vögel legen kleine, große Vögel entsprechend größere Eier. Dieser Zusammenhang ist zwar selbstverständlich, aber was bedeutet «entsprechend»? Wie groß/klein die Eier tatsächlich sind, hängt davon ab, ob der daraus schlüpfende Jungvogel weitgehend fertig und selbständig sein muss oder als hilfloser Nesthocker schlüpft und weiter versorgt wird. Außerdem spielt die Zahl der Eier im Gelege eine beträchtliche Rolle. Wenn beim Afrikanischen Strauß ein einzelnes Ei nicht mehr als eineinhalb Prozent des Körpergewichts der Straußenhenne ausmacht, so besagt dies zu wenig über ihre Leistung. Denn die

Straußenhenne kann zehn und mehr Eier legen, was dann 15 bis 20 Prozent Gewichtsanteil ergeben würde. Ein Kolibriweibchen mit fünf Gramm Lebendgewicht steckt in seine zwei Eier über ein Drittel und ein Meisengelege von zehn Eiern kann die Hälfte des Körpergewichts des Weibchens ausmachen. Das im Verhältnis zur eigenen Größe größte Ei legen übrigens die flugunfähigen Kiwis Neuseelands. Bei ihnen erreicht ein Ei bereits fast die Hälfte der Körpermasse des Weibchens. Generell ist festzustellen, dass mit zunehmender Körpergröße der Vögel die darauf zu beziehende Größe ihrer Eier stark abnimmt. Große Vögel legen also «verhältnismäßig kleinere Eier» als kleine Vögel.

Die Spannweite der Eigrößen fällt dennoch mit dem gut Tausendfachen vom Größten zum Kleinsten beträchtlich aus. Doch bei den Säugetieren ist sie noch viel größer. Die kleinsten Neugeborenen wiegen kaum mehr als ein Gramm, die größten aber, die Jungen des Blauwals, bis zu sieben Tonnen. Im Spektrum der Nachwuchsgrößen übertreffen die Säugetiere die Vögel also um das mehr als Tausendfache. Und selbst wenn wir das Wasser mit seiner Tragkraft ausklammern: Elefantenkälber sind immer noch hundert Mal so groß wie die größten Vogeleier.

Wie groß der Unterschied der Jungen bei etwa gleicher Körpermasse der Mütter ist, ergibt sich aus dem Vergleich frisch geschlüpfter Straußenjungen, die kaum anders als langbeinige Hühner wirken, mit neu geborenen Hirsch- oder Antilopenkälbchen. Im Zoo und natürlich auch in afrikanischen Wildschutzgebieten kann man sie unter Umständen direkt nebeneinander sehen. Die jungen Strauße sind Laufjunge wie auch die neu geborenen Antilopenkälbchen, die beide kurz nach dem Schlüpfen bzw. der Geburt auf den eigenen Beinen stehen und der Mutter folgen können müssen. Bei den Vögeln werden sie als Nestflüchter bezeichnet und den Nesthockern gegenübergestellt. Bei den Säugetieren lauten die entsprechenden Bezeichnungen Lauf- und Lagerjunge. Nestflüchter und Nesthocker werden im Anschluss an die Nester der Vögel behandelt, die nun an der Reihe sind.

Vogelnester

Die meisten Vogelarten bauen Nester, aber nicht alle. Die einfachste Form, die Eier oder auch nur ein einzelnes Ei irgendwo auf einem geeigneten Untergrund abzulegen und dort zu bebrüten, ist jedoch nicht die ursprünglichste Variante. Vielmehr sind die Vögel, die das tun, Spezialisten, die außergewöhnliche Brutplätze aufsuchen. Allenfalls bei den Großfußhühnern (Megapodidae) der australisch-papuanischen Region dürfte es sich um die ursprüngliche, reptilienhafte Form des «Nistens» handeln. Zumindest gibt es hier gewisse Ähnlichkeiten zu dem «Nisten» von Krokodilen. Die Großfußhühner lassen ihre Eier in vorher zusammengescharrte Haufen aus Erdmaterial und Pflanzenresten von der entstehenden Gärungswärme oder in Böden «bebrüten», die von Erdwärme aufgewärmt werden (vulkanische Verhältnisse). Die Temperatur regulieren sie in den Bruthaufen durch Hinzu- oder Wegscharren. Sie kontrollieren die Wärme mit einem temperaturempfindlichen Bereich im Schnabel. Dieses Großfußhuhn wird daher recht treffend Thermometerhuhn genannt. Solche Haufen- oder Wallnister sind eine große Ausnahme in der Vogelwelt.

Einfacher zu verstehen ist das Brutverhalten anderer Vogelarten, die keinerlei Nest anlegen. Das vielleicht schönste Beispiel des Nistens ohne Nest bietet die auch ansonsten ganz zauberhafte Feenseeschwalbe. Diese kleine weiße Seeschwalbe brütet auf kleinen tropischen Inseln. Das Weibchen legt jeweils nur ein einziges Ei pro Brut so auf einen Ast oder irgendeine andere sich bietende Unterlage, dass es nicht von selbst gleich herab- oder wegrollt, und bebrütet es mit einer Gelassenheit, als ob ihr nichts auf der Welt etwas zuleide tun könnte. Oft kann man nur am gespreizten Bauchgefieder erkennen, dass die «kleine Fee» ein Ei bebrütet oder ein kleines Junges hudert, da nicht die Spur eines Nestes vorhanden ist. Das aus dem Ei schlüpfende Junge bleibt fest an Ort und Stelle sitzen. Es trägt auf dem hellbraunen Untergrund des Flaumgefieders dunklere Flecken, bis das mit Bänderung durchsetzte, weißliche Gefieder wächst. Drückt es sich, wie das die kleinen Küken von Seeschwalben und Möwen zu tun pflegen, auf den Ast, sieht es wie ein stumpf abgebrochenes Seitenstück aus. Die Eltern fischen im Nahbereich der Brutinsel nach Kleingetier, das in der Dämmerung und in nicht

Vogelnester 113

Feenseeschwalbe (Seychellen). Oben links ist am gespreizten Brustgefieder zu erkennen, dass ein Ei bebrütet wird. Rechts daneben ist eines in der kleinen Vertiefung auf dem Ast zu sehen, darunter ein kleines Junges (im Schatten eines Blattes) und links eine junge, halbwüchsige Feenseeschwalbe. Sie sitzt an derselben Stelle, an der das Ei lag, aus dem sie schlüpfte.

allzu dunklen Nächten zur Oberfläche kommt. Manchmal verrät ihnen das von bestimmten Formen des Meeresplanktons ausgelöste Meeresleuchten, wo geeignete Beute an der Oberfläche schwimmt. Tagsüber ruhen die Feenseeschwalben im Schatten spendenden Bewuchs der Inseln und sehen mit ihren dunklen Augen und den fast überlangen, blauschwarzen Schnäbeln geradezu «verträumt» aus. Feinden gegenüber sind sie so gut wie wehrlos. Erfolgreich brüten können sie nur auf feindfreien, entlegenen Inseln oder unzugänglichen Küsten der tropischen Meere. Sogar kletternde Kleinechsen, wie die Mabuyen auf den Seychellen, verstehen es, das Ei der Feenseeschwalbe vom Platz zu stoßen, um es unten am Boden zu verzehren, wo es aufschlägt und zerbricht.

Die meisten anderen Seeschwalben fertigen ein einfaches Nest aus Pflanzenstückchen, so die in Europa an den Meeresküsten und, wo es noch passende Brutplätze auf Kiesbänken in unregulierten Flüssen gibt, auch im Binnenland brütenden Flussseeschwalben. In dieses Nest platzieren sie ihr meist aus drei dunkelolivgrünen, gesprenkelten Eiern bestehendes Gelege, bebrüten es und verteidigen Eier und die Jungen gemeinsam mit anderen, in einer Kolonie zusammenlebenden Seeschwalben. Dabei greifen sie mitunter sogar Menschen recht heftig an. Noch «aggressiver» verhalten sich die ihnen sehr ähnlichen Küstenseeschwalben. Auch die Möwen fliegen Feinde an, die in ihre Brutkolonien eindringen, «beschießen» sie mit Kot oder mit erbrochenem Futter, das für die Jungen bestimmt war. Das Nest, so einfach es gebaut ist und sowenig es zum Warmhalten der Eier taugt, dient in einer Brutkolonie daher mehr als Orientierung, wo genau sich das eigene Gelege befindet. Denn in der Umgebung können Hunderte, ja Tausende anderer Nester sein. Für solche in mehr oder weniger dichten Kolonien brütenden Seevögel ist das Nest ein besser zu erkennender Platz in einem Muster, das sich bei freiem Umherrollen der Eier in ein hoffnungsloses Chaos verwandeln würde. Dieses entsteht spätestens, wenn die Jungen geschlüpft sind und bei Störungen den Nistplatz verlassen, weil sie Deckung suchen müssen. Dann müssen die Altvögel ihre Jungen an den Rufen erkennen und wiederfinden.

Wo die Umgebungstemperaturen nicht zu hoch und nicht zu niedrig liegen, mit der Folge, dass sich ein zeitweise verlassenes Gelege zu schnell erhitzt oder zu rasch auskühlt, ist die Anlage eines massiven Nestes unnötig. Aber je mehr Schutz und Wärme Gelege und kleine Jungen benötigen, zumal wenn diese Nesthocker sind, desto besser gebaut muss das Nest sein. Kommt hoher Feinddruck hinzu, weil die betreffende Vogelart selbst nicht wehrhaft ist und auch nicht in großen Kolonien nistet, in denen eine gemeinsame Abwehr von Feinden gelingt, muss das Nest entsprechend versteckt angelegt werden. Gut verborgene und kunstfertig gebaute Nester sind bei uns der Normalfall, vor allem bei den Singvögeln. Enten und Greifvögel begnügen sich wie die Möwen und Seeschwalben mit Plattformen aus pflanzlichem Material, in die eine flache oder eine etwas tiefere Nestmulde hineingedrückt und mit feinerem Material ausgebaut wird. Diese einfache Bauweise reicht, um die Eier vor Bodennässe und zu schneller Auskühlung zu schützen. Die Eier bleiben unbedeckt oder sie werden schnell ein wenig mit Nistmaterial abgedeckt, wenn der brütende Vogel das Nest verlassen muss, um Nahrung zu suchen oder um sich zu entleeren. Letztere Notwendigkeit benutzen manche Enten, um beim plötzlichen Erscheinen eines Feindes, dem das Gelege zum Opfer fallen könnte, ihren ziemlich stinkenden und zudem klebrigen Kot auf die Eier zu spritzen. Manches Säugetier mag das erfolgreich abhalten. Gegen geruchlich weniger empfindliche Nestfeinde hilft es hingegen kaum. Wehrhafte Vogelarten verteidigen Gelege und Brut, so gut das geht, auch gegen eigentlich übermächtige Feinde. Den besten Erfolg haben sie, wenn die Gefahr, die sich dem Gelege nähert, gar nicht den Eiern gilt. Eine grasende Kuh, die daherkommt, vertreiben Kiebitze mit seitlich abgespreizten Flügeln und drohenden Gebärden, unterstützt durch heftige Warnrufe. Das gelingt auch bei Pferden oder Schafen. Sie wenden sich ab und grasen weiter, ohne das Gelege zu zertrampeln.

Gegen echte Feinde setzen viele Vögel ein besonderes Verhalten ein, das Verleiten genannt wird. Sie tun so, als ob ein Flügel gebrochen oder sie anderweitig schwer verletzt wären, weichen dem sich nähernden, sie zu fangen versuchenden Feind immer im letzten Moment aus, bis sie ihn weit genug weg von Eiern oder Jungen gelockt haben. Dann werden sie plötzlich wieder völlig gesund. Häufig tragen die Küken solcher Bodenbrüter ein ganz außerordentlich gut tarnendes Dunenkleid in der Grundtönung der Stellen, auf denen die Nester üblicherweise angelegt werden, und durchsetzt mit einer Fleckung, die die Körperform auflöst. Als Nestflüchter verstehen es die Kleinen, blitzschnell in alle Richtungen auseinanderzulaufen und sich dann so zu drücken, dass sie auf dem Boden nahezu unsichtbar werden. Für Gelege und Junge auf Nestplattformen, die auf Bäumen oder an Felsen errichtet wurden, besteht die Möglichkeit des Weglaufens natürlich nicht. Ohnehin handelt es sich bei ihnen stets um Nesthocker. Wichtiger ist für sie die Stabilität des Nestes. Es muss Stürmen und Regenschauern, bei früh brütenden Arten auch Schnee und Hagel widerstehen. Entsprechend massiv werden solche als Horste bezeichnete Nestplattformen gebaut. Bei Großvögeln, wie Störchen und Adlern, können sie sehr schwer werden. Gelegentlich brechen unter dem Gewicht alter Seeadlerhorste sogar Baumkronen ab.

Dicht besetzte Brutkolonie der Lachmöwe. Solche Möwenkolonien können auch an Binnengewässern Tausende von Brutpaaren umfassen; gut für die Abwehr von Feinden, aber auch eine Quelle von Infektionskrankheiten für die Vögel. (Foto: Walter Pilshofer)

Am Boden bauen Schwäne die größten Nester. Dank ihrer Körpergröße können die Alten Nest und Junge gegen fast alle Feinde erfolgreich verteidigen. Sogar Menschen halten sie mit heftigen, harten Flügelschlägen vom Nest ab, bis die Eier geschlüpft sind und es die Jungen verlassen haben. Steigt man auf ein Schwanennest nach Abzug der Familie, stellt man fest, dass das meist aus Schilfhalmen aufgehäufte Gebilde normalgewichtige Menschen trägt, ohne dass man einbricht.

Nur eine einigermaßen sichere Unterlage zu bieten ist auch die Funktion der Nester vieler Seevögel, die an steilen Felsen an den Meeresküsten nisten. Ein paar Büschel Tang genügen, einen Halbkreis oder auch nur eine Art Veranda zu fertigen, die das Ei vor dem Herabrollen schützt, wenn der Altvogel wegfliegt oder landet. Es bleibt unter Normalbedingungen auch nicht lange unbewacht, würde es doch den an den Vogelfelsen Patrouillen fliegenden Möwen sogleich zum Opfer fallen. Nistmaterial ist oft rar, zumal an schroffen Felsen ohne Strand. Häufig versuchen die dort brütenden Vögel einander Nistmaterial zu entwenden. Gänzlich unmöglich wird dies, wenn die Brutplätze, wie bei

Nest der Beutelmeise. Am häufigsten wird das Beutelnest mit der Einschlupfröhre an herabhängende Weidenzweige über dem Röhricht gebaut.
(Foto: Alfred Limbrunner)

manchen Pinguinen der Antarktis, auf dem Eis liegen. Dann bilden die eigenen Füße des brütenden Vogels die Unterlage. Eine Bauchfalte bedeckt das Ei und führt ihm die nötige Wärme zu. Es ist dies der extremste Fall des Brütens überhaupt und kommt der Entwicklung der kleinen Jungen von Beuteltieren im äußeren Beutel nahe.

Es gibt aber auch das andere Extrem des Nistens, etwa die Speichelnester der Salanganen. Diese Segler sind nahe Verwandte unserer Mauersegler. Sie leben in Südostasien und nisten in großen Höhlen. Ihre Speichelnester gelten in Südostasien als besondere Delikatesse: als Einlagen für «Schwalbennestsuppen». Den Speichel als Kitt beim Nestbau verwenden aber auch unsere mit ihnen nicht näher verwandten Schwalben. Sie sind als Singvögel eine Parallelentwicklung zu den Seglern.

Bei den Singvögeln erreicht der Nestbau der Vögel seine Höhepunkte, was die kunstvollen Formen anbelangt. Häufig sind einfache, aber verglichen mit den Nestplattformen vieler Nichtsingvögel dennoch viel besser gebaute Napfnester. Wir betrachten sie als Grundtyp des Vogelnestes. Würzelchen, Halme, Moos und Fasern, auch Tierwolle und Federn werden so ineinandergeflochten, dass ein festes Gebilde mit tiefem Nestnapf entsteht. Darin liegt das Gelege, gut gegen Wärmeverluste isoliert, mehr oder weniger weich. Über einen Brutfleck auf der Brust wird es vom Vogel mit Wärme versorgt. Gelege und geschlüpfte

Junge schützt das Nest vor den Unbilden des Wetters. Ist es, wie beim Zaunkönig, als geschlossene Kugel mit einem seitlichen Einschlupfloch gebaut, kann es auch zum Übernachten benutzt werden. Die Nestisolation vermindert die nächtlichen Wärmeverluste. Manche Nester dienen anderen Vögeln als Unterlage für einen weiteren Nestneubau. Besonders gut isoliert ist die Nestkugel der Schwanzmeisen. Sie besteht zum größten Teil aus Federn. Mehr als tausend Federn können darin verbaut sein. Nach außen verblenden mit Spinnfäden angeklebte Flechtenstückchen das Gebilde. Die Schwanzmeisen bauen es in regengeschützte Astgabeln oder in die schräg hängenden Äste von Nadelbäumen in unterschiedlichsten Höhen über dem Boden (siehe Abbildung auf Seite 31). Obwohl ihre Nester schwer zu finden sind, fallen die Nestverluste sehr hoch aus. Drei Viertel bis vier Fünftel der Nester werden von Feinden entdeckt und vernichtet. Nicht einmal die wohlmeinenden Versuche, ein solches Nest mit einem Drahtgitter rundherum einzuzäunen, dessen Maschenweite die Schwanzmeisen nicht am Durchschlüpfen hindert, vermindern die Verluste nennenswert. Offenbar fallen die auf diese Weise vor Krähen, Elstern, Eichelhähern, Spechten und anderen Vögeln geschützten Nester dann kletternden Säugetieren oder der Witterung zum Opfer. Die hohe Verlustrate gleicht aber ein besonders ausgeprägtes Sozialverhalten der Schwanzmeisen aus. An überlebenden Bruten füttern Schwanzmeisen, deren Gelege zugrunde gegangen sind, eifrig als Helfer mit. So kommen hohe Ausfliegeerfolge zustande. Entgeht ein Nest der Gesamtheit der möglichen Nestfeinde, hält die Federkugel den Inhalt, das große, bis aus über zehn Eiern bestehende Gelege und danach die Jungen, wie eine Daunenjacke warm. Die schichtweise übereinanderliegenden Eier könnte die kleine Schwanzmeise mit ihrem Körperchen allein gar nicht bedecken. Durch Umschichten stellt sie ein gleichmäßiges Bebrüten aller Eier sicher. Geht alles gut, ragen die schon auffällig langen Schwänze der Jungen kurz vor dem Ausfliegen an verschiedenen Seiten durch die dünn gewordenen Wände der Nestkugel.

Noch besser isoliert ist das Nest der Beutelmeisen. Es ist überhaupt das kunstvollste Nest der Vogelwelt. Der aus der Samenwolle von Weiden, Pappeln und Rohrkolben gefertigte, von feinen, fadenartigen Pflanzenfasern durchwobene Beutel verfestigt sich unter der Einwirkung der Witterung ähnlich wie richtiger Filz. Er wird wasserdicht. Regenwasser läuft außen ab. Innen bleibt alles watteweich und trocken. Die retortenartig oben seitlich angesetzte, abwärts gerichtete Eingangsröhre lässt ebenfalls kein Wasser ins Innere. Das Nest pendelt am Ende von Weiden- oder Pappelzweigen oder Schilfhalmen über Röhrichten. Übertroffen wird es an Raffinesse nur vom Nest einer weiteren, im südlichen Afrika vorkommenden Beutelmeisenart, der Kap-Beutelmeise. Diese fertigt unter der noch höher angesetzten und kürzeren Einschlupfröhre einen falschen Eingang. Dieser endet wie ein ins Nest eingedellter Sack, führt aber nicht hinein. Baumschlangen, die sich bis in die äußersten Zweige hinauswinden, landen mit ihrem Kopf in diesem blinden Eingang, weil der richtige darüber wie eine Falte elastisch geschlossen ist. Die Kap-Beutelmeise muss ihn öffnen, um hinein- oder herauszukommen. Die Schlange weiß das nicht und findet so keinen Zugang.

Im südlichen Afrika gibt es eine andere ganz außergewöhnliche Form des Nistens, nämlich die Gemeinschaftsnester der Siedelweber. Sie nehmen mitunter eine ganze Baumkrone ein. Aus trockenen Halmen und Ästchen gefertigt, wächst langsam ein Großbau heran. Er besteht aus Dutzenden Nestern, die so dicht aneinandergebaut werden, dass sie ein einheitliches Bauwerk bilden. Die ganze Wohnanlage hat sogar ein Dach, über das die zeitweise recht heftig niedergehenden Regengüsse ablaufen. In die Nester dringt das Wasser nicht. Die Webervögel sind geradezu berühmt für ihre Kunstfertigkeit beim Nestbau. Manche Arten fertigen so lange, schlanke Beutelnester, die von den Spitzen dünner Äste nach unten hängen und im Wind frei pendeln, dass sogar die geschicktesten Schlangen beim Versuch scheitern, zu den Nesteingängen hinabzukriechen. Andere Webervögel errichten ganz stachlig-sperrige Gebilde in den Kronen von Bäumen, die selbst Dornen tragen. Aber die meisten dieser Nester bleiben für sich allein, auch wenn sie kolonieartig beisammen angelegt worden sind. Was die Siedelweber zu ihrem massiven Gemeinschaftsbau veranlasst hat, darüber kann man nur Mutmaßungen anstellen. Möglicherweise waren es die kalten, windigen Nächte im südwestafrikanischen Hochland, gegen die sich der Zusammenschluss der Nester zu einem Einheitsbau als günstig erwies. Denn darin bleibt es auch angenehm warm, wenn tagsüber die Sonne vom wolkenlosen Himmel niederbrennt.

Das Gegenteil dieser Kompaktsiedlung, die luftig geflochtenen, schwankenden Beutelnester von Webervögeln, gibt es im innertropischen Bereich Afrikas und Südindiens. In Südamerika entwickelten

Gemeinschaftsnest von Siedelwebern (Namibia). Es enthält mehr als 30 dicht zusammengebaute Einzelnester.

Vögel aus ganz anderer verwandtschaftlicher Herkunft interessanterweise Ähnliches. Dort «pendeln» die meterlangen Freinester der Oropendola-Stärlinge von hohen Bäumen, die das geschlossene Kronendach der Wälder überragen. Weitere tropisch-südamerikanische Vogelarten fabrizieren Hängenester mit ähnlicher Kunstfertigkeit. Aber wo im Süden, im subtropischen Gran Chaco und im Buschland am Rand der Pampa Argentiniens mehr oder weniger regelmäßig Kaltluft in Richtung Tropen vorstößt, bauen kleine Sittiche, also Papageien, ebenfalls große Gemeinschaftsnester. Diese Mönchsittiche sind «winterhart». Bei nicht ziehenden Arten entscheidet ja meistens die Winterkälte, ob sie es in einer Region aushalten oder nicht. Übereinstimmungen in den Reaktionen der Vogelwelt auf die Umweltverhältnisse sind gar nicht so selten, wenn wir die Verhältnisse auf anderen Kontinenten betrachten. Konvergenz wird dieses Phänomen genannt, wenn keine direkte Verwandtschaft zugrunde liegt.

Zurück zu den «gewöhnlichen» Nestformen. Zu diesen gehören die meisten Singvogelnester. Sie haben bei näherer Betrachtung dennoch viel Interessantes zu bieten. Bei uns gibt es solche, die wie kleine Hängematten zwischen Astgabeln eingeflochten sind. Der Pirol baut eine derartige, eher dünne Nestwiege. Komplizierter gestaltet sich der Nestbau bei den Rohrsängern. Der größere Drossel- und der kleinere Teichrohrsänger befestigen ihre Napfnester zwischen Schilfhalmen wie Körbchen mit seitlichen Henkeln. Beim Drosselrohrsänger, der das höchste Schilf bevorzugt und näher der Außenfront zum Wasser hin nistet, muss der

Nestnapf so tief sein, dass die Eier oder die kleinen Jungen bei einem frühsommerlichen Gewittersturm, der die Schilfhalme stark zum Schwanken bringt, nicht hinausfallen. Das kleinere Nest des Teichrohrsängers wird im dichteren Schilf und nicht so hoch über dem Wasser gebaut. Daher ist es dem Wind auch nicht so stark ausgesetzt. Die hohe Bruchfestigkeit der bis über drei Meter langen Halme des Schilfrohres und ihr meistens recht dichter Wuchs im Bestand ermöglichen solche Nester, bei denen es auf das Halten der Befestigung ankommt. Das Nest verbindet zwei bis fünf Halme, die vom Wind nicht alle genau gleich gebeugt werden.

In baum- und strauchlosen Landschaften sind natürlich nur Bodennester möglich. Feldlerchen, Wiesenpieper und Wiesenstelzen nisten so, auch Kiebitz, Rebhuhn und andere «Feldvögel». Ursprünglich stammen sie aus Steppen oder offenen Moorflächen. Die Feldflur wurde ihnen ein über viele Jahrhunderte bestens tauglicher Ersatzlebensraum. Verschiedene Vogelarten nisten aber auch in Wäldern und Gebüschen, in Gärten und Parkanlagen direkt am Boden oder bodennah. Wäre ein gut im Ast- und Blattwerk verborgenes Nest nicht sicherer? Warum wählen Rotkehlchen, Laubsänger und manchmal sogar die in Nestbau und Nistplatzwahl so vielseitigen Zaunkönige den Boden als Nistplatz? Ihr Nesttyp wird Backofennest genannt, weil die Gebilde oben geschlossen sind und der Zugang ins Nestinnere von der Seite erfolgt. Genau genommen wissen wir das nicht, weil es zu wenige vergleichende Studien zu Singvogelnestern und ihren Erfolgskriterien gibt. Wer Bodennester findet und sich ihnen zu sehr nähert, legt Spuren für Füchse, Marder oder Hermeline und andere am Boden herumsuchende Raubtiere, aber auch für Igel und Ratten. Bodennester sollten daher, so man sie mehr oder weniger zufällig findet, nur aus möglichst großer Entfernung beobachtet werden. Dass überhaupt solche gebaut werden, kann mit mehreren Gründen zusammenhängen. So suchen die bedeutsamsten Nestfeinde, die Krähen, Elstern und Eichelhäher, als Vögel weiter oben im Geäst der Bäume und Büsche herum und nicht am düsteren Boden, wo sie selbst Feinden, wie Fuchs und Marder, zum Opfer fallen könnten. Wie bedeutsam die Gelegeverluste an Nestfeinde sogar für solche Vögel sind, die selbst intensiv nach Vogelnestern suchen, sehen wir bei den Elstern. Sie umgeben ihre für Krähenvögel typischen, nicht besonders «ordentlich» wirkenden Napfnester mit sperrigen Ästchen und fertigen daraus sogar eine Kuppel über und rund um das gesamte Nest. Es ist nicht leicht, in ein solches Gebilde hineinzuschlüpfen. Vor allem die Krähen hält diese Konstruktion ziemlich gut, wenn auch nicht vollständig ab. Wo weit und breit keine Krähen vorkommen, sparen sich die Elstern diesen aufwändigen Nestschutz.

Am Boden, etwa nahe von Stämmen, wo das Moos aufgewölbt wächst, oder im von Gräsern durchwachsenen Bodenbereich im niedrigen Buschwerk lassen sich Nester besser, vielfach sogar bestens getarnt unterbringen. Zumal wenn für den Bau Moos verwendet wird. Sich dem Nest unter guter Deckung am Boden zu nähern, verrät weniger vom Ziel als der flatternde Anflug einer bestimmten Stelle im Gebüsch. Schließlich müssen die verwandtschaftliche Zugehörigkeit der Vögel und ihre Herkunft berücksichtigt werden. Es kann ja durchaus sein, dass sich Rotkehlchen schwertäten, ein Nest oben in einem Astquirl zu bauen, das fest genug ist, um Wind und Wetter standzuhalten. Denn je höher über dem Boden Nester gebaut werden, desto stärker sind sie den Witterungseinwirkungen ausgesetzt. Was dem Rotkehlchen oder der Nachtigall bodennah oder am Boden gut gelingt, könnte angesichts ihrer Fähigkeiten im Nestbau weiter oben scheitern. Denn diese kleinen Drosseln entsprechenden Vögel haben nicht die Kraft, ihre Nester so fest wie ihre großen Verwandten, die Amseln und die anderen Arten von Drosseln, zu bauen, mit Schlamm oder Erde, die sie mit ihrem Speichel klebrig machen.

Das lenkt die Betrachtung auf einen Typ von Nestern, die weitgehend oder vollständig aus Schlamm und lehmig-klebriger Erde bestehen. So bauen bei uns die Schwalben ihre Nester am Haus oder an Felswänden. Die Rauchschwalbe nistet gern innerhalb von Räumen, in die sie ungehindert, und sei es durch den Schlitz eines gekippten Fensters, ein- und ausfliegen kann. Das napfförmige, etwas mehr als eine Handfläche große Nest hält nicht immer sicher an glatt verputzten Wänden. Günstig ist eine stützende Unterlage, wie ein Lampenschirm oder ein Sims hoch oben an der Wand. Sicherheit bietet ein Brettchen, welches das Nest abstützt. Aber wer lässt heutzutage noch ein Schwalbenpärchen in den Vorraum fliegen, wenn das Kleckse am Boden gibt, die man, auf Sauberkeit bedacht, täglich wegwischen muss (was die Schwalben selbst nicht übel nehmen, ja nicht einmal registrieren!). Früher gehörte es sich, dass die meisten Kuh- und viele Schweineställe ihre

Schwalben hatten. Diese brachten weder Vogel- noch Schweinegrippe mit, sondern nach Ansicht der Bauern Glück in den Stall. Die kleineren, weißbäuchigen Mehlschwalben mit den viel kürzeren Schwanzspießen bauen ihre bis auf ein rundliches Einschlupfloch völlig geschlossenen, halbkugeligen Nester außen an Gebäude; am liebsten unter ein weit vorspringendes Dach. Diese Nester haften zwar besser, auf modernem Verputz jedoch nicht gut genug, so dass sie bei Sturm oder Erschütterungen durch schwere Fahrzeuge abfallen. Stützen helfen auch ihnen; besser sind nach Mehlschwalbenart geformte Kunstnester, die stets zu mehreren, am besten in kleinen Kolonien, nebeneinander angebracht werden sollten. Denn die Mehlschwalben nisten nicht einzeln wie die Rauchschwalben.

Ein Lehmnest der besonderen Art, größer und massiger als ein Menschenkopf, baut der südamerikanische Töpfervogel. Das kugelige, nur auf der Unterlage flach aufsitzende Nest wird hauptsächlich, in der Pampa so gut wie ausschließlich auf Zaunpfähle und/oder Leitungsmasten gebaut. Es ist größer als ein Fußball. Die selbst auch rötlich lehmbraunen Vögel, die zusammen mit weiteren Arten eine eigene, für Südamerika typische Vogelfamilie der Töpfervögel (Furnariidae) bilden, machen an der mehrere Kilogramm schweren Lehmkugel einen breit schlitzartigen, fast zu einer Eintrittshalle geweiteten Eingang. Über diesen geht es innen um die Ecke in die eigentliche Nestkammer hinein. Der zum Bau verwendete Lehm wird so hart, dass sich solche Nester kaum mit einem Faustschlag zerstören lassen (was Jugendliche in Südamerika manchmal probieren, um mit ihrer Kraft zu protzen). Das dicke Lehmgebilde dämpft die Aufwärmung durch die im subtropischen Bereich hoch stehende Sonne und gibt Wärme ab, wenn der eisige Südwind weht.

Noch eine Bemerkung zu den Kugelnestern. Zaunkönige bauen solche, wie schon festgestellt, in ziemlich unterschiedlichen Größen, je nachdem, ob es sogenannte Spielnester sind oder ob es sich um ein Nest handelt, in dem gebrütet wird. Kugelige, aber dem nischen- oder höhlenartigen Nistplatz noch mehr als bei den Zaunkönigen angepasste Nester fertigen die Wasseramseln. Da sie selbst viel größer als die winzigen Zaunkönige sind, fallen ihre Nester entsprechend groß aus. Auf der Suche nach Vogelnestern stoßen wir im Spätherbst und Winter mancherorts bodennah auf Nestkugeln, die kaum Faustgröße haben. Hoch oben in den Baumkronen entdecken wir hingegen andere, die größer als ein Fußball sind. Bei diesen großen Kugeln handelt es sich um die Nester von Eichhörnchen. Solche von nur etwa 10 Zentimetern Durchmesser können von Haselmäusen stammen. Die ganz kleinen stammen von Zwergmäusen. Mit äußerst geschickten Händchen flechten sie die kaum faustgroßen Kugeln. Das Einschlupfloch liegt, so man es überhaupt erkennt, stets an der Seite. Zwergmausnestchen werden wir am ehesten in der dichten Stauden- und Strauchvegetation an Wassergräben oder Bächen knie- bis brusthoch über dem Boden finden. Haselmäuse, die zu den Schläfern oder Schlafmäusen gehören (Familie Gliridae, bekanntester Vertreter ist der silbergraue, einem Eichhörnchen ähnliche Siebenschläfer), bauen ihre Nester meistens höher über dem Boden. Mit Nestern von Säugetieren ist also auch zu rechnen, wenn wir nach Vogelnestern Ausschau halten.

Jedem Vogelnest lässt sich aufgrund seiner Form, Festigkeit und Lage im Gebüsch, am Boden oder höher im Geäst viel zur Lebensweise der Vogelart entnehmen, von der es stammt. Hochinteressant ist auch das «Leben» in den Nestern. Von Vogelflöhen bis Kleinschmetterlingen beherbergen sie eine eigene kleine Tierwelt, «nidicole Fauna» genannt (nidicol = Nester bewohnend). Leider verbieten die Artenschutzbestimmungen die Untersuchung ohne Ausnahmegenehmigung – unsinnigerweise! Was es darin zu finden gäbe, würde auch anzeigen, wie es um die Ausfliegeerfolge der Bruten stand und welcher Belastung mit Außenparasiten die Nestlinge ausgesetzt waren. Das sind etwa Vogelflöhe und Fliegen, deren Larven (Maden) an den Nestlingen schmarotzen.

Besonders stark von Vogelflöhen geplagt werden oft Vögel, die in Höhlen nisten. Baumhöhlen wären als Nistplätze zwar günstig, weil sie von Natur aus bieten, was der Vogel mit dem Nestbau herstellen muss. Sie isolieren gegen die schwankenden Temperaturen und halten Regengüsse ab, die Nester im Freien mitunter überfluten und dabei vernichten. Aber günstige Höhlen kommen von Natur aus kaum vor. Zudem sollten sie zur Größe der jeweiligen Vogelart passen. Käuze, die in Naturhöhlen nisten, verteidigen diese mit spitzen Krallen gegen Eindringlinge. Die Hohltaube tut sich als Höhlenbrüter schwer. Ihre Höhlengröße taugt für kleine Eulen und ist auch von manchen Fledermäusen gesucht. Kleinen Höhlenbrütern, wie den Meisen, ergeht es nicht viel besser. Erstens gibt es weit mehr von ihnen als Hohltauben

Töpfervogel (Rosttöpfer *Furnarius rufus*) auf seiner Nestkugel (Argentinien).

(Foto: ullstein bild)

und Käuzchen; also ist der Bedarf schon ungleich größer. Zweitens sammelt sich in ihren Höhlen so rasch eine solche Menge Parasiten an, dass sie als Nistplatz für mehrere Jahre gemieden werden müssen. Wer einmal einen Meisenkasten im Herbst oder im Frühjahr vor Beginn der neuen Brutzeit zum Reinigen geöffnet hat und im Nu das Gesicht voller Vogelflöhe bekam, weiß um die Probleme, die auch mit den künstlichen Nisthöhlen verbunden sind.

Wohl nicht zuletzt auch aus diesem Grund zimmern sich Spechte ihre Bruthöhlen selbst, von wenigen Arten ihrer Familie abgesehen, und immer wieder aufs Neue. Zur Wärmeisolation reichen Späne, die von der Ausarbeitung der Höhle übrig geblieben sind. Auch in Höhlen brütende Eulen tragen kein Nistmaterial ein. Der große Nachteil des wärmenden Materials liegt einfach darin, das es auch der ideale Lebensraum für die Nestparasiten ist. In Höhlen können sie am besten Wintermonate überbrücken, bis erneut darin gebrütet wird. Besonders empfindliche Vögelchen, wie die Grasmücken, bauen daher auch für jede Brut ein neues, lockeres Nest, aus dem die sich verpuppenden Fliegenmaden zu Boden durchfallen. Der Neubau eines Nestes kostet Zeit und Kraft –

die Kleinvögel im Verhältnis kaum weniger als die Spechte. Nicht die Bruthöhle ist somit die beste Lösung, und auch nicht der aufwändige Nestbeutel oder der feste Napf in dichtem Gebüsch. Jede Version stellt eine mögliche und unter den gegebenen Verhältnissen die vielleicht für die Art günstigste Lösung des Problems dar, wie die Eier und die Jungen am besten untergebracht werden, bis sie zum Ausfliegen und selbständigem Leben bereit sind.

Eine größere Anzahl von Vogelarten gräbt sich zum Nisten Höhlen in die Erde. Dort herrscht ein temperiertes Raumklima. Gelege wie Jungvögel sind für Feinde schwer oder gar nicht zu erreichen. In selbst gegrabenen Erdhöhlen brüten auf nordischen Vogelinseln die bunten Papageitaucher. Höhlen und Spalten suchen auch Sturmtaucher auf, fliegen diese nachts an und erzeugen mit ihren Rufen bei manchen Menschen geisterhafte Stimmungen. In selbst gegrabenen Bruträhren nisten bei uns der Eisvogel und die Uferschwalbe, gelegentlich Steinkauz und Dohlen. Auch Bienenfresser graben sich Höhlen. Am günstigsten hierfür sind Uferanschnitte in Flussschlingen, wo die Strömung Steilufer erzeugt hat und Sand- oder Schluffbänder an solchen Prallhängen frei anstehen. Das Material muss nicht nur grabfähig für die zumeist recht schwachen Füße der Vögel sein, sondern auch fest genug, damit die Röhren und die Bruthöhlen an ihrem Ende nicht einstürzen. Dem bunt gefiederten Bienenfresser würde man ohne Kenntnis seines Nistens ebenso wenig wie dem kurzbeinigen Eisvogel oder der kleinen Uferschwalbe zutrauen, dass sie mit ihren Füßchen meterlange Röhren in Uferwände scharren können. Steile Uferabbrüche sind jedoch große Raritäten geworden, weil so gut wie alle Flüsse und Bäche begradigt wurden und nicht mehr mit Seitenerosion fließen dürfen. Nicht einmal «renaturierten» Fließgewässern wird das freie Mäandrieren zugebilligt. Die Besitzer der angrenzenden Flächen sind dagegen. Uferabbrüche gelten zudem als gefährlich. Sie werden befestigt, stabilisiert und damit zum Nisten für die darauf spezialisierten Vögel (und auch vielerlei Insekten) unbrauchbar gemacht.

Bis vor wenigen Jahrzehnten hatte es immerhin noch reichlich und sehr guten Ersatz gegeben. Abgrabungen zur Gewinnung von Kies, Lehm oder Sand schufen mehr oder weniger kontinuierlich neue Steilwände. Und weil solche Bodenschätze meistens in den größeren Tälern aus einstigen Ablagerungen von Flüssen gewonnen werden, passten die dadurch neu geschaffenen Brutplätze bestens für die Vögel. Doch Beschränkung auf wenige, für den anhaltenden Großabbau geeignete Stellen und Auflagen zur «Rekultivierung» bedeuteten das von Naturschützern sogar angestrebte Ende der kleinen «Gruben». Denn diese galten als «Wunden in der Landschaft», die wieder geheilt und verhindert werden mussten. Da Uferabbrüche an Fließgewässern gesichert und abgeschrägt wurden, entstand ein katastrophaler Nistplatzmangel für die darauf angewiesenen Vögel. Die danach da und dort künstlich errichteten Brutwände für Uferschwalben oder den Eisvogel behoben den vom Naturschutz maßgeblich mitverursachten Mangel keineswegs. Dass sie als Arten «streng geschützt» sind, nützt ihnen wenig, wenn wir sie nicht brüten lassen.

Das extreme Gegenteil zu den Erdhöhlennestern könnte man die «Wassernester» nennen. Es gibt sie recht selten, weil Wasser natürlich keine gute Grundlage für ein Vogelnest ist, selbst wenn dieses schwimmt. Die Feuchtigkeit steigt hoch, durchtränkt das Nest und kann die Jungen erreichen. Schwimmnester können davonschwimmen. Wind und Wellen verdriften sie, wenn sie nicht an Astwerk am Ufer gut verankert sind. Dass es dennoch einige Vogelarten gibt, die solche Nester bauen, liegt vornehmlich an ihrem Körperbau. Das beste Beispiel bietet der bei uns weit verbreitete, jedoch nicht häufige Haubentaucher. Aus Schilfhalmen und Unterwasserpflanzen häuft er eine schwimmende, aber im Wasser halb versunkene Plattform auf, bis sie ihn und das Gelege trägt. Das durchnässte Pflanzenmaterial verrottet. Dabei entsteht ein wenig Wärme, die zumindest ein allzu rasches Auskühlen der Eier verhindert, wenn sie vom brütenden Vogel verlassen werden. Dieser deckt sie dafür mit Pflanzen zu. Kommt der Haubentaucher aufs Nest, sehen wir sofort, warum es für ihn schwierig wäre, an Land, auf festem Boden am Ufer zu nisten. Seine Beine setzen so weit hinten am Körper an, dass er sich männchenartig aufrichten muss und dennoch große Schwierigkeiten mit dem Gehen hat. Die Zehen tragen keine Schwimmhäute, sondern verbreiterte Hautlappen (weshalb diese Vogelgruppe «Lappentaucher» genannt wird). Sein alter, heutzutage nicht mehr gebräuchlicher Name war «Haubensteißfuß». Er drückte aus, dass die Beine (Füße) am Steiß (scheinbar) ansetzen. Zum Schwimmen und Tauchen eignen sie sich bestens, nicht aber zum Gehen oder gar zum Laufen. Auf sein Schwimmnest kann sich der Haubentaucher hinaufschieben und es mit

Brütender Haubentaucher auf Schwimmnest und (rechts) der auf grabfähige Steilwände am Wasser zum Nisten angewiesene Eisvogel.
(Fotos: Alfred Limbrunner und Ernst Weber)

einem angedeuteten Kopfsprung direkt ins Wasser wieder verlassen, das «sein Element» ist. Tauchvögel mit Schwimmhäuten zwischen den Zehen, wie die Seetaucher, die allerdings viel größer als die Lappentaucher sind, und die Kormorane, tun sich nicht ganz so schwer mit dem Gehen. Kormorane können sogar mit den Zehen recht gut zugreifen, wenn sie auf Ästen landen, und auf Bäumen Nester bauen.

Wie sehr sich manche Vogelarten mit dem Nistplatzproblem herumschlagen, sehen wir an Nestern, die sie in unserer unmittelbaren Nähe, in und an Häusern, in Gärten und Parks, anlegen. Die ‹Menschenwelt› ist zwar eine für die Vögel neue, aber aus Teilen ihrer ursprünglichen Lebensräume (Biotope), aus denen die verschiedenen Arten stammen, zusammengesetzte Lebenswelt. In dieser neuen Welt lebt es sich im Allgemeinen nicht schlecht, doch geeignete Brutplätze sind besonders rar. Dass es diese Knappheit von Natur aus schon gab, offenbart der Kleiber aus der weiteren Verwandtschaft der in Höhlen brütenden Meisen. Dieser Kletterkünstler, der auch kopfunter an den Baumstämmen «laufen» kann, kleistert sich den Eingang zu einer Höhle, die ihm passt und die noch nicht besetzt ist, gerade so zu, dass lediglich genau sein

Körper durch das Schlupfloch passt, nicht aber zum Beispiel der von Feldsperlingen oder gar ein Star oder ein Sperlingskauz. Bei Feldsperlingen und Staren, aber auch bei Kohl- und Blaumeisen sowie bei mehreren weiteren Meisenarten und den Trauerschnäppern herrscht in lichten Wäldern zwar kein üppiges, aber ausreichendes Höhlenangebot. Dort brechen Äste oder sterben ab, so dass sich durch Verrottung der Bruchstellen natürliche Höhlen unterschiedlichster Größe bilden. In der Menschenwelt hingegen ist die Wohnungsnot so groß, dass Meisen mitunter an den unmöglichsten Stellen zu nisten versuchen. In Briefkästen mit offenen Schlitzen zum Beispiel, in Löchern in Ampelpfählen, in Taschen von aufgehängten und nicht benutzten Gartenschürzen und anderem mehr. Dieser Findigkeit der Meisen schließen sich an den Häusern die Rotschwänzchen und Grauschnäpper als Halbhöhlen- und Nischenbrüter an, aber sogar Stockenten und Amseln landen bei der Nistplatzsuche auf Blumenkästen von Balkonen. Passende und zugleich hinreichend sichere Nistplätze zu finden gehört zu den besonderen Schwierigkeiten für viele Sing- und Kleinvögel. Der Vogelschutz fing mit Winterfütterung und mit dem Anbieten von Nistkästen an.

Die Nestlinge

Die frisch aus dem Ei geschlüpften Hühnerküken würden, wären sie draußen in der freien Natur, allenfalls kurz im Nest bleiben, wenn es gerade regnet oder ungewöhnlich kalt ist. Dabei werden sie von der Henne gewärmt, «gehudert». Die Kleinen verkriechen sich unter das gespreizte Bauch- und Brustgefieder der Mutter. Sind sie aber richtig trocken, wollen sie piepsend ausschwärmen und gleich selbst nach Futter suchen. Noch wichtiger als das Trocknen des Dunengefieders ist, dass sich die Reste von Eiklar ablösen und die Dunen sich entfalten können. Das geschieht durch die Reibung mit dem Gefieder der Mutter. Die leichte Reibungselektrizität, die dabei entsteht, bewirkt, dass sich die Spitzen der Dunenfederchen aufladen und voneinander abspreizen. Jetzt isolieren die flaumigen Dunen richtig. Bei geschlüpften Entlein ist dieses elektrostatische Aufladen des Gefieders besonders wichtig, weil sie gleich den Drang zum Wasser verspüren und schwimmen wollen,

Höckerschwanpaar mit Jungen. Die Dunen halten die Kleinen nicht nur warm, sondern sie weisen auch das Wasser ab. (Foto: Ernst Weber)

bald auch schon zu tauchen versuchen. Die Dunen dürfen dabei nicht nass werden. Sonst verklammen sie und die Kleinen erfrieren. Den Hühnerküken könnte dies auch bei Regen passieren.

Aus gutem Grund also schlüpfen die Küken vieler Vogelarten voll mit Dunen befiedert aus dem Ei. Jedoch gilt das keineswegs für alle; der Artenzahl nach hat der größere Teil der Vogelwelt keine so munteren, schon ziemlich selbständigen Jungen. Denn das eben Geschilderte trifft nur für die Gruppe der Nestflüchter zu. Zu ihnen gehören die Enten und Gänse, die Hühnervögel, Trappen, Strand- und Wasserläufer und einige andere Vogelfamilien. Es sind dies Vögel, die auch keine besonderen Nester bauen; zumindest keine solchen, in denen sich die Jungen nach dem Schlüpfen weiterhin wohlfühlen sollen. Die extremsten Nestflüchter sind die Jungen der (nicht selbst brütenden) Großfußhühner. Haben sie sich aus den Bruthaufen herausgearbeitet, sind sie sofort auf sich allein gestellt. Sie müssen geeignetes Futter finden, Feinde vermeiden, und sie können dazu auf zwar noch kleinen, aber schon flugtauglichen Flügeln davonfliegen. Nicht so selbständig, aber nach wenigen Tagen durchaus auch schon zum Wegfliegen befähigt sind die Küken der Auer- und Birkhühner. Sie laufen bereits wenige Stunden nach dem Schlüpfen so schnell, dass man sie kaum mehr fangen kann. Auf ihre

Wenige Tage alter Jungkiebitz. Wenn er sich am Boden «drückt», wird er nahezu unsichtbar. (Foto: Alfred Limbrunner)

Weise vergleichbar selbständig sind die Entlein, weil sie ebenfalls kurz nach dem Schlüpfen entweder der Mutter zu Fuß zum nächsten Gewässer folgen oder, wenn das Nest schon am Ufer lag, mit ihr hinausschwimmen und alsbald auch nach Nahrung zu tauchen versuchen.

Beim Weg vom Nest zum Wasser spielen sich mitunter kaum glaubliche Szenen ab, etwa wenn die Ente, wie das Stockenten in den Großstädten nicht selten tun, in einem üppig bewachsenen Blumenkasten auf einem Balkon oder gar fast frei auf einer Fensterbank mit niedrigem Schutzgitter davor gebrütet hatte. Die ausgeschlüpften Kleinen müssen nun von dort, manchmal aus recht großer Höhe, auf den Boden hinabspringen. Die Mutter lockt sie zu diesem Sprung in die Tiefe, indem sie flatternd und quakend hinunterfliegt. Die Entlein landen, überschlagen sich gelegentlich mehrfach, kommen aber sogleich wieder auf die Beine. Wenn sie alle unten angekommen sind, macht sich die Mutter zu Fuß mit ihnen auf den Weg zum nächsten ihr bekannten Teich oder See. Fast immer stockt dann der Autoverkehr, wenn die Familie die Straße(n) überquert, und alle, die das miterleben, sind froh, wenn es die Mutter schafft, ihre Kinderschar heil zum Wasser zu bringen. Die Schellenten und die auch zu den Entenvögeln gehörenden, im 1. Teil schon kurz behandelten Gänsesäger praktizieren diesen Kükensprung sogar häufiger, weil die Weibchen noch mehr dazu neigen, hoch gelegene Höhlen oder Halbhöhlen zum Nisten aufzusuchen. Das können sogar Kirchtürme sein. Wer die Kleinen dann, mit ihren winzigen Stummelflügelchen zappelnd, als ob sie mit ihnen bremsen möchten, vom Turm hinabspringen sieht, eines nach dem anderen, mag geneigt sein zu glauben, ein Wunder erlebt zu haben. Dank ihres geringen Gewichtes und der Bremswirkung des Federflaums, der sie wie eine Schutzhülle umgibt, kommen sie in aller Regel mit weicher Landung an. Eine «Landung» kann dagegen für die Jungen ganz anderer Vögel gefährlich werden, die eigentlich «wassern» sollten, wenn sie von den Felsklippen abspringen, um ihren Eltern aufs Meer hinaus zu folgen. Es sind dies die Jungen der Lummen. Ihr «Lummensprung» von den Vogelfelsen, deren Deutschlands nächster auf Helgoland steht, gehört für wohl alle Touristen, die das erleben, und nicht nur für die Vogelfreunde zu etwas Besonderem. Ungünstige Winde können sie gegen die Felsen treiben, wo sie hart aufschlagen.

Flinke Nestflüchter sind, wie schon kurz geschildert, die Jungen von Watvögeln wie Kiebitzen, Brachvögeln, Regenpfeifern, Stand- und Wasserläufern. Schon das üblicherweise aus vier Eiern bestehende Gelege eines kleinen Regenpfeifers sieht wie eine Ansammlung von Kieselsteinen aus; die frisch geschlüpften Jungen dann ähneln trotz ihrer langen Beine noch mehr einem Stein, wenn sie sich plötzlich zu Boden drücken, nachdem sie weggelaufen sind. Die Jungen von Wasserläufern, die irgendwo in der Tundra geschlüpft sind, verhalten sich genauso und werden zu «Moospolstern», wenn sie sich drücken. Und wer jemals versucht haben sollte, einen jungen Kiebitz wiederzufinden, der auf einem Maisfeld davongelaufen war, wird sich wundern, wie gut sich dieser sogar in einer so extrem unpassenden Umwelt verstecken kann.

Verhältnismäßig nahe verwandt mit diesen Watvögeln sind die Möwenvögel. Ihre beiden Hauptgruppen bilden die eigentlichen Möwen und die Seeschwalben. Angehörige einer dritten Gruppe, die Raubmöwen, leben im hohen Norden bzw. an der Antarktis, und wir betrachten sie hier nicht. Die Jungen der Möwen und Seeschwalben sehen in den ersten drei bis fünf Lebenstagen zwar ähnlich wie die Küken der Watvögel aus, aber sie verlassen bei Gefahr das Nest nicht, sondern bleiben darauf und drücken sich auf diesem. Selbst wenn sie wollten, könnten sie das Nest nicht verlassen, weil ihre Beinchen noch zu schwach dazu sind. Mithin verhalten sie sich anfangs nicht wie Nestflüchter, sondern wie Nesthocker. Erst wenn die Beine kräftig genug zum Laufen und zum Schwimmen sind, verlassen sie notfalls das Nest, suchen irgendwo Deckung auf und kehren wieder zurück, wenn die Gefahr vorüber ist. Die Rückkehr schaffen sie nicht immer, vor allem dann nicht, wenn die Störung sehr heftig war und ein Durcheinander in der Brutkolonie verursachte. Nun beginnt für die Kleinen auf der Suche nach ihrem Nest Schlimmeres als ein Spießrutenlaufen. An jedem falschen Nest, dem sie zu nahe kommen, werden sie angegriffen und mit spitzen Schnäbeln auf den Kopf geschlagen. Bald ist dieser blutig. Die wenigsten Jungen überleben solche Verletzungen. Dringen Menschen oder Wildschweine in Möwenbrutkolonien ein, kommt es zu vielen derartigen Todesfällen.

Ähnlich ergeht es verirrten Jungen in anderen Seevogelkolonien. Der bessere Schutz vor Feinden, den die gemeinsame Abwehr seitens der Altvögel bietet, wird gelegentlich zur größten Gefahr. Man kann darüber nachsinnen, warum das so ist. Würde es nicht reichen, dass fremde Jungen einfach abgewiesen werden, ohne nach ihnen zu schlagen und ihnen Verletzungen zuzufügen, die zum Tod führen? Solche Fragen kommen mit dem Mitleid auf, das wir empfinden, wenn man etwas dergleichen erlebt. Aber in der Natur kann so ein Verhalten durchaus Vorteile bringen. Feinde dringen in die Brutkolonie ein, um Beute zu machen. Sind das Eier, können welche nachgelegt werden. Hingegen lassen sich bereits geschlüpfte und zum Herumlaufen oder Schwimmen fähige Junge in der Regel nicht mehr ersetzen. Bedient sich der Feind an verirrten und verletzten Jungen, die in der Nachbarschaft erbrütet wurden, bleiben die eigenen vielleicht verschont, und die Investition, die in sie getätigt wurde, geht nicht verloren. Fremde Junge zu verletzen oder zu töten kann daher im Interesse des Überlebens der eigenen liegen. Das Vermeiden von Störungen, die ein derartiges Verhalten auslösen, ist allemal besser als Mitleid.

Richtige Nesthocker gibt es bei Eulen und Greifvögeln, Reihern und Störchen, und es ist offensichtlich, warum. Kein frisch aus dem Ei geschlüpftes Eulenküken könnte losfliegen, um eine Maus zu fangen. Kein Jungreiher hätte die Chance, einen Fisch zu erbeuten, und kein Falkennestling könnte einen Vogel in der Luft greifen. Alle Vögel, die auf bestimmte, nur mit besonderen Fähigkeiten und Techniken zu erbeutende Nahrung spezialisiert sind, müssen ihre Jungen entsprechend lang versorgen, bis sie zur Selbstversorgung in der Lage sind. Was das für manchen Jungvogel bedeutet, erleben wir an seinem Geschrei und seiner Hartnäckigkeit, mit der er seine Eltern zu verfolgen und zu bedrängen versucht. Die «Entwöhnungszeit» ist hart, aber notwendig. Besonders lästig kommen uns junge Haubentaucher vor, die, obwohl so groß wie ihre Eltern, schier unablässig klagen. Und das so sehr, dass es auch für unsere Ohren nervig klingt.

Küken von Nesthockern brauchen zu dem Zeitpunkt, an dem sie schlüpfen, in ihrer Entwicklung nicht so weit zu sein wie die von Nestflüchtern. Das bringt wenigstens für die Weibchen dieser Vögel gewisse Vorteile. So hat etwa ein Stein- oder Seeadlerweibchen mit einem Eigengewicht von vier bis sieben Kilogramm nur 150 bis höchstens 300 Gramm an zusätzlichem Gewicht von einem oder zwei Eiern kurz vor deren Ablage zu tragen. Diese Zusatzlast macht mit einigen Prozent des Körpergewichts weniger aus als ein mit Nahrung gut gefüllter Kropf. Dass das aus dem Ei schlüpfende Junge nur gut 100 Gramm wiegt, spielt höchstens bei Verlust des Partners eine Rolle; in der Regel kann das Adlerweibchen beim Nachwuchs bleiben, weil das Männchen die Versorgung übernimmt. Der Winzling trägt zwar ein Flaumkleid, kann aber nur kurze Zeit allein überleben. Die Kleinen wachsen dank der Fütterung mit Fleisch schnell heran. Die Verkleinerung der Eier bei Nesthockern ist auf jeden Fall ein Vorteil für die Weibchen und nur ausnahmsweise ein Nachteil für den frisch geschlüpften Jungvogel. Wenn die Jungen ohnehin monatelang gefüttert werden müssen, spielen ein paar Tage mehr keine Rolle. Umgekehrt macht es auch nicht viel aus, wenn Nestflüchter länger im Ei bleiben, weil sie sich weiter entwickeln müssen. Eine Woche zusätzliche Brutzeit kostet das Weibchen nicht mehr als dieselbe Zeit zur Führung und Betreuung der Jungen.

Infolgedessen gibt es zwei grundsätzliche Möglichkeiten: verhältnismäßig große Eier, die länger bebrütet werden müssen, aus denen aber weitgehend selbständige Junge schlüpfen, und kleinere Eier, die mehr Betreuung nötig haben. Die erste Alternative führt zu den Nestflüchtern. Ihnen entsprechen bei den Säugetieren die Laufjungen. Die zweite ergibt die Nesthocker, deren Entsprechung die Lagerjunge sind. Im Endeffekt sind beide Möglichkeiten dennoch nicht gleichbedeutend, selbst wenn sie sich schließlich beim völligen Selbständigsein der Jungen auszugleichen scheinen. Um zu verdeutlichen, worin sie sich unterschei-

Die Nestlinge 135

den, werfen wir am besten einen Blick auf uns selbst. Wir Menschen kommen als extreme Lagerjunge zur Welt. Als Neugeborene sind wir absolut hilflos und völlig auf die Mutter angewiesen. Diese braucht zudem ein «soziales Umfeld», das sie in die Lage versetzt, das Leben mit einem Baby zu überstehen. Diese mütterliche Leistung ist größer als bei jedem anderen Säugetier. Denn ohne künstliche Babynahrung, die erst seit kurzem zur Verfügung steht, wären wir etwa drei volle Jahre direkt von der Mutter und der Muttermilch abhängig. Danach dauert es weitere zehn Jahre, bis wir anfangen, selbständig zu werden. Bis zum Leben als Erwachsene muss auch noch die Pubertät überwunden werden. Warum das alles – ginge es doch viel schneller und einfacher, wenn es sich bei uns Menschen so verhielte wie bei unseren biologisch nächststehenden Verwandten, den Schimpansen, und anderen Menschenaffen? Auf die Schimpansen bezogen, kommen wir um ein ganzes Jahr zu früh auf die Welt. Der Vorteil der Geburt liegt in der immensen Lernfähigkeit, die auf die verfrühte Geburt folgt. Kein anderes Lebewesen kann so viel und vieles auch so schnell lernen wie die Menschenkinder. Darunter auch die Sprache, die ganz treffend Muttersprache genannt wird.

Hieraus ergibt sich die Verbindung mit den Lagerjungen und mit den Nesthockern in der Vogelwelt. Je länger Kindheit und Jugendzeit der Lagerjungen bei den Säugetieren dauern, desto mehr lernt der Nachwuchs; zum Beispiel die Strategien, die bei der Jagd nach Beute vonnöten sind. Wie das geht, führen uns die Kätzchen vor, wenn sie in tiefster Hingabe in ihr Spiel Wollknäuel oder Stoffmäuse oder irgendetwas anderes fangen, das sich bewegt oder das wir bewegen, um mit ihnen zu spielen. Weit entwickelt geborene Laufjunge lernen im Vergleich dazu weitaus weniger, hauptsächlich das Davonlaufen. Kleine Mäuse lernen als Lagerjunge beispielsweise viel mehr als Junghasen. Erwachsen sind sie höchst findig und überlebenstüchtig in der Menschenwelt, in der sie verfolgt werden. Jungfüchse, die ebenfalls als Lagerjunge aufwachsen, sind sehr neugierig und gelten erwachsen als «schlau». Was man von einem Hasen nie sagen würde.

Diese Regel können wir auf die Nestflüchter und die Nesthocker der Vogelwelt anwenden. Eulen und Falken leisten als Erwachsene mehr als Enten und Gänse. Ihre Jagdtechniken sind anspruchsvoller, als Gras zu rupfen oder den Schlamm durchzuschnattern. Aber den wirklich großen Fortschritt in Bezug auf Lernfähigkeit erzielten in der Vogelwelt erst die Sperlingsvögel mit ihren ganz ausgeprägten Nesthockerjungen. Ihren Erfolg sehen wir in ihrer Artenvielfalt. Fast zwei Drittel aller Vogelarten gehören zu ihnen, obwohl sie nicht sonderlich vielgestaltig sind. Wenn wir die ihnen Nächstverwandten unter den Nichtsingvögeln, die auch recht artenreichen Papageien, hinzugesellen, haben wir mit diesen Nesthockern die Intelligenz der Vogelwelt versammelt. Rabenvögel (sie gehören zu den Singvögeln) und Papageien sind ohne jeden Zweifel die intelligentesten Vögel. Ihre Stimmäußerungen drücken dies aus. Geläufig ist uns das «Nachplappern», das Papageien und Krähenvögel, vor allem die großen Raben, aber auch kleinere Arten aus der Starengruppe, wie die Beos aus Südostasien, so gut beherrschen. Ein klares «Guten Morgen» bei Eintritt in ein Vogelhaus oder auch ein Fluch, den man besser nicht wörtlich wiedergibt, müssen nicht von Menschen kommen, sondern können von einem Beo stammen. Mit der Kunst der Nachahmung, mitunter sogar einer völlig situationsgerechten, haben viele Menschen bei Papageien Bekanntschaft gemacht. So etwas beeindruckt. Sogar schon bei einem Wellensittich, der Worte wie «Bazi» verständlich genug nachahmen kann. Und dass Krähen besonders schlau sein müssen, ergibt sich aus der Tatsache, dass sie die heftigen Verfolgungen seitens der Jäger überleben, denen sie ausgesetzt sind.

Aber ihre Zugehörigkeit zu den «Singvögeln» sagt uns noch mehr. Bezeichnend für viele Angehörige dieser Vogelordnung sind ihre Gesänge. Nichtsingvögel übertreffen sie an Sangeskünsten bei weitem; so sehr, dass sie allein allen anderen Vögeln gegenübergestellt werden. Die Vielfalt der Lieder reicht von insektenartigem Schwirren und Schnurren, wie bei den Schwirlen, über ein buntes Durcheinander von einzelnen, mehr oder weniger melodischen, fast immer aber die Art kennzeichnenden Gesängen bis hin zu hoher Kunst, wie wir sie in dem Flöten von Amseln oder dem Lied der Nachtigall zu vernehmen meinen. In diesen Gesängen und ihren Variationen äußert sich nämlich die Tatsache, dass die Jungen im Nest die Gesänge ihrer Art hören, diese erlernen oder die Grundelemente eingeprägt bekommen, die sie dann im späteren Gesang in individueller Weise miteinander kombinieren. Kurz, die Gesänge der Singvögel lassen sich in gewisser Weise den Sprachen der Menschen vergleichen. So wie diese uns trennen, weil man nur die eigene Sprache richtig in allen Nuancen versteht und den anders Sprechenden nicht so gut oder gar nicht folgen kann und sie daher als «uns nicht zugehörig»

Die Nestlinge 137

empfindet, unterscheiden die Singvögel einander klar an den Liedern, die sie singen. Diese charakterisieren die Arten oft sogar viel besser als das Äußere. In Teil 1 ist das Beispiel von Zilpzalp und Fitis angeführt worden. Beide sind für uns selbst dann nur schwer (und nicht immer ganz sicher) voneinander zu unterscheiden, wenn wir sie in der Hand haben. Gar nicht mehr gelänge dies, sollten sie gerupft sein. Sobald die Männchen aber singen, wissen wir genauso wie die zugehörigen Weibchen, zu welcher der beiden Arten sie gehören. Der Hinweis auf das «Gedankenexperiment» des gerupften Vögelchens ist wichtig, weil er besagt, dass unter dem Gefieder die Ähnlichkeiten tatsächlich noch viel größer sind. Die Gesänge werden häufig auch nicht einfach artgemäß stereotyp vorgetragen. Sie enthalten viel Individuelles. Die zugehörigen Weibchen hören und erkennen dies.

Noch einmal zurück zum Lernen der Nesthocker im Vergleich zu den Nestflüchtern. Auch Letztere lernen, und gar nicht wenig. Aus den Forschungen von Konrad Lorenz und der von ihm begründeten Vergleichenden Verhaltensforschung wissen wir, dass Nestflüchter, wie Entlein und Gänseküken, in einer bestimmten Zeit besonders schnell lernen. So schnell, dass dieses Lernen Prägung genannt wird. Kurz nachdem sie auf den eigenen Beinen stehen, werden die frisch geschlüpften Jungen auf ihre Mutter «geprägt», weil sie das erste sich bewegende Wesen ist, das die Kleinen erblicken. Sie prägen sich mit dem Bild der Mutter auch das ihrer eigenen Art ein. Dieses blitzschnelle Lernen ist überlebenswichtig, denn es kann passieren, dass die kleinen Jungen von der Mutter getrennt werden. Dann müssen sie die Mutter wiederfinden und diese selbst sollte ihre Jungen an der Stimme erkennen können. Mit Prägung funktioniert das.

Die Prägung lässt sich auch auf einen Menschen oder ein Wägelchen übertragen, wenn diese sich bewegenden oder bewegten «Objekte» die ersten sind, die die Küken zu sehen bekommen. Es handelt sich dann um eine Fehlprägung, jedoch eine wissenschaftlich höchst aufschlussreiche, wie Konrad Lorenz erkannte. In der Natur kann eine solche Fehlprägung nämlich dazu führen, dass das Junge nicht verloren ist, wenn es im falschen Nest schlüpft. Dazu kann es etwa kommen, wenn eine Ente in Legenot ihr Ei in das Nest einer anderen gelegt hatte, die nicht zu ihrer Art gehört. In diesem Fall führt die falsche Mutter das Kleine mit. Oder neugierige Forscher führen es und lernen viel dabei.

Nesthocker haben keine so enge Prägezeit; sie sind länger aufnahmefähig für Neues. Einen Raben kann man auf sich prägen, wenn er bald nach dem Schlüpfen aufgezogen wird und seine gesamte Jugendzeit über keine Artgenossen sieht oder hört. Halten sich solche in der Nähe auf, gelingt die feste Prägung nicht. Jungvögeln, die gut pfeifen können, kann man beibringen, die Melodie einer Nationalhymne zu lernen und tonrichtig wiederzugeben und nicht den arteigenen Gesang zu singen. Die Palette der Möglichkeiten ließe sich um viele Beispiele erweitern, darunter das Leben in einer andersartigen Umwelt. Vögel, die in unsere Menschenwelt gewechselt sind und sich hier ausgebreitet haben, drücken diese enorme Lernfähigkeit aus. Die weitaus meisten davon sind Singvögel. Wer geschickt ist, kann mit ihnen «sprechen». Die betreffenden Vögel lernen ihn als Person erkennen; sie akzeptieren die Annäherung oder kommen von selbst näher. Recht gut geht dies bei Rotkehlchen, ziemlich leicht auch bei Amseln und Meisen sowie natürlich bei den Klügsten, den Krähen und Raben.

Ziehen wir kurz Bilanz: Innerhalb der Vogelwelt in unseren Gärten und Städten stellen die Singvogelarten einen weit höheren Anteil als die Nichtsingvögel. Die wenigen Nichtsingvogelarten, die sich bei den Menschen angesiedelt haben, sind nahezu ausschließlich Nesthocker; so die Tauben, die Käuze, die Falken und die Störche. Nur Wasservögel machen als Nestflüchter eine Ausnahme; sie haben das Wasser, auf das sie sich zurückziehen können. Was im Nest geschieht, ist besonders wichtig. Nicht allein die erfolgreichen Bruten zählen, sondern auch wie die Jungen im Nest aufwachsen und was sie dabei lernen. Daher sind in der Vogelwelt diejenigen, die ihr Leben als Nesthocker beginnen, die fortschrittlicheren, und die fortschrittlichsten insgesamt sind die Singvögel. Sie sind auch der jüngste Spross, den die Vogelwelt hervorgebracht hat. Mit dem Singen allein erklärt sich der Erfolg der Singvögel zwar noch nicht, aber dieser hat einen großen Anteil an ihrer Ausbreitung und der Eroberung der unterschiedlichsten Lebensräume. Mindestens ebenso wichtig war die Weiterentwicklung der Beine und Füße. Verbesserte Sehnenführungen ermöglichen es den Singvögeln, ihre Zehen einzeln und zielgerichtet zu bewegen. In einem passenden Vergleich können wir sagen, was dem Menschen die Hand, ist dem Singvogel der Fuß.

Brutparasitismus

Mit dem Kuckuck und seinem Brutparasitismus scheinen die Vogelfüße zunächst wenig oder eher gar nichts zu tun zu haben. Und doch ist gerade er ohne nähere Berücksichtigung seiner Füße nicht zu verstehen. Kaum jemanden dürfte es aber gelungen sein, ihm auf die Füße zu schauen. Alle kennen seinen Ruf und damit seinen Namen. Allgemein bekannt ist auch, dass der Kuckuck «seine Eier in fremde Nester legt», wie die Antwort auf die Frage, was er macht, meistens sehr präzise lautet. Der Brutparasitismus wird missbilligt; so sehr, dass der Volksmund sogar von Kuckuckskindern spricht, wenn der Kuckuck gar nicht gemeint ist.

Dass der Kuckuck nicht selbst brütet, ist mindestens seit der Antike bekannt. Warum verhält «er» sich so? Besser sollte es heißen, «sie», die Kuckuckin. Dass es bequemer ist, seine Brut von anderen großziehen zu lassen, reicht als Begründung nicht aus. Der Brutparasitismus ist nämlich ein verbreitetes und vielfältiges Phänomen. Sammeln wir einige Fakten dazu. So ist «der Kuckuck», wissenschaftlich *Cuculus canorus,* nur eine Art der Familie der Kuckucksvögel (Cuculidae), die rund 100 verschiedene Arten umfasst. Davon zieht etwa die Hälfte die Jungen selbst groß. Die anderen Kuckucksarten, die sich brutparasitisch fortpflanzen, machen das meistens auch nicht so extrem wie «unser» Kuckuck. In fremde Nester legen verhältnismäßig viele Vögel gelegentlich ein Ei. Nur merken die Betroffenen meistens nichts davon. Dazu gleich mehr.

Brutparasitismus gibt es nicht nur bei Vögeln, sondern auch bei Insekten und anderen Tieren. In Mitteleuropa leben mehrere Arten von Schmarotzerbienen und Schmarotzerhummeln. Voraussetzung für Brutschmarotzer ist, dass es mögliche Wirte gibt, die ihre eigene Brut in Nestern großziehen und intensiv versorgen. Je sozialer sie sind, desto anfälliger sind sie für (Brut-)Schmarotzer, so die Faustregel. Das Schmarotzen klappt am besten, wenn die Kuckuckskinder nicht als solche erkannt werden. Es wird sich gleich zeigen, dass Vögel, die sich beim Erkennen ihrer Eier oder ihrer Jungen an optischen Signalen orientieren, zwar besonders anfällig dafür sind, ausgenutzt zu werden, aber dass sie auch Gegenmaßnahmen entwickeln können. Schwieriger ist dies bei

«Nestgerüchen», also bei der Wahrnehmung von Geruchssignalen. Brutparasitische Insekten schleichen sich bei den Wirten zumeist durch Einklinken in ihre spezifischen Geruchsstoffe ein. Am geringsten ist die Möglichkeit zur Täuschung, wenn das Erkennen der Jungen akustisch geschieht. Doch ganz sicher ist auch diese Identifikation nicht, wie sich gerade beim Kuckuck zeigen wird. Sehen wir uns daher sein Verhalten genauer an, bevor die allgemeinen Aspekte weiter ausgebreitet werden. Kurz zusammengefasst, geschieht Folgendes:

Mitte bis Ende April kehren die Kuckucke von ihrem afrikanischen Winteraufenthalt nach Mitteleuropa zurück. In wärmeren Regionen treffen sie früher als in kälteren ein. Ihre mittleren Rückkehrdaten folgen geographisch in etwa den mittleren Temperaturlinien (Isothermen). Gleich bei der Ankunft oder kurz danach beginnen die Männchen zu rufen. Ihr zweisilbiges «kuck-uck» ist so bezeichnend, dass man halb taub sein muss, um es mit anderen Vogelrufen zu verwechseln. Wie das bei Zugvögeln häufig ist, kommen die Weibchen etwas später zurück. Den insbesondere frühmorgens vorgetragenen, aber auch tagsüber häufig zu hörenden Rufen der Männchen können sie entnehmen, wo sich diese aufhalten. Dort ist aus der Sicht des Kuckucks «was los». Meistens sind Auen und Laubmischwälder sowie Röhrichte die besonders attraktiven Gebiete. In diesen sind in der Hauptrufzeit, die bis weit in den Juni hinein andauert, die meisten Kuckucke zu hören. In dichten Nadelwäldern kommen sie selten oder gar nicht vor. Gelegentlich sehen wir, wie hinter einem braun gefiederten Weibchen gleich mehrere graue Männchen herfliegen. Dies dürfte der Grund für die seit der Antike verbreitete Annahme sein, dass sich das Kuckucksweibchen mit mehreren Männchen einlässt. Dass das wirklich so ist, haben allerdings erst moderne molekulargenetische Vaterschaftstests in den vergangenen Jahren nachgewiesen.

Die taubengrauen Kuckucksmännchen wirken mit ihrem fein quer gebänderten Brustgefieder, dem verhältnismäßig langen Schwanz und den spitzen Flügeln wie ein Greifvogel. Meist heißt es, sie würden wie Sperber aussehen, dem sie in Größe sowie Färbung und Musterung des Gefieders am meisten ähneln. Aber dieser fliegt mit viel rundlicheren Flügeln nicht so falkenartig wie der Kuckuck. Vielleicht braucht er auch gar kein solches «Vorbild» zur Nachahmung. Die kleinen Singvögel beschimpfen ihn heftig und greifen ihn an, sobald sie ihn entdecken. Die Weibchen «lachen» mit einer Reihe glucksender Töne. Diese lassen sich zwar auch kaum mit einem anderen Vogelruf verwechseln, sind aber dennoch fast unbekannt (außer bei Ornis). Kuckucksweibchen kommen in zwei Gefiedervarianten vor. Die eine sieht dem Männchen zum Verwechseln ähnlich. Bei der anderen mit rotbraunem, schmal dunkel gebändertem Gefieder könnte man dagegen meinen, es müsse sich um einen ganz anderen Vogel handeln.

Im Gegensatz zu den Männchen verhalten sich beide Weibchenformen sehr vorsichtig und «heimlich». Und das aus guten Gründen: Sie suchen nach Singvogelnestern, und zwar nach solchen, in denen schon erste Eier liegen, das Brüten aber noch nicht begonnen hat. Gleich mehrere Nester versuchen sie unter ihrer Fernkontrolle zu halten. Sie dürfen keinesfalls «stören», denn dies würde die möglichen Wirtseltern alarmieren und sie vielleicht zur Aufgabe des Nestes veranlassen. Passt alles, nutzt das Kuckucksweibchen einen Moment der Abwesenheit der Wirtsvögel, um ein Ei ins Nest zu legen. Verschiedenen, sehr genauen Beobachtungen zufolge entnimmt es vor der Ablage des eigenen Eis eines der Wirtsvogeleier und verzehrt es. Der ganze Vorgang verläuft so blitzschnell, dass es nur durch langes, geduldiges Beobachten aus guter Tarnung gelungen ist festzustellen, wie alles geschieht. Dabei zeigt sich, so die Umstände besonders günstig sind, warum es sogar hilfreich ist, wenn das Kuckucksmännchen von den Kleinvögeln erkannt und angehasst wird. Denn dadurch zieht es deren Aufmerksamkeit auf sich und lenkt sie ab von den eigenen Nestern. Das Kuckucksweibchen hat so bessere Chancen, unbemerkt ihr Ei ins fremde Nest zu schmuggeln. Danach macht es sich auf die Suche nach weiteren Nestern. Geleitet wird es dabei von den eigenen Erfahrungen als Nestling. Das Kuckucksweibchen ist auf die Wirtsvogelart geprägt, bei der es aufwuchs.

Nun liegt das fremde Ei im Nest. Fast immer unterscheidet es sich (für unsere Augen) deutlich genug von denen der Wirtsvogelart. Meistens ist es größer. Nicht immer passen auch der Ton der Grundfarbe und die Fleckung. Erfolgte die Ablage in ein Nest einer «geeigneten Wirtsvogelart», bei der regelmäßig bis häufig Jungkuckucke erfolgreich großgezogen werden, macht die Unterschiedlichkeit nichts aus. Manche Vogelarten können aber recht genau zwischen den eigenen Eiern und dem fremden Ei unterscheiden. Sie nehmen es nicht an, versuchen es

142 Die Natur der Gefiederten

Kuckucksei im Rohrsängernest

Der intensiv rote Rachen des Jungkuckucks signalisiert beste Gesundheit und immerwährenden Hunger. Er unterstreicht dies mit intensivem Betteln um Futter.

Abspecken und auf die richtige Kondition zum Flug nach Afrika warten. So der Zustand des Jungkuckucks kurz vor dem Ausfliegen.
(Fotos von Georg Erlinger †
und Franz Segieth, Archiv Verfasser)

hinauszuwerfen oder geben das ganze Gelege auf, um einen neuen Brutversuch zu starten. Fitisse und Gartengrasmücken lassen sich wie mehrere andere Singvögel selten oder gar nicht täuschen. Recht genau unterscheiden auch Finken und Sperlinge. Warum das so ist, lässt sich erst seit kurzem schlüssig beantworten. Bei diesen Vögeln versuchen Artgenossen recht häufig, Eier ins fremde Nest einzuschmuggeln und die Jungen von fremden Eltern aufziehen zu lassen. Da diese zur selben Art gehören, ist das für die Jungen kein Problem.

Wahrscheinlich dient die bei vielen Vogeleiern vorhandene, variantenreiche Fleckung gar nicht so sehr der Tarnung des Geleges, wie angenommen wurde, sondern der Enttarnung der Eier anderer Artgenossinnen. Passen diese nämlich nicht genau mit den vorhandenen zusammen, fallen sie als Störung des Grundmusters auf. Wie schon angedeutet, «verlegen» Vogelweibchen ziemlich häufig das eine oder das andere Ei in ein fremdes Nest der eigenen Art. Gelegentlich sehen wir dies, wenn beispielsweise ein Weibchen der Tafelente in der Schar ihrer gelb bedunten, etwas gemusterten Entlein eines oder mehrere rauchschwarze führt. Diese stammen von der Reiherente. Übersteigt die Häufigkeit des Brutparasitismus, der von der eigenen Art ausgeht, eine gewisse Schwelle, setzt die Gegenreaktion ein. Bei welchem Prozentsatz fremder Eier diese Schwelle liegt, wissen wir noch nicht. Einen groben Hinweis gibt aber die Häufigkeit von Zweitbruten. Bei Arten, die solche regelmäßig machen, ist der «Druck» der Kuckuckseier geringer als bei jenen, die mit nur einer Brut pro Jahr auskommen müssen. Die ganze Angelegenheit des Brutparasitismus beginnt also kompliziert zu werden, wenn man sich genauer damit befasst. Keineswegs geht es einfach nur um das Abschieben von Elternpflichten auf andere, wie das dem Kuckuck unterstellt wird.

Was als Nächstes geschieht, gehört, da vielfach beobachtet, fotografiert und gefilmt, zum Standardwissen über den Kuckuck. Der Wirtsvogel hat das Kuckucksei nicht erkannt. Das Gelege wird bebrütet. Nach meistens 12 Tagen schon schlüpft der Jungkuckuck. Oft ist er der Erste, weil seine Entwicklung bereits im Eileiter des Kuckucksweibchens angefangen hatte. Dieses hält nämlich die legebreiten Eier nach Möglichkeit für den günstigen Augenblick zurück. Dadurch ist der Jungkuckuck schon im Nest, bevor die «Geschwister» schlüpfen. So klein und unfertig er aussieht, so sehr bemüht er sich sogleich, fast stets erfolgreich, Ei für

Ei aus dem Nest zu werfen. Dazu kriecht er nach rückwärts so an die Nestwand, dass ein Ei auf seinem hinteren Rücken in eine Mulde rutscht. Spürt er es, schiebt er sich mit allen vieren (die Flügelchen sehen wie unfertige Beine aus) mühsam so weit am Nestrand hoch, bis das Ei hinausfällt. Dieses Kippen wiederholt er so lange, bis sämtliche Eier draußen sind. Sollten schon geschlüpfte Junge der Wirtsvogelart vorhanden sein, behandelt er diese genauso. Das Vernichten der Wirtsvogeleier oder der Nestgeschwister ist es, das den allgemein schlechten Ruf des Kuckucks begründet hat. Einen «Mitesser» großzuziehen ginge ja noch an (und kommt in der Menschenwelt gar nicht so selten vor), aber was der Fremdling im Nest der Wirtseltern anrichtet, übersteigt nach gängigen Moralvorstellungen alles Zumutbare.

Ausgerechnet bei diesem Tun greifen die Wirtseltern aber nicht ein. Den Vorgang sehen sie offenbar nicht so wie wir. Sie reagieren auf einfache, klare Auslöser. Und solche setzt der Jungkuckuck sogleich mit besonderer, geradezu übertriebener Intensität. Fast ununterbrochen zeigt er einen großen, knallroten Rachen, dessen Signalwirkung die Wirtseltern regelrecht dazu zwingt, an Futter hineinzustopfen, was sie herbeischaffen können. Das Kuckuckskind allein wirkt so stark wie die normalerweise vier bis sechs eigenen Jungen. Mehr noch, der Jungkuckuck bettelt auch wie die Jungen eines voll besetzten Nestes. Bettelrufe und der rote Rachen können bewirken, dass sogar fremde Singvögel, die am Nest vorbeikommen, sich genötigt sehen, das Kerlchen zu füttern. «Überoptimale Auslöser» nennt man diese Signalgebung in der Fachsprache der Vergleichenden Verhaltensforschung. Beide Signale würden genauso wirken, gingen sie von den eigenen Jungen aus. Denn sie bedeuten für die Eltern, dass die Jungen fit sind und dass sich der Aufwand des Weiterfütterns lohnt. Besonders «raffiniert» ist das Rot im Sperrrachen des Jungkuckucks; es ist das Signal für Gesundheit. Das Betteln drückt aus, dass der Jungvogel hungrig ist. Und das ist der Jungkuckuck immer. Er muss es sein, denn er wird größer und größer und braucht mehr und mehr Nahrung. Bald übertrifft er den Bedarf, den die Jungen seiner Wirtseltern hätten, wenn sie zum Ausfliegen fertig sind.

Danach sollte mit dem Füttern Schluss sein – nicht aber beim Jungkuckuck. Er braucht weitere Versorgung, bis er auf seine volle Größe herangewachsen ist. Bei dieser wiegt er 100 bis 120 Gramm. Mit diesem Gewicht begibt er sich auf die Reise ins afrikanische Winterquartier.

Hin und zurück steht ihm ein 16000-km-Flug bevor. Doch er hört erst auf zu betteln, wenn er schwerer als sein Reisegewicht geworden ist. Dann sitzt er einige Tage ruhig im Nest, das für ihn längst zu klein geworden ist, und baut Gewicht ab, bis die Kondition stimmt. Ende Juli oder im August fliegt er los. Er (sie!) ist nun auf die passende Wirtsvogelart geprägt. Und wenn alles gut geht mit dem langen Flug ins tropische Afrika auf seinen dafür nicht besonders gut geeigneten Schwingen und wieder zurück nach der Überwinterung, beginnt ein neuer Zyklus im Brutparasitismus.

Gemäß der Prägung auf die Wirtsvogelarten gibt es «Rohrsängerkuckucke», «Bachstelzenkuckucke», «Heckenbraunellenkuckucke», «Rotkehlchenkuckucke» und weitere, die insgesamt weniger häufig auftreten. Dass sie mit der Zeit keine eigenen Arten wurden, liegt an den Männchen, die bei den unterschiedlichsten Wirtsvogelarten, 45 sind es allein in Mitteleuropa, aufgewachsen sein können. Sie paaren sich mit den Weibchen, wie es sich gerade ergibt, und verhindern dadurch, dass «genetische Linien» entstehen. Ein weiterer, gewiss sehr wichtiger Grund leitet über zur Betrachtung der Entstehung des Brutparasitismus beim Kuckuck. Die Parasitierung muss nämlich ziemlich selten bleiben. Sie darf nicht so hoch werden wie beim Verlegen von Eiern innerhalb der Art. Ziehen Vögel ein Junges oder mehrere Jungvögel auf, die zwar nicht ihre eigenen, aber solche ihrer Art sind, kann sich eine solche Belastung ungefähr ausgleichen, wenn sich die meisten Weibchen ähnlich locker verhalten, weil jedes von ihnen Eier in Nester anderer Artgenossinnen legen kann. Eine Beeinträchtigung der Nachwuchsleistung kommt dadurch nicht zustande.

Beim Kuckuck ist das anders. Seine Parasitierung bedeutet für die Wirtsvogeleltern den Totalverlust der betroffenen Brut. Wenn die Art nur einmal im Jahr brütet, wiegt der Verlust besonders schwer. Bei zwei oder mehr Jahresbruten relativiert er sich. Wie schon angemerkt, tut sich der Kuckuck aus diesem Grund schwerer bei Arten mit nur einer Jahresbrut. Am günstigsten schneidet er ab, wenn seine Parasitierung die ohnehin meist weniger ergiebige zweite Brut betrifft, etwa bei Bachstelzen und Rotkehlchen. Beide gehören zu den vom Kuckuck am häufigsten parasitierten Arten. Beide Arten machen häufig zwei Jahresbruten und beide sind verbreitet und verhältnismäßig häufig. Dennoch sind nicht sie, sondern die im Schilf brütenden Rohrsänger, der große

Drossel- und der kleine Teichrohrsänger die bei weitem bevorzugten Kuckuckswirte, obwohl sie nur eine Jahresbrut machen. Das hängt mit ihrem Nisten und der Ernährung ihrer Jungen zusammen. Es lohnt, diesen Spezialfall von Rohrsängerkuckucken genauer zu behandeln. Wir werden darin einen Zugang zum Verständnis der Entstehung des Brutparasitismus finden.

Die Rohrsänger nisten in der Röhrichtzone der See- und Flussufer. Ihre Nester hängen zwischen Schilfhalmen. Sie sind, wie schon ausgeführt, so gut befestigt, dass der Inhalt auch bei starkem Schwanken des Röhrichts nicht herausfällt. Röhrichte werden fast immer von viel höheren Bäumen am Ufer gesäumt. Von diesen aus kann sich das Kuckucksweibchen jene Übersicht verschaffen, die es braucht, um mehrere Nester gleichzeitig kontrollieren zu können. Dank der bandartigen Zonierung des Schilfgürtels befinden sich die Nester verhältnismäßig nahe beieinander. Ist das Gewässer nährstoffreich, sind die Rohrsängerreviere klein. Für den Teichrohrsänger wurden mit nur 150 bis 200 Quadratmetern die kleinsten Singvogelreviere überhaupt festgestellt. Dass sie so klein sein können, liegt an der Produktivität der Uferzone. Und an einer seltsamen, aber durchaus verständlichen Besonderheit der Insekten, die im Röhricht von den Rohrsängern gefangen und an die Jungen verfüttert werden: Sie enthalten keine Gift- oder Abwehrstoffe, wie viele Landinsekten. Denn sie kommen aus dem Wasser, d. h., ihre Larven leben im Wasser, und ernähren sich von organischen Reststoffen. Gibt es viel davon, schwärmen die Kleininsekten – Zuckmücken und kleine Eintagsfliegen oder die etwas größeren Köcherfliegen – zu Myriaden. Manchmal bilden die geschlüpften Wasserinsekten regelrecht lebendige Wolken über dem Röhricht. Ungiftig sind auch Blattläuse, die sich am Schilf massenhaft entwickeln, wenn die Witterung mit feuchter Wärme im Frühsommer für sie günstig ist.

Und noch etwas kommt hinzu: Die Wasserinsekten schwärmen besonders bei regnerisch-kühlem Wetter. In Wäldern und Gebüsch bedeuten Schlechtwetterphasen für die kleinen Singvögel, die ihre Brut mit Insekten füttern (müssen), ungünstige Verhältnisse. Dauern sie zu lange, gehen die Bruten zugrunde und mit ihnen auch die Jungkuckucke, die nicht mehr ausreichend gefüttert werden konnten. Sitzen sie aber in Rohrsängernestern, macht ihnen nasskalte Witterung viel weniger aus. Löst sie ein Massenschlüpfen von Wasserinsekten aus, kann

Brutparasitismus 147

feuchte Witterung sogar besonders günstig sein. Rohrsängerkuckucke haben es also gut, jedenfalls oft besser als Kuckucke bei Rotkehlchen oder Bachstelzen; es sei denn, die Gewässer werden weniger «produktiv», weil sich die Wasserqualität verbessert hat. Dann dünnen zwangsläufig die Rohrsängerreviere aus, mit der Folge, dass sich die Rohrsänger Brutausfälle weniger leisten können. Über kurz oder lang setzt daraufhin ein Gegendruck, eine sogenannte Gegenselektion, ein. Diese verlagert die Schwerpunkte der Parasitierung durch den Kuckuck auf andere, häufigere Arten. Auf diese Weise blieb und bleibt der Kuckuck «der» Kuckuck: Eine Auftrennung in Rohrsänger-, Bachstelzen-, Rotkehlchenkuckucke oder weitere Spezialkuckucke fand nicht statt. Dafür sind die Beziehungen zu den Wirtsvogelarten nicht beständig genug. Warum kam es aber überhaupt zu dieser extremen Form des Brutparasitismus? Sollte der Kuckuck seine Jungen nicht selbst großziehen wie die anderen Vögel auch?

Brutparasitismus ist, wie schon angemerkt, bei etwa der Hälfte aller Kuckucksarten der Fall. Betrachtet man die betreffenden Arten genauer, wird deutlich, dass sie alle ziemlich große Schwierigkeiten haben, ihre Brut angemessen zu versorgen. Die in Südamerika lebenden schwarzen Ani-Kuckucke und ihre hell gefiederten Verwandten mit dem trillernden Ruf, die Guira-Kuckucke, benötigen dazu offenbar die gemeinsamen Anstrengungen einer ganzen Gruppe. Diese Kuckucke leben in Großfamilienverbänden. Der Nachwuchs der letzten Bruten bleibt beim Elternpaar und hilft intensiv mit, die neue Brut mit Nahrung zu versorgen. Mitunter recht hilflos wirken auch die ansonsten so flotten Rennkuckucke im US-amerikanischen Südwesten und im Norden von Mexiko, wenn sie eine im Schnabel noch zappelnde Echse ihren Jungen zutragen. Solche Beute passt einfach nicht für kleine Kuckuckskinder. Noch weniger gut eignet sich zum Verfüttern an die Jungen die Hauptnahrung unseres Kuckucks, nämlich haarige und mehr oder weniger giftige Raupen von Schmetterlingen. Die Altkuckucke vertragen sie. Für die Jungen wäre eine solche Ernährung tödlich. Die Altkuckucke schlagen die haarigen Raupen zwar tot, wobei ein Teil der Haare, die auf unserer Haut allergische Reaktionen («Verbrennungen») hervorrufen würden, zertrümmert und weggeschleudert wird. Der größte Teil bleibt aber erhalten und wird mitgeschluckt. Die Raupenhaare sammeln sich im Magen des Kuckucks an, stecken in seiner Haut und würden über kurz oder lang ein ernstes Problem werden, wenn der Kuckuck nicht die Möglichkeit hätte, von Zeit zu Zeit seine Magenschleimhaut mitsamt den Raupenhaaren abzustoßen und auszuwürgen. In den empfindlichen Darm gelangen sie nicht. Frisch geschlüpfte Jungvögel können das noch nicht. Für sie müsste der Kuckuck geeignete, ungiftige Kleininsekten suchen und in den benötigten Mengen verfüttern.

Kuckucke gehören zu den von der Wissenschaft als «primäre Baumvögel» bezeichneten Vogelfamilien. Gemeint ist damit, dass sie (viel) älter als die Singvögel (sekundäre Baumvögel) sind. Es gab die primären Baumvögel schon viele Millionen Jahre, bevor die Singvögel entstanden. Deren großer Fortschritt lag in der Verbesserung der Beine und der Zehen. Mit diesen können sie dank verbesserter Sehnenführung gut und sicher zugreifen, hervorragend im Gezweig herumturnen und sich in beinahe allen Hängelagen festhalten. Singvögel sind geschickt wie Handturner. Ihre Greifhände sind die Beine mit den Zehen. Wir sehen dies bei den Meisen, wenn sie im Winter an den für sie aufgehängten ‹Meisenknödeln› herumturnen. Noch eindrucksvoller ist das anscheinend mühelose Klettern der Rohrsänger an den senkrechten Schilfhalmen. Sie haben das Schilfrohr in jeder Position im Griff. Nicht so die primären Baumvögel. Auch ihnen, etwa Tauben, können wir am Futterhaus oder im Stadtpark zusehen. Wie sie herumtrippeln und häufig die Zehen des nach vorn gesetzten Fußes mit dem zweiten übersteigen müssen, bloß um geradeaus weiterzugehen, zeigt auf den ersten Blick, dass Tauben nicht gut zu Fuß sind. Schon am Boden nicht und noch weniger im Geäst der Bäume. Für Kuckucke gilt dasselbe, mit Ausnahme der Spezialgruppe der Läufer, zu denen der schon genannte, berühmte Roadrunner (Rennkuckuck) des amerikanischen Westens gehört. Beim Herumklettern im Geäst oder an den dünnen Zweigen der Bäume würde auch der Rennkuckuck jedoch kläglich scheitern. Jeder Singvogel turnt ihm mit Leichtigkeit etwas vor, das für ihn, wie auch für unseren Kuckuck, unerreichbare Akrobatik ist.

Wo aber leben die Insekten, mit denen die Kleinvögel sich und ihre Brut ernähren? Vor allem an Blättern und dünnen Ästen der Bäume und Büsche. An dickeren Ästen und auf dem offenen, zum schnellen Laufen bestens geeigneten Boden kommen fast nur die großen haarigen Raupen vor. Manche sammeln sich in größerer Zahl an den Baumstämmen, um dort die Tagesruhe zu verbringen. Häufig bilden sie dabei Raupenzüge und am Ruheort «Raupenspiegel», also gleich ganze Flächen stachelstarrender Raupen. Dort oder wenn sie am Boden bei der Suche nach einem Platz zur Verpuppung unterwegs sind, kann sie der Kuckuck mit seinen schwachen Füßen leicht erbeuten. An die kleinen schmackhaften Raupen draußen im Blattwerk kommt er nicht heran.

Sie sind die Domäne der kleinen Singvögel. Diese entstanden als Vogelgruppe und breiteten sich in großer Artenvielfalt aus, als Laubwälder anfingen, große Teile der Kontinente zu bedecken. Darauf kann hier nicht näher eingegangen werden. So viel aber sei betont, dass die geradezu erdrückende Konkurrenz der kleinen Singvögel die Möglichkeiten der primären Baumvögel stark einschränkte. Die Kuckucke traf diese Konkurrenz besonders, weil sie sich von Insekten und kleinen Wirbeltieren ernähren, die an kleine Junge nur mit besonderen Techniken und Schnabelbildungen, wie Reißhaken, verfüttert werden. Die Rennkuckucke und die sozialen Kuckucke Südamerikas haben große Mühe damit. Ihr Bruterfolg ist gering. Die Singvögel hingegen prosperierten mit ihren neuen Möglichkeiten. Sie bekamen gleichsam die Fülle der Insektenwelt in den Griff. Allerdings boten sie mit ihren Gelegen und Jungen in offenen Nestern unfreiwillig auch eine neue, sehr gehaltvolle Nahrung, nach der zu suchen sich lohnte und noch immer lohnt, wie wir von den vielen sogenannten Nesträubern wissen.

Vorhandene Eier lösen in der Vogelwelt ganz allgemein den Drang aus, ein eigenes, ablagebereit vorhandenes dazuzulegen. Das kennen wir von den schon genannten Variationen in der Musterung der Eier, die auf verschiedene Mütter hinweisen. Sicher wissen wir es von den Haushühnern, weil bei ihnen dieser Drang ausgenutzt wird. Man bietet ihnen ein Nest mit einem künstlichen Ei. Die legebereite Henne wird ihres dazulegen. Tag für Tag!

Man kann sich vorstellen, dass der Kontakt der Kuckucke zu den Singvögeln über Eierraub und Legenot zustande gekommen ist und zum Brutparasitismus führte. Einen Zwischenzustand dazu gibt es in Südeuropa, wo der Häherkuckuck vorkommt. Dieser Kuckuck legt sein Ei in das Nest der Blauelster zu den schon vorhandenen Eiern dazu. Der Jungkuckuck wächst mit den Wirtsjungen auf. Er verdrängt sie nicht und versucht auch nicht, sie aus dem Nest zu werfen. Die Wirtseltern müssen daher lediglich einen Jungvogel mehr als die eigenen füttern; vielleicht gar nicht mehr als üblich, weil kein eigenes Ei mehr dazugelegt wird, sobald das Gelege «voll» ist, selbst wenn die vorzeitige Füllung von einem Kuckuck stammt. Dieser moderate Brutparasitismus funktioniert, weil die Jungen von Blauelster und Häherkuckuck etwa gleich groß sind und sehr ähnliche Nahrungsbedürfnisse haben.

Unser Kuckuck spezialisierte sich auf die kleinen Singvögel, die in viel größerer Häufigkeit als die Blauelstern vorkommen. Die Kuckuckweibchen legten immer kleinere Eier, bis diese so klein geraten waren, dass sie in der Größe fast denen der Wirtseltern entsprachen. Dies geschah durch Einsparen von Eiklar, was ein verfrühtes Schlüpfen des Kuckucksjungen begünstigte. Der viel größere Kuckuck näherte sich damit bei seinen Eiern der kürzeren Brutdauer der Kleinvögel an und unterbot sie sogar. Mit einem zusätzlichen Erfolg auf seiner Seite, denn durch die Verkleinerung der Eier wurde es dem Kuckucksweibchen möglich, mehr als bei ihrer Verwandtschaft üblich zu legen; 10 Eier und mehr, im Extremfall über 15. Kein vergleichbarer Vogel der Kuckucksgröße schafft eine so große Eizahl. Das Kuckucksweibchen darf daher so manches Ei falsch legen und ein Teil der Jungkuckucke darf vor dem Ausfliegen umkommen, dennoch erzielt es mit ihrem Brutparasitismus eine positive Bilanz.

Doch der Kuckuck ist und bleibt ein Gefangener in diesem System. Auf Gedeih und Verderb ist er mit seinen Wirtsvögeln verbunden. Sie können ihn mit Abwehrmaßnahmen leichter in Gefahr bringen als er sie mit zu starker Parasitierung. Kuckuck und Singvögel befinden sich in einem wechselseitigen Verhältnis, das Koevolution genannt wird. Zug und Gegenzug werden seit Jahrmillionen durchgespielt. Das Ergebnis hat Bestand. Es ruft von Mitte oder Ende April bis in den Sommer hinein «kuckuck».

Sonderfall Tauben

Viele Details ließen sich dem «Fall Kuckuck» noch hinzufügen, weil wir recht gut Bescheid wissen über seine Lebensweise in Bezug auf die Wirtsvögel. So kommt es bei der Nestersuche auf das «Timing» an, ganz ähnlich wie es auch für die kleinen Singvögel darauf ankommt, zur richtigen Zeit das Nest zu bauen, Eier zu legen und zu brüten, damit die

Jungen dann schlüpfen, wenn reichlich Kleininsekten für ihre Ernährung vorhanden sind. Bei der Wechselhaftigkeit der Frühjahrs- und Frühsommerwitterung ist das Risiko groß, falsch in der Zeit zu liegen. In den gegenwärtigen Diskussionen über den Klimawandel wird denn auch oft vorgebracht, die Rhythmen der Vögel kämen durcheinander und würden nicht mehr passen, wenn das Frühjahr zu früh kommt, die Zugvögel aber zu spät zurückkehren. Doch bekanntlich läuft die Witterung in keinem Jahr genau kalendermäßig ab. Sie schwankt immer mehr oder weniger stark. Nur langjährige Mittel sehen «glatt» aus. Die Vögel reagieren auf die gegebenen Verhältnisse und nicht nach einem festen inneren Plan. Das ist auch nicht anders zu erwarten, denn die Insekten folgen in ihrer Entwicklung den aktuellen, vom Wettergeschehen abhängigen Temperaturen. Ein frühes Frühjahr führt zu frühen Bruten, ein spätes zu verspäteten. In einem klimatischen Übergangsbereich, wie in Mitteleuropa, muss die Natur mit starken Schwankungen von Natur aus zurechtkommen.

Nur einige wenige Singvögel haben es geschafft, sich stärker als der große Rest der Vogelwelt von den Wechselfällen der Witterung unabhängig zu machen. Eine große Familie von Nichtsingvögeln, die wie die Kuckucke zu den primären Baumvögeln gehört und die sich, wiederum ähnlich wie manche Kuckucke, nachträglich auf Nahrungssuche am Boden spezialisierte, gehört zu den weniger witterungsabhängigen Vögeln. Es sind dies die Tauben. Auf ihre schwachen Beine und ihren trippelnden Gang wurde bereits hingewiesen. Auch können sie nicht herumturnen im Geäst wie die ihnen in der Körpergröße vergleichbaren Papageien. Überhaupt wirken Tauben auf manche Menschen eher «dumm». Sie ließen sich auch ähnlich wie Hühner züchten, wobei alles Mögliche und Unmögliche aus ihnen gemacht wurde. Doch ein Blick auf die Zahl der Taubenarten, die es global gibt, mahnt zur Zurückhaltung bei solchen Vorurteilen. Mit etwa 300 verschiedenen Arten, einer Verbreitung über alle Kontinente (außer der Antarktis) und die meisten ozeanischen Inseln sowie einem Spektrum der Körpergröße von sperlingskleinen Zwergtauben bis zu Riesen von fast Truthahngröße, deren größte der Dodo von Mauritius gewesen ist, gehören sie in die Spitzengruppe der erfolgreichsten Nichtsingvögel. Noch etwas artenreicher sind nur die Papageien und die Kolibris; Erstere die besten Kletterer und besonders geschickt im Gebrauch der Beine als Hände, Letztere die absoluten Flugkünstler in der Vogelwelt, aber in ihren Vorkommen auf den amerikanischen Doppelkontinent beschränkt.

Tauben sind weiter als Papageien verbreitet und härter im Nehmen, was klimatische Verhältnisse betrifft. Unsere verwilderten Stadt- oder Straßentauben brüten sogar erfolgreich bei Frost unter minus 10 Grad Celsius im Dezember/Januar, wenn sie (durch Zufütterung) gut genährt sind. Sie können das, weil sie ihre Jungen gänzlich unabhängig von der Nahrung, von der sie selbst leben, mit Milch füttern, ähnlich wie Säugetiere. Beide Geschlechter, also auch die Männchen, erzeugen diese Milch im Kropf. Damit haben die Tauben auf ihre Weise die Problematik der primären Baumvögel gemeistert, die sich aus der Konkurrenz der besseren Singvögel ergeben hat. Allerdings können sie bei dieser Art der Ernährung ihrer Jungen keine großen Gelege zeitigen. Tauben legen höchstens zwei Eier pro Gelege. Sie brüten je nach Körpergröße knapp zwei bis vier Wochen und füttern die Nestlinge 12 bis 36 Tage. Ihre Nester sind sehr einfach gebaute Ansammlungen von Ästchen («liederlich», wie es früher hieß!). Manche Tauben bauen gar kein Nest. Bei aller Unterschiedlichkeit in ihrer Lebensweise zeigen sie damit doch auch Ähnlichkeiten mit den Kuckucken als primären Baumvögeln.

Schnäbel und Beine

Von den Beinen hängt also viel ab, mehr sogar noch von den Schnäbeln. Es liegt an der Fertigkeit, mit der Webervögel und auch andere Singvögel ihre Schnäbel benutzen können, dass sie so unglaublich kunstvolle Nester zustande bringen. Beim Nestbau übertreffen manche Webervögel unsere eigene Fingerfertigkeit. Wir müssten schon als Kinder lange üben, um so kunstvolle Mehrfachknoten mit nicht gerade «willigen» Pflanzenfasern hinzubekommen, mit denen sie Beutel, Kugeln oder Retortenformen als Nester flechten. Wir sind als Menschen im Manipulieren, also in unserer Handfertigkeit, insgesamt einzigartig. Aber in der Kunstfertigkeit des Flechtens übertreffen uns die nur spatzengroßen Webervögel. Am Schnabel erkennen wir zwar mit etwas Übung, um welchen Typ von Nahrung es sich handeln sollte, von dem sich die betreffende Vogelart ernährt. Aber «technische Fertigkeiten» lassen sich der Schnabelform allein nicht entnehmen. So bleiben denn Feststellungen über den Zusammenhang von Schnabelform und Ernährungsweise eher oberflächlich. Mit unzureichenden oder gar falschen Einschätzungen müssen wir rechnen.

Gewiss, feine dünne Schnäbel passen für kleine Insekten, lange, speerartige zum Fischefangen, solche mit Hakenspitzen können gut zupacken oder reißen, aber wozu sind so extreme Schnäbel wie die von Tukanen gut? Konrad Lorenz fragte danach mit dem von ihm überlieferten Satz: «Aber wozu hat das Vieh diesen Schnabel?», bekam damals aber, außer einigen Vermutungen, keine brauchbare Antwort. Es ist auch wirklich nicht einfach, ohne Kenntnis der Ernährungsweise des Vogels herauszubekommen, wozu ein bestimmter Schnabel gebraucht wird. Oder auch benutzt werden kann, denn nur selten erfüllt dieser nur eine Funktion. Mit dem in der Mitte ungewöhnlich nach unten geknickten, kurzen Schnabel und der dicken, fleischigen Zunge darin pumpen zwar Flamingos Wasser so durch die feinen, reusenartigen Lamellen an den Seiten, dass kleine Krebstierchen oder die noch viel kleineren Blaugrünalgen (Cyanobakterien) daran hängen bleiben, von denen sie sich ernähren. Aber mit dem Schnabel putzen sie auch ihr Gefieder und schieben zum Nisten Schlamm zu sich heran, bis ein stumpf kegelartiges Gebilde entsteht, auf das sie das zu bebrütende Ei legen. Später dann fließt aus dem Schnabel die blutartige Kropfmilch, mit der sie das Junge füttern.

Die Schnabelformen stellen mithin stets Kompromisse zwischen verschiedenen Bedürfnissen dar, die damit zu erfüllen sind. Bei manchen Vogelarten dienen Schnabelhiebe zur Verteidigung, bei anderen werden mit ritualisiertem Schnabelzeigen Teile der Balz oder die Einstimmung der Partner aufeinander vorgenommen. Große Albatrosse fechten mit ihren Schnäbeln, dass es laut klappert. Zum Klappern brauchen die Störche keinen zweiten Schnabel. Sie erzeugen diese markanten Laute mit Ober- und Unterschnabel allein. Mit schnellen, aber nicht nennenswert ins Holz eindringenden Schlägen trommeln manche Spechte. Tun sie das am Metallrohr einer Fernsehantenne, wie sie früher in Benutzung waren, kann die Wirkung in Dachwohnungen frühmorgens jeden Wecker übertreffen. Die alte Frage, warum Spechte beim Klopfen kein Kopfweh bekommen, ist inzwischen ganz gut geklärt. Das Gehirn ist in der Schädelkapsel stoßgedämpft untergebracht. Die am Schlagen beteiligten Knochen sind sehr elastisch untereinander verbunden.

Stieglitz, ein Finkenvogel mit mittelgroßem Kegelschnabel.
(Foto: Ernst Weber)

Der Flamingoschnabel, ein einzigartiges Gebilde, ist der wohl am stärksten spezialisierte Schnabel überhaupt.
(Foto: Alfred Limbrunner)

Verhältnismäßig leicht lassen sich auch über genaue Abgüsse und davon gefertigte Modelle die Kräfte bestimmen, die entstehen, wenn ein Kernbeißer mit seinem dicken Schnabel einen Kirschkern knackt. Großpapageien legen sich eine Paranuss im Schnabel so zurecht und drücken sie so gefühlvoll auf, dass die eigentliche Nuss nicht wie die Schalenteile zu Boden fällt. Sehr viele Papageien setzen ihren Schnabel auch wie eine dritte Hand zum Klettern ein. Wer einen Wellensittich hat, weiß, dass sogar der recht kleine Schnabel dieses Papageichens dafür taugt ebenso wie zum Zerreißen von Papier, von Bilderrahmen und anderem, was der Sittich eigentlich nicht tun soll. Dafür beknabbert er zart («liebevoll») das Ohrläppchen und quatscht uns etwas ins Ohr, so dass ihm seine Untaten mit dem Schnabel wieder verziehen werden. Der Papageienschnabel mahnt noch einmal daran, nicht vorschnell vom Aussehen auf die Funktion zu schließen. Könnten nicht auch große Adler solche Schnäbel mit den langen Hakenspitzen haben?! Genauer betrachtet, sind die Unterschnäbel der Papageien jedoch viel beweglicher als die von Adlern oder Falken. Mit der Zunge wird die Nuss oder

Schnäbel und Beine

Kernbeißer, die Art mit dem kräftigsten Schnabel unter den mitteleuropäischen Finkenvögeln.
(Foto: Alfred Limbrunner)

worum es sich bei der Schnabelbearbeitung handeln mag, in die genau richtige Position gebracht. Der Unterschnabel drückt dann zu. Denn nur er ist beweglich, wiederum mit wenigen Ausnahmen bei einigen anderen Vögeln. Der unbewegliche Oberschnabel bildet das Widerlager für die Tätigkeit des Unterschnabels. Abgesehen von den soeben angedeuteten Ausnahmen, greifen Vögel also nicht pinzettenartig zu. So kann die Waldschnepfe durch eine Verschiebung des Spitzenteils ihres langen «Stocherschnabels» den Oberschnabel ein wenig aufdrücken und daher im Morast einen ertasteten Wurm zusammen mit dem Unterschnabel tatsächlich wie mit einer Pinzette fassen.

Dieser Sonderfall mag dazu anregen, den Bau des Schnabels ein wenig genauer zu betrachten. Er besteht aus vier Teilen, zwei oberen und zwei unteren. Denn sowohl der Ober- als auch der Unterschnabel enthalten innen den Knochenteil, der unserem Ober- bzw. Unterkiefer entspricht. Diesen aufgelagert und sehr dicht anliegend, so dass sie wie eine Einheit wirken, sind Hüllen (Scheiden) aus Horn. Diese hornigen, also aus Keratin bestehenden Schnabelhüllen sind es, die wir als «Schnabel» sehen. Sie sind so wichtig, dass wir sie tatsächlich von den Kieferknochen getrennt betrachten sollten. Denn sie wachsen langsam, aber stetig. Bildungsgewebe an der Schnabelwurzel und über dem knöchernen Schnabel erzeugt das Keratin. Die Schnäbel aller Vögel müssten deshalb immer länger werden, würden sie nicht im etwa gleichen Ausmaß abgenutzt. Der Knochen im Innern bleibt hingegen, wenn der Vogel ausgewachsen ist, unverändert.

Eigentlich ist das Nachwachsen eine feine Sache. Es bewahrt die Vögel vor Schwierigkeiten, die wir Menschen nur allzu gut kennen. Sie haben keine Zähne, die ihnen wehtun oder ausfallen und fehlen, wenn sie nicht wieder ersetzt werden. Die Schnäbel halten sich selbst in Ordnung allein durch Nachwachsen und Abnutzung der Hornscheiden. Doch nichts ist absolut perfekt. Aufgrund kleiner Verletzungen des Schnabels oder geringfügigen Störungen des gleichmäßigen Wachstums an Ober- und Unterschnabel können sich die Spitzen verschieben, aneinander vorbeiwachsen oder unterschiedlich lang werden. Für die meisten von solchen Schnabelschäden betroffenen Vögel bedeutet dies einen sicheren, bei Großvögeln, die nicht so schnell wie kleine einem natürlichen Feind zum Opfer fallen, einen qualvollen Tod. Wer Vögel im Käfig oder in Volieren hält, kennt dieses Problem. Bei zu weicher Nahrung muss etwas geboten werden, an dem sich die Vögel ihre Schnäbel wetzen können – etwa das breit spatelförmige, kalkhaltige Gebilde, das große Tintenfische in ihrem «Rücken» als Schulp* tragen. Austernfischer, die sich umfangreich von Herzmuscheln im Watt ernähren, werden je nach anfänglicher Schlagtechnik durch Abnutzung zu Rechts- oder Linksschnäblern.

Die aus Keratin bestehende Schnabelhülle kann nun aber auch, da sie von lebendem Gewebe gebildet und nachgebildet wird, unterschiedliche Strukturen annehmen und Farbstoffe eingelagert bekommen. So wachsen manchen Pelikanen auf dem Oberschnabel merkwürdige Hautgebilde, die anzeigen, dass der betreffende Vogel in Fortpflanzungsstimmung ist. Beim Silberreiher verfärbt sich der im Winter gelbe Schnabel zur Brutzeit schwarz mit grünlichem Ansatz am Kopf. Die Farbstoffeinlagerung kann aber auch dauerhaft geschehen, wie etwa beim Rot in den Schnäbeln erwachsener Höckerschwäne, Brandenten und Störche oder beim Zitronengelb im Schnabel des Erpels der Stockenten.

Vor allem in den Tropen gibt es bunt gemusterte Schnäbel. Besonders plakativ fallen sie bei den Tukanen aus, die mit grellen Farbmus-

---

* Rest der Kalkschale, die ihre fernen Vorfahren aus der Welt der Mollusken noch gehabt hatten.

Schnäbel und Beine 157

tern, sogar solchen, die gefährliche Zähne wie im Gebiss eines Krokodils vortäuschen, mögliche Feinde abschrecken. Viel stärkere Tiere, wie Wildkatzen mittlerer Größe, sogar den Baumozelot, halten die Tukane mit ihren Riesenschnäbeln in Schach. Dabei sind die Schnäbel, da innen schwammartig hohl, so leicht, dass ein Schlag mit ihnen nicht sonderlich schmerzt. Sie eignen sich bei der Nahrungsaufnahme am besten dazu, Palmfrüchte aus einer Art Hängehaltung nach unten zu erfassen und abzupflücken. Wiederum erkennen wir bei den Tukanen das Problem der primären Baumvögel. Ihre Zehen sind nicht besonders gut zum Festhalten oder zum Klettern geeignet. Mit der Besonderheit einer «Wendezehe», die sie bei Bedarf nach hinten richten können, so dass zwei nach vorn und zwei nach hinten greifen, erreichen sie zwar eine bessere Grifffestigkeit als die Tauben und die Kuckucke. Diese reicht aber nicht aus, um etwa mit Papageien oder Singvögeln konkurrieren zu können. Der verlängerte, sehr leichte Schnabel vergrößert ihre Reichweite bei dieser speziellen Form von Nahrungsnutzung. Mit ihr bleiben sie in ihren Vorkommen auf die Tropen und Randtropen Amerikas beschränkt, da es im außertropischen Bereich zu lange im Jahreslauf keine Früchte und auch keine Eier und kleinen Vogeljungen in (Singvogel-) Nestern gibt. Die Tukane tun im tropischen Südamerika etwa das, was Krähen und Elstern bei uns als sogenannte Nesträuber machen (anrichten, wie man als Vogelschützer oder Jäger zu sagen geneigt ist; dazu mehr im 3. Teil!).

Die Schnabelhülle wächst nicht nur nach; bei vielen Vogelarten geschieht mit ihr etwas Ähnliches wie mit den Federn bei der Mauser: Sie wird runderneuert. Ihre farbliche Ausführung unterliegt bei einigen Vogelarten dem Einfluss der Geschlechtshormone. Ein nettes Beispiel dafür geben unsere Stare ab. Wenn sie nach Ende des Winters in Fortpflanzungsstimmung kommen, verfärbt sich der Unterschnabel am Ansatz, also nahe dem Kopf, bei den Männchen hellblau, während er bei den Weibchen rosa wird. Das erinnert an die in manchen Gesellschaften der Menschen übliche Farbwahl zur Kennzeichnung, ob das Baby ein Junge oder ein Mädchen ist. Der Star bietet übrigens noch eine andere Schnabelbesonderheit. Dank einer gelenkigen Verbindung mit dem Kopf kann er mit dem in den Boden hineingedrückten Schnabel «zirkeln». Mit Hilfe dieser leichten Kreisbewegung gelingt es den Staren viel besser als etwa den Amseln, die dies nicht können, die Larve einer

Sehr lange Beine und ein langer dünner Schnabel kennzeichnen den Stelzenläufer als Vogel flachufriger Lagunen; links das Weibchen. (Foto: Ernst Weber)

Schnake zu fassen, aus ihrer Wohnröhre herauszuziehen und zu verspeisen. Oder auch einen Regenwurm zu packen, den wiederum die Amsel leichter an den Kratzgeräuschen hört, die seine Borsten beim Kriechen in den Regenwurmröhren in der Erde verursachen.

Dass Schnabellängen und Beinlängen zueinanderpassen müssen, liegt auf der Hand. Vögel mit langen Beinen, wie Störche und Reiher oder Ibisse, haben daher in der Regel auch lange Schnäbel, auf jeden Fall aber entsprechend lange Hälse. Daraus den Schluss zu ziehen, dass beispielsweise unser Weißstorch ein Vogel der Feuchtgebiete sein müsse, geht zu weit, auch wenn es stimmt, dass die Störche bei uns hauptsächlich in feuchten Flussniederungen und an Flachgewässern vorkommen. Frösche bilden dennoch nicht ihre Hauptnahrung. Mäuse, Heuschrecken, Käfer, kleine Echsen und Fische sowie Kadaver und Abfall sind insgesamt viel wichtiger. Schon in Spanien können wir sehen, dass viele Weißstörche Trockengebiete bewohnen. Bei der Überwinterung in Afrika halten sie sich in den Savannen auf und nicht in den großen Sumpfgebieten, wie dem Sudd am Nil im südlichen Sudan. Sie suchen vor allem nach großen Heuschrecken, die von den Herden der Wildtiere oder den Rindern der Wanderhirten aufgescheucht werden. Oft folgen sie Busch-

Der Weißstorch ist weit mehr ein Wiesen- und Savannenvogel als ein Sumpfvogel, für den er meistens gehalten wird. (Foto: Florian Möllers)

bränden, um die gegrillten Insekten und andere Kleintiere aus der noch rauchenden Asche herauszuholen. Man sieht sie daher mitunter auch an schwelenden Müllhalden, wo sie allen möglichen (organischen) Abfall heraussuchen und verzehren. Die Bauweise ihrer Beine und die Länge von Hals und Schnabel bedeuten eben nicht zwangsläufig, dass sie bis zum Bauch ins Wasser waten müssen, um dann mit noch etwas längerem Hals und Schnabel den Grund zu erreichen. Störche sind «Schreitvögel». Diese alte, gegenwärtig fast vergessene Charakterisierung trifft viel besser, was ihre Beine und Schnäbel bedeuten. Das Schreiten im hohen Gras verschafft Überblick. Dieser kann zu schnellem Zustoßen auf die von oben gesichtete Beute benutzt werden. Dass die Methode auch im Flachwasser ganz gut funktioniert, ist eine Zugabe, war aber nicht der ursprüngliche Anlass für die Entwicklung. Freies, offenes Gelände ist die Domäne unserer Weißstörche. Geschaffen wurde es im Wesentlichen durch die Weidewirtschaft, die vor einigen Jahrtausenden bei uns Einzug hielt. Die Kühe auf der Weide entsprechen aus Storchensicht den Gnus, Büffeln und Antilopen der afrikanischen Savannen, in denen sie etwa ebenso viel Zeit verbringen wie im europäischen Brutgebiet.

An den Storchenbeinen wurde etwas entdeckt, was wir im Prinzip bereits am Stadtteich bei den Enten beobachtet, aber vielleicht nicht beachtet haben. Die Beine vieler Vögel wirken wie Wärmeaustauscher. Wird es den Störchen zu heiß in ihrem an sich gar nicht so dichten Gefieder, spritzen sie sich ihren ziemlich flüssigen Kot auf die Beine. Die Verdunstungskälte des darin enthaltenen Wassers kühlt das Blut, das in den Körper zurückströmt. Wird es ihren Jungen an heißen Frühsommertagen so warm, dass der Schatten der Flügel der Altstörche nicht mehr ausreicht für die Kühlung, bringen sie ihnen Wasser und gießen es aus dem Schnabel als dicken Strahl in die flatternden Kehlen. Solche Fähigkeiten, die Beine mit eigenem Kot zu kühlen und die Jungen mit Wasser zu versorgen, belegen, dass die Weißstörche ursprünglich keine Vögel unserer kühl gemäßigten Klimazone waren, sondern erst in der für Anpassungsvorgänge relativ kurzen Zeit von ein paar Jahrtausenden aus den viel wärmeren subtropischen Regionen zu uns gekommen sind. Gemäß ihrer ursprünglichen Herkunft ziehen sie nach wie vor in zwei unterschiedliche Überwinterungsgebiete; die «Weststörche» nach Südspanien und Nordwestafrika in die Sahelzone, die «Oststörche» über den südöstlichen Balkan, Kleinasien, den Libanon und den Sinai das Niltal aufwärts nach Ostafrika und weiter bis ins südliche Afrika. Sie sind zudem Thermiksegler, die keine längeren Kraftflüge durchhalten. Daher sind sie beim Zug auf Thermik erzeugende Wetterlagen angewiesen. Bei Schutzmaßnahmen für den Storch muss das berücksichtigt werden. Das Anlegen von «Froschtümpeln» allein tut es nicht.

Doch zurück zu den Storchenbeinen und weiter zu den Entenfüßen. Im Winter sehen wir, dass Enten, Schwäne, Gänse und auch Möwen stundenlang, vielleicht nächtelang auf dem Eis stehen. Dabei frieren weder ihre Füße an, noch wird es ihnen selbst kalt. Auch kaltes Wasser, in dem ja viele Vögel bei der Nahrungssuche schwimmen oder tauchen, macht ihnen nichts. Das liegt an einer Besonderheit der Vogelfüße. Diese enthalten praktisch keine Muskeln, die einsatzfähig gehalten werden müssten. Die gesamte Beinmuskulatur setzt viel weiter oben an, körpernah und wohlgeborgen unter dem Gefieder (auch das sehen wir beim Verzehr von Brathähnchen). Unten an den Füßen und dem besonderen Knochen, der Lauf genannt wird (Tarsometatarsus, wer's genau wissen möchte), gibt es kein wärmendes Gefieder mehr. Einige Vögel, die in sehr kalten Regionen leben, tragen als Ausnahme auch dort

Federn, weshalb solche Hühnervögel Raufußhühner (am stärksten ausgebildet beim Schneehuhn!) und ein entsprechender Bussard mit befiedertem Lauf Raufußbussard heißen. Ausnahmen gibt es eben fast immer.

Wie schon in anderem Zusammenhang betont, lässt sich der Grund der Ausnahme aber auch meistens leicht erkennen. Enten und die anderen auf Eis stehenden Vögel haben keinen solchen Federschutz, aber ein sehr wirksames Austauschsystem für Blut. Dieses verhindert, dass die Füße gefrieren, weil gerade so viel Blut in die Beine und Füße strömt, wie nötig ist, um sie etwa 4 Grad Celsius warm zu halten. Die Füße sind also kalt, wenn sie auf dem Eis stehen, aber sie frieren nicht. Sie können sogar das Umgekehrte bewirken, nämlich überschüssige Wärme aus dem Körper abführen. Das wird vor allem dann nötig, wenn der Vogel lange Zeit im Kraftflug fliegen muss, wobei er unweigerlich auch Wasser verliert, weil über das Lungen-Luftsack-System die innere Kühlung auf Hochbetrieb läuft. Der Zoologe und Bioniker Werner Nachtigall hat wohl als Erster gefilmt, wie Tauben, die im Windkanal flogen, bei höheren Geschwindigkeiten die Beine immer weiter aus dem Bauchgefieder herausstreckten und so gleichsam ein zusätzliches Kühlsystem einschal-

Balzender Blaufußtölpel präsentiert seiner Partnerin die Beine

Rote Beine des Rotfußtölpels

teten. Denn durch verstärkte Aufwärmung der Beine aus dem Körperinnern wird Wärme nach außen abgeführt.

Die Beine sind normalerweise nicht von Federn, sondern von flachen Horngebilden bedeckt, die den Schuppen der Kriechtiere entsprechen. Das Keratin der Beine unterliegt denselben Bildungsprozessen wie jenes der Schnabelhüllen. Entsprechend gibt es mehr oder weniger markante, für die Vögel durchaus auch als Signale wirkende Färbungen der Beine. Bei den Enten wurde im 1. Teil bereits darauf hingewiesen. Das intensive Gelb oder Gelborange stammt von Carotinoiden. Die Färbung der Beine kann für die Artgenossen das Signal sein, dass der Vogel in Brutstimmung ist. Manche setzen farbige Füße (mit ebenso farbigen Schwimmhäuten) auf für uns komisch wirkende Weise bei der Balz ein. Blaufußtölpel präsentieren ihre intensiv blauen Füße dem Partner in einem langsamen Wackeltanz. Diese Tölpel brüten auf Inseln im tropischen Ostpazifik. Auf den Galapagosinseln gehören sie zu den Sehenswürdigkeiten der Vogelwelt. Die nahe mit ihnen verwandten Rotfußtölpel tragen leuchtendes Rot an ihren Füßen. Rot sind auch die Beine der Brandenten, die an den Küsten Europas und stellenweise an flachufrigen Binnengewässern leben. Gelbe Zehen hat der Seidenreiher, wenn er erwachsen und fortpflanzungsfähig ist. Sehr unterschiedlich ausgebildet sind die Zehen selbst. Beim Grundtyp des Vogelfußes richten sich drei nach vorn und eine nach hinten. Mehrfach entwickelt wurde eine sogenannte Wendezehe, die nach vorn und (bei Bedarf) nach hinten gerichtet sein kann. Klammerfüße, wie die Spechte sie haben, richten zwei Zehen nach vorn und zwei nach hinten, was einen festeren Griff ermöglicht. Ein Stützschwanz, bestehend aus sehr harten, spitz auslaufenden Federn, unterstützt die Füße beim Klettern. Mitunter findet man eine derartige Schwanzfeder vom Buntspecht. Sie ist wirklich erstaunlich hart und spitz.

Die Beine der Vögel sind Laufbeine. Wiederum trifft diese Verallgemeinerung nicht auf alle zu, weil manche hochgradig auf das Fliegen spezialisierte Vögel auf ihren Beinchen nicht mehr wirklich laufen, sondern diese nur noch zum Sitzen oder zum Ankrallen an Wände oder festen Blättern benutzen. Solche Krallenfüßchen haben die Segler. Bei Schlechtwetter entkräftete Mauersegler landen nicht selten auf dem Boden und können sich nicht mehr in die Luft erheben, weil ihre Beinchen dafür zu schwach sind. Aber von diesen Ausnahmen abgesehen, sind die Beine der Vögel ihrem Aufbau zufolge Laufbeine. Im Zusammenhang mit der Frage, wie die Vögel zu den Federn (und zum Fliegen) kamen, müssen die Beine genauer betrachtet werden. Hier geht es um die Ausführung der Zehen, die das Laufen begünstigen oder auch nicht. Lange Zehen deuten nicht einfach an, dass der betreffende Vogel ein «Laufvogel» ist. Für schnelles Laufen sind sie sogar hinderlich. Richtige Läufer haben kurze Zehen. Bei schweren Laufvögeln sind sie stark verdickt und ihre Anzahl ist geringer. Bei einem Zoobesuch können wir dies am Afrikanischen Strauß, dem Australischen Emu oder dem südamerikanischen Nandu sehen. Beim Strauß entspricht die sehr kräftige Hauptzehe einem Huf. Die viel kleinere Nebenzehe sichert das Gleichgewicht, wenn im Lauf kurzzeitig nur ein Fuß dem Boden aufliegt. Auch Trappen, zu denen die schwersten flugfähigen Vögel gehören, haben kurze, kräftige Zehen. Rennkuckucke, die sehr schnell laufen können, tragen hühnervogelartige Zehen. Tatsächlich sind auch die Hühner und ihre Verwandtschaft ausgeprägte, viel laufende und scharrende Bodenvögel. Sehr lange Zehen entwickelten dagegen Vögel, die auf weichem, schwankendem Untergrund unterwegs sind, wie manche Wasserläufer (die, anders als der Name andeutet, nicht auf dem Wasser laufen, sondern mitunter im flachen Wasser waten), besonders aber die Blatthühnchen oder Jassanas. Ihre langen Zehen verteilen ihr ohnehin geringes Körpergewicht so, dass sie über die Schwimmblätter von Wasserpflanzen laufen können.

Nun gibt es aber auch Bodenvögel mit ziemlich langen Zehen und einem besonders langen Zehennagel an der Hinterzehe, der Lerchensporn genannt wird (nach der Hauptgruppe von Vögeln, bei denen er ausgebildet ist). Solch verlängerte Krallen an den Hinterzehen tragen Lerchen, Pieper und Stelzen. Sie alle laufen jedoch gut auf dem Boden, suchen auf offenem Gelände Nahrung und ein Großteil der zu ihren Familien gehörenden Arten nistet auch auf dem Boden. Die Füße dieser Vögelchen haben einen interessanten «Weg» in der Evolution durchlaufen. Als Singvögel stammen sie von fernen Vorfahren ab, die singvogeltypisch Bäume und Buschwerk als Lebensraum nutzten. Sie sollten also sekundäre Baumvögel sein, wurden aber durch Anpassung an das Bodenleben sekundäre Bodenvögel. Den Bau ihrer Beine und Füße brachten sie sozusagen aus den Bäumen mit. Sie können die Zehen einzeln bewegen, gut greifen und sie auch flach ausstrecken, was beim

Laufen nötig ist. Dazu rollen sie den Fuß ähnlich wie wir ab. Sie können das, weil jede Zehe einzeln beweglich ist. Ein langer Sporn an der Hinterzehe müsste dennoch hinderlich sein, und in gewisser Weise ist er das auch. Aber er hat den Vorteil, dass sich diese Vögelchen leichter nach vorn neigen und Futter aufpicken können. Wo das aus Gründen des Lebensraumes besonders wichtig ist, verlängert ein langer Schwanz noch die Wirkung der verlängerten Kralle der Hinterzehe. Eine Bach- oder Gebirgstelze, die am Rand eines Gewässers Nahrung aufpickt, sollte ja nicht ins Wasser fallen. Die Wasseramsel hingegen, die im Wasser schwimmen, tauchen und am Bachgrund laufen kann, hat einen recht kurzen Schwanz. Sie braucht keine Balance.

Hinzu kommt, dass die Lerchen, Pieper und Stelzen bei uns vom Menschen geschaffene Biotope bewohnen. Bevor aber die Feldflur entstand, waren die Vögel, die nun darin leben, schon lange vorhanden. Sie bewohnten Steppen oder Halbwüsten, also zwar offenes, aber doch weitgehend oder vollständig von niedriger Bodenvegetation bedecktes Gelände. Darauf herumzulaufen bedarf einer entsprechend großen Trittfläche. Dafür sorgen die relativ langen, weit gespreizten Zehen und darüber hinaus für den sicheren Stand auf schwankendem Untergrund.

Goldammermännchen; die ziemlich langen Krallen der Hinterzehen sind gut zu erkennen, und auch, wie sie eine Aufliegefläche auf dem Boden schaffen. (Foto: Ernst Weber)

Klammerfuß der Rohrsänger, bestens zum Festhalten an den mehr oder weniger senkrecht stehenden Rohrhalmen geeignet. (Foto: Ernst Weber)

Schnäbel und Beine 165

Kopf des Rabengeiers mit Hautwülsten, die wahrscheinlich dem Wärmeaustausch dienen.

Dass sich dies so verhält, lässt sich an der Länge des Lerchensporns direkt feststellen. Bei den Feldlerchen ist dieser am längsten, aber in seiner Länge sehr variabel. Bei den Wüstenlerchen ist er am kürzesten. Die Tundralerche, oder Ohrenlerche, hat eine mittlere Spornlänge. Die in offenem Gelände mit weichem Untergrund lebende Spornammer heißt so, weil sie als Ammer einen auffällig langen, dem der Ohrenlerche oder dem Spornpieper vergleichbaren Nagel an der Hinterzehe entwickelt hat. Diese Bildung ist eher Schneeschuhen vergleichbar, die ein Einsinken verhindern sollen. Diese kann auch durch Befiederung an den Füßen entstehen, wenn es sich tatsächlich um ein Laufen auf Schnee und ein Leben in der Kälte handelt. Die Schneehühner tragen solche «Schneeschuhe» aus Federn.

Und so ließe sich noch viel mehr Interessantes von Füßen und Schnäbeln und ihrem Zusammenwirken im Leben der Vögel berichten. Auch die Schnäbel «verlieren» Wärme, wie man mit Wärmebildkameras sichtbar machen kann, die Infrarot, also die Wärmestrahlung erfassen. Mit solchen Kameras ist beispielsweise zu sehen, dass Saatkrähen bei Kälte über den «grindigen», nicht von Federn bedeckten Schnabelgrund viel mehr Wärme als über den gesamten übrigen (befiederten) Körper verlieren und dass sogar die «Federhosen» der Saatkrähen einen Wärmeschutz darstellen. Die Rabenkrähe und ihr östlicher Zwilling, die Nebelkrähe, haben einen solchen nicht. Nebelkrähen müssen vielleicht deswegen aus den im Winter sehr kalten Gebieten des Ostens und Nordostens südwestwärts abwandern, während die in milderen Regionen lebenden Rabenkrähen keine Winterwanderung nötig haben. Bei den Saatkrähen kann der federfreie Schnabelgrund auch Wärme abführen, die beim Flug ins Winterquartier entsteht, weil Krähen ihrem Flügelschnitt und ihren Flugeigenschaften zufolge keine guten Zugvögel sind. Im Schlaf stecken sie, wie übrigens viele andere Vögel auch, den Schnabel und einen Großteil des Kopfes ins Gefieder. Kleinvögel werden dabei richtiggehend zu Federkugeln. Nackte Hautstellen am Kopf, vor allem um den Schnabel herum, die sogenannten Klunker, können daher noch bedeutsamer als die Schnäbel für den Wärmehaushalt im Körper sein.

Inzwischen war so viel und so oft vom Wärmehaushalt der Vögel die Rede, dass es an der Zeit ist, darauf einzugehen, wie denn bei ihnen die Nahrung verwertet wird. Die Wärme entsteht ja nicht einfach so; sie braucht wie ein Ofen eine mehr oder weniger beständige Befeuerung. Wie auch bei uns Menschen liefert die Nahrung den Vögeln beide Stoffe: jene, die der Körper für das Wachstum, für den Stoffaustausch in den Organen und für die Speicherung von Reserven benötigt, und jene anderen, die als Heizmaterial eingesetzt werden. Noch einfacher ausgedrückt: Damit der Motor der Vögel gut läuft, braucht er den richtigen Treibstoff in den notwendigen Mengen. Lieferant ist die Nahrung. Bereitgestellt wird er vom Verdauungssystem.

Die Verdauung der Vögel

Vögel haben keine Zähne. Nicht mehr, sollte hinzugefügt werden, denn es gab einst Zahnvögel, aber diese sind längst ausgestorben. Zähne trug auch der «Urvogel» *Archaeopteryx,* mit dem wir uns näher befassen müssen, wenn es um die Entstehung der Vögel geht. Alle gegenwärtig lebenden Vögel verschlucken daher ungekaut, was sie an Nahrung aufnehmen. Der Schnabel dient zum Erfassen, Festhalten und, falls nötig, zum Ausrichten der Nahrung, so dass sie geschluckt werden kann. Ist dies ein ganzer Fisch, ist klar, dass dieser nicht «quer» in den Hals geht. Aber auch ein größeres Insekt, eine kleine Echse oder eine Frucht müssen für das Schlucken richtig liegen. Die Zunge besorgt die Ausrichtung; die Schnabelkanten halten das Nahrungsstück fest. Häppchenweise verzehren nur solche Vögel ihre Nahrung, die zum Zerreißen tauglich Schnäbel haben und die Beute mit den Füßen festhalten können. Reiher und Störche zum Beispiel können das nicht. Der Fisch oder Frosch, den sie verzehren wollen, darf nicht zu groß sein und muss in Schluckrichtung ausgerichtet werden. Falken, Adler und andere Greifvögel können mit ihrem Hakenschnabel schluckgerechte Stücke aus ihrer Beute reißen und diese auch rupfen, etwa wenn ein Vogel verzehrt werden soll. Eulen verschlucken die Beute mit Haut und Haar, was ergänzt werden sollte durch «auch mit den Federn».

Eine Eigenheit der Vögel besteht somit darin, dass sie häufig auch solche Stoffe oder Gebilde mit der Nahrung verschlucken, die nicht verdaulich sind und nur mit größten Schwierigkeiten durch den Darm ausgeschieden werden könnten. Die Lösung ist einfach. Sie entspricht unserem Erbrechen. Das Unverdauliche, das Grobmaterial, wie Haare, Federn, Fasern, Chitinpanzer von Insekten, Schuppen von Fischen oder auch Knochen, wird im Magen zu einem Klumpen zusammengefügt und als Gewölle (so genannt bei Greifvögeln und Eulen) oder Speiballen (bei Kormoranen zum Beispiel oder bei Vögeln, die von großen Insekten leben) wieder ausgewürgt. Die Verrenkungen, die manche Vögel dabei machen, wirken auf uns belustigend, so komisch sind sie. Müssen wir uns übergeben, so läuft das glatter. Dafür ist den Vögeln nicht übel, wenn sie Speiballen auswürgen.

Sehr harte Nahrung, wie Körner (Pflanzensamen), Knospen oder die Nadeln von Nadelbäumen, wird im Kropf eingeweicht und vorbearbeitet. Auch die von einer Eule oder einem Bussard verschluckte Maus landet im Kropf. Dieser wie auch der Magen selbst (großenteils oder ganz) stellt ein gleichsam mit dem Schlund nach innen eingestülptes Gebilde der Haut dar, das noch nicht zum eigentlichen Verdauungstrakt gehört. Diese Unterscheidung ist wichtig. Denn alles, was von der Haut gebildet wurde, kann sich leicht wieder erneuern. Beim Kuckuck trafen wir auf diese Eigenschaft. Er kann seine Magenhaut wie ein Gewölle ausstoßen, wenn diese voller Raupenhaare steckt. Diese müssen nicht in den Darm hinein und über diesen ausgeschieden werden. Das ginge auch nicht, denn der ungleich empfindlichere Darm würde die Stachelhaare nicht aushalten, sondern von ihnen verletzt und vergiftet werden.

Eine andere, für manche Vögel außerordentlich wichtige Eigenschaft des Magens, die von seiner Herkunft als Gebilde der Haut stammt, kennen wir erst seit einigen Jahrzehnten. Er kann sich jahreszeitlich verändern und der Nahrung anpassen. So stellen sich Bartmeisen von Insektennahrung, von der sie sich im Sommerhalbjahr ernähren, auf die harten kleinen Samen von Schilf im Herbst und Winter um. Und der Magen verändert sich entsprechend mit. Ähnlich, wenngleich nicht so stark wechselt der Magenzustand bei unseren Meisen, die wir am Futterhaus beobachten. Sie leben im Sommerhalbjahr überwiegend bis ausschließlich von Insekten, im Winter aber nur noch in geringerem Umfang; nun machen Pflanzensamen, wie Sonnenblumenkerne, den Hauptbestandteil aus. Bei den Kohlmeisen ist die Umstellung sehr ausgeprägt, bei den kleineren Blaumeisen weniger und bei den körperlich noch kleineren Schwanzmeisen gar nicht. Sie bleiben auch im Winter «Insektenfresser», obgleich nun die überwinternden Gelege von Spinnen einen wesentlichen Teil der Nahrung ausmachen.

Hat die Nahrung schließlich den Darm erreicht, der sich, wie bei uns, aber nicht so deutlich, in Dünn- und Dickdarm gliedert, wird die Verdauung zu einem «schnellen Durchlauf». Eine nennenswerte Speicherung von Kot findet nicht statt. Die Vögel halten sich nicht zurück wie viele Säugetiere. Daher kann man sie auch nicht «stubenrein» bekommen. Der Wirkungsgrad der Verdauung fällt zudem nicht gerade gut aus. Wir sehen dies beispielsweise an den Ausscheidungen der Gänse auf den städtischen Wiesen. Nicht einmal das Blattgrün, das Chlorophyll, ist bei der Verdauung zerstört worden. Viele Farbstoffe aus Beeren und Früchten passieren Magen und Darm der Vögel unzersetzt. Deshalb sind die Kleckse der Amseln und Drosseln, die reife Holunderbeeren verzehren, auch violett. Bei der Behandlung der Feder und ihrer Farben kommen wir erneut zu den farbigen Inhaltsstoffen der Nahrung.

Die Schnelligkeit der Verdauung hat große Vorteile. So vergiften sich die kleinen, doch recht zart wirkenden Grasmücken nicht, wenn sie im Spätsommer die roten Beeren des Seidelbasts verzehren. Für uns wären diese hochgiftig und in den Mengen, die eine Mönchsgrasmücke aufnimmt, durchaus tödlich. Unsere Gegenmaßnahmen bei Vergiftungen entsprechen den Vorgängen im Vogelkörper: möglichst schnell das Gift durch Erbrechen oder durch künstlich herbeigeführten Durchfall aus dem Magen-Darm-Trakt entfernen.

Bei dieser Art der Verdauung sind Vögel, verglichen mit vielen Säugetieren, grundsätzlich schlechte Futterverwerter. Mögliche Nahrungsstoffe, die eine längere und intensivere Bearbeitung im Körper benötigen, um verwertbar zu werden, meiden die Vögel oder nehmen sie nur in Extremfällen auf. Ein Beispiel für Letzteres sind unsere Birk- und Auerhühner. Verzehren sie in größerem Umfang Nadeln von Nadelbäumen, helfen Bakterien in ihren sehr langen Blinddärmen bei der Verwertung. Allein deswegen sind sie als Vögel schwer und plump (und störungsanfällig). Eine den Wiederkäuern in gewisser Weise entsprechende Verdauung von Blättern entwickelte einzig der im nördlichen Südamerika an Flüssen lebende Hoatzin. In seinem großen Magen werden ähnlich wie in einem Pansen Blätter fermentiert. Die dabei entstehenden Gase stinken, weshalb der Hoatzin auch «Stinkvogel» genannt wird. Das Stinken ist in der Tat ein wichtiger Befund. Die Ergebnisse der Vogelverdauung riechen nämlich im Allgemeinen ungleich weniger unangenehm als die der meisten Säugetiere. Das liegt einmal an dem «schnellen Durchlauf»; viel wesentlicher aber ist, was mit den Reststoffen geschieht, die nicht vollständig verdaut werden (können), und welche Abbaustoffe ausgeschieden werden. Bei den Vögeln verhält es sich da ziemlich anders als bei uns. So geben wir die nicht genutzten, im Körper nicht verbleibenden Stickstoffverbindungen in der chemischen Form von Harnstoff ab. Die Bezeichnung drückt es aus: Abgesehen vom Wasser, ist Harnstoff der Hauptbestandteil des Harns. Er ist gut wasserlöslich und benötigt daher für die Ausschwemmung aus dem Körper viel Wasser. Unsere Nieren besorgen die Abgabe von Harnstoff, den sie aus dem Blut aufnehmen. Entsprechend groß ist unser Wasserbedarf.

Ganz anders die Vögel: Ihre Harnstoffabscheidung ist gering und mengenmäßig unbedeutend. Was sie an Stickstoffverbindungen abgeben, steckt in einer anderen, wenig wasserlöslichen chemischen Verbindung mit der Bezeichnung Harnsäure. Diese wird klebrig und leicht kristallin über die Kloake ausgeschieden, in die auch der Enddarm mündet. Bei den Vögeln gibt es also keine Trennung von Kot und Harn. Das ausgeschiedene Gemisch ist ziemlich fest und kann recht trocken sein, aber bei manchen Vogelgruppen auch breiig-flüssig ausfallen, je nachdem, wie sparsam mit Wasser umgegangen wird. Greifvogel, Reiher und Störche haben ein verhältnismäßig flüssiges Exkrement. Deshalb können die Störche auch ihre Beine damit kühlen. Bei manchen Hühnervögeln ist es so trocken, dass man ihre Hinterlassenschaft nehmen kann, ohne dass diese gleich zerfällt oder kleben bleibt. Vögel gehen in ihrem Stoffwechsel sehr haushälterisch mit Wasser um. Wie wir sehen werden, bestimmt manchmal das fällige «Nachtanken» von Wasser die Flugweite mehr als der vorhandene «Spritvorrat» an Fett.

Harnstoff und Harnsäure riechen selbst nicht. Säugetiere, wie auch wir Menschen, scheiden in ihrem Urin aber auch Ammoniak ab. Dieser verursacht einen beißend stechenden Geruch, jedoch keinen Gestank im engeren Sinne. Die echten Stinkstoffe enthalten Schwefelverbindungen, wie Schwefelwasserstoff H_2S und Mercaptane. Schwefelwasserstoff riecht, wie wir wissen, nach «faulen Eiern». Ihr Geruch und jener der noch stärker stinkenden Mercaptane ist der Grund, weshalb wir im Allgemeinen so negativ auf Exkremente reagieren. In denen der Vögel sind sie kaum enthalten. Das ist seltsam. Denn solche Vögel, die sich überwiegend oder hauptsächlich von Fisch ernähren, stinken durchaus danach. Ausgerechnet bei der Vogelfeder werden wir wieder auf die Stinkstoffe stoßen.

Werfen wir vorher noch ein paar Blicke auf das Nahrungsspektrum der Vögel. Es reicht vom Nektartrinken der Kolibris bis zur Kadaververwertung der Geier, vom Tauchen nach Fischen und Tintenfischen oder Muscheln vieler Seevögel bis zur Früchteverwertung bei Fruchtfressern, wie Fruchttauben, Turakos und Papageien, von Kleininsekten, wie dem Luftplankton, dem Segler und Schwalben nachjagen, bis zu Vögeln, Kleinsäugern und Affen, wie bei Falken, Habichten und Adlern. Es gibt einen Geier, den Palmgeier, der sich nahezu ausschließlich von Palmfrüchten ernährt, Flamingos, die, wie schon ausgeführt, die Brühe von Salzseen durchschnattern und daraus Salinenkrebschen und, im Fall des Zwergflamingos, Bakterien, nämlich Cyanobakterien (Blaugrünalgen), herausfiltern. Gänse grasen, viele Vögel nutzen Körner, manche ernähren sich «von allem Fressbaren». Dennoch gilt übereinstimmend, dass die Vogelnahrung «ergiebig» sein muss. Den ‹Grundtyp› stellten wahrscheinlich die Insekten dar. Sie enthalten leicht verdauliches Eiweiß (Proteine) und Fett, das Energie liefert. Ihre äußere, aus Chitin bestehende Hülle ist zwar unverdaulich. Sie kann aber, wie schon gezeigt wurde, in Form von Speiballen ausgewürgt werden.

Das Verdauungssystem der Vögel ist auf ihre Hauptnahrung eingestellt. Der Magen von Vögeln, die sich von Körnern, also harten Pflanzensamen, Knospen oder hartschaligem Getier ernähren, ist muskulös. Der Hühnermagen gehört zu den besonders muskulösen. Magensteinchen wirken bei der Muskelbewegung des Magens ähnlich wie Zähne im Mund: Sie zerreiben und zerkleinern die Nahrung. Vögel, die Magensteinchen brauchen, picken gezielt solche auf, die die richtige Größe haben. Wasservögel, wie Enten und Schwäne, finden auf der Suche nach Magensteinchen an schlammigen See- und Flussufern oft Bleischrot als Überbleibsel der Wasservogeljagd oder Senkbleistückchen, die beim Angeln verloren gingen (auch Angelhaken!). Nehmen sie diese als Ersatz für Magensteinchen oder auch nur zur Ergänzung dieser auf, wird das Blei zerrieben. Es gelangt in die Blutbahn, vergiftet den Vogel und gefährdet auch Menschen, die Wildenten/Wildgänse essen. Bevor die betroffenen Vögel sterben, entwickeln sie auffällige Lähmungen der Flügel und des Halses. Medizinisch wird diese langsame Bleivergiftung «Saturnismus» genannt. Der Name bezieht sich auf die alte (alchemistische) Bezeichnung Saturnium (Metall des Saturns) für Blei.

Eine Besonderheit der Verdauung einiger Vögel sei hier angefügt, weil manche Menschen sie darum beneiden. Es handelt sich um die Entgiftung verhältnismäßig großer Mengen von Alkohol. Sie geschieht wie bei uns Menschen in der Leber. Diese ist ein umfassendes Organ für Entgiftung und Speicherung. Manche Gifte gelangen aber gar nicht erst in den Blutkreislauf, weil sie so komplex aufgebaut sind, dass sie den Körper im «schnellen Durchlauf» verlassen, bevor sie vom Darm aufgenommen werden und schaden könnten. Die komplexen Giftstoffe in den Seidelbastbeeren wurden als Beispiel dafür bereits angeführt. Alkohol dagegen gelangt schnell in den Körper. Manche Beeren, die im Herbst reiften und nach den ersten Frösten zu «Trockenbeeren» geworden sind, enthalten aber genug Alkohol, um betrunken zu machen. Verzehren Drosseln oder Seidenschwänze große Mengen davon, bei Seidenschwänzen so viel, dass sich ihr Körpergewicht danach kurzfristig fast verdoppelt, sollte der Alkoholgehalt gefährlich hoch ansteigen. Tatsächlich kann er bis in den Prozentbereich geraten (nicht nur in Promille, von denen ganz wenige für uns Menschen bekanntlich bereits eine Alkoholvergiftung bedeuten!). Die nach menschlichen Maßstäben volltrunkenen Drosseln oder die Seidenschwänze, die an Alkoholvergiftung gestorben sein sollten, fliegen aber munter davon. Ihre Leber erzeugt so viel «Gegenmittel» (das Enzym Alkoholdehydrogenase), dass sie mit so hohen Alkoholmengen fertig werden.

Auf andere Weise vergleichbar überraschend ist die Fähigkeit der Geier, Milane und mancher Störche, Tierkadaver als Nahrung verwer-

Seidenschwänze kommen als «Invasionsvögel» in manchen Wintern. Sie verzehren hauptsächlich Beeren, auch solche, die andere Vögel meiden. (Foto: Ernst Weber)

ten zu können. Die Leichengifte, die bei der Verwesung entstehen, machen ihnen nichts. Bälge von Geiern stinken noch jahrzehntelang nach Aas, weil sich die Geruchstoffe an den Federn festgesetzt haben. Am Inhalt gingen die Geier aber nicht zugrunde. Ihre Mägen vernichten die Gifte und deren Erzeuger. In jüngster Vergangenheit kam es jedoch zu einem verheerenden Geiersterben in Indien. Dort wurde in den 1990er Jahren in großem Umfang ein chemischer Wirkstoff zur Behandlung von Verletzungen und Erkrankungen bei den Rindern, Indiens heiligen Kühen, eingesetzt, der auch in der Humanmedizin viel verwendet wird. Diclofenac ist seine Bezeichnung. In der Beilage zu Medikamenten, die ihn enthalten, ist zu lesen, dass der Wirkstoff Magenblutungen und -durchbrüche verursachen kann. Bei den indischen Geiern kam es zu tödlichen Magen- und Nierenschäden, als sie die Kadaver von mit Diclofenac behandelten Rindern verzehrten. Über 95 Prozent der Geier Indiens starben in wenigen Jahren. Der Subkontinent verlor seine bis dahin sehr wirkungsvolle biologische Tierkörperverwertung. Seit 2005 ist die Anwendung von Diclofenac-haltigen Mitteln bei Tieren in Indien daher verboten. Die Geierbestände erholen sich aber nur sehr langsam wieder.

Viele Tausende Tote gibt es bei uns seit den frühen 1970er Jahren bei Wasservögeln. Betroffen sind hauptsächlich Enten, die ansonsten auf den dreckigsten Pfützen leben können. Die Massensterben ereigneten sich in «Wasservogelzentren», wo sich Tausende oder Zehntausende Enten, andere Schwimmvögel und Möwen ansammelten, weil es aufgrund des sommerlichen Treibens der Menschen an so gut wie allen Gewässern keine Ausweichmöglichkeiten gibt. Verursacher ist, wie sich nach einiger Zeit nachweisen ließ, ein naher Verwandter der auch für den Menschen lebensgefährlichen Erreger von Wurstvergiftung, nämlich das Bakterium *Clostridium botulinum* vom Typ ‹C› = Enten-Botulismus. Diese Bakterien vermehren sich nur, wenn es um sie herum keinen freien Sauerstoff gibt. Sind organische Stoffe, die sie als Nahrung verwerten, in großer Menge unter sauerstofffreien Bedingungen vorhanden, entwickeln sie sich so schnell, dass sie Massensterben unter Wasservögeln auslösen. Das Gift von Clostridien tötet in wenigen Zehntelmilligramm einen Menschen. Es ist das stärkste Gift, das in der Natur vorkommt.

Ausgelöst wurden die Botulismuskatastrophen höchstwahrscheinlich von der Güllewirtschaft, die in den 1970er Jahren mit der Schwemmentmistung von Viehställen die traditionellen (durchlüfteten) Misthaufen ablöste. Im Milieu der Gülle, die frei von Sauerstoff ist, können die Botulismusbakterien leben und auf die Fluren hinausgebracht werden. Dort treiben die stinkenden Fluten die Regenwürmer aus dem Boden. Möwen fliegen herbei, um diese zu fressen, infizieren sich mit den Erregern und tragen die Clostridien zu den Gewässern, auf denen im Hochsommer die Enten mausern. Passt die Witterung mit warmem, ruhigem Wetter, das die Ufer aufwärmt, kommt es zum Ausbruch von Botulismus mit Massensterben innerhalb kurzer Zeit; fast wie bei der Pest. Die Botulismusepidemien folgten genau dem Muster der Gülleausbringung. Kleine gibt es schon im Spätwinter und Frühling, wenn die Möwen aus dem Winterquartier zurückkommen und der erste große Schwung an Gülle im Jahr auf die Fluren ausgebracht wird. Die Hauptausbrüche folgen im Hochsommer zur Mauserzeit der Enten, wenn die Getreidefelder geerntet sind und Gülle auf sie gefahren wird. Schließlich kommen manchmal noch im Spätherbst kleinere Ausbrüche vor, wenn die Gülledepots für die Wochen und Monate des Winters geleert werden, in denen, auf gefrorenem Boden, keine Gülle ausgebracht werden darf.

Die kleineren Ausbrüche im Frühling und Spätherbst bleiben sicherlich oft unerkannt, weil man sie dem Winter zuschiebt, der viele Enten das Leben kostet, oder der herbstlichen Entenjagd. Die großen Wasservogelsterben, die bei uns auftreten, haben nichts mit der gefürchteten Vogelgrippe zu tun. Diese betrifft die Hühner und Truthühner in den Massengeflügelhaltungen; hier steckt die Verursachung in dem damit verbundenen «System». Die einschlägigen Institutionen sollten sich aber auch gründlich der Verursachung der Botulismusepidemien und der Güllewirtschaft annehmen und nicht an falschen Stellen Ängste in der Bevölkerung schüren. Die Hygieneprobleme schufen nicht die Wasservögel, die auf den Stadtteichen gefüttert werden, oder gar die Vögelchen an den Futterhäuschen und auch nicht die privaten Hühnerhalter mit Freilauf für ihr Geflügel. Die Beschränkungen und die Befürchtungen wurden auf sie abgewälzt, damit die Massengeflügelhaltung ungeschoren davonkam.

Ein letzter Punkt zur Verdauung der Vögel: Die Ausscheidung des Reststickstoffs in Form von Harnsäure bringt es mit sich, dass die Vogelexkremente recht beständig, d. h. wenig anfällig für die Witterung sind. Fallen sie auf Vogelinseln an, auf die kaum jemals Regen niedergeht, bleiben die Exkremente erhalten. Sie verdichten sich zu einer anwachsenden Masse, die Guano genannt wird. Dieser gilt zu Recht als der beste (Stickstoff-)Dünger, weil der in der Harnsäure gebundene Stickstoff von den Pflanzen aufgenommen und zum Wachsen verwendet werden kann, aber nicht gleich beim nächsten Regenguss abgeschwemmt oder ins Grundwasser ausgewaschen wird. Guano war jahrzehntelang der Reichtum Perus, weil es vor dessen Küste die größten Seevogelkolonien der Erde gibt. Sie lieferten den Guano, der bergmännisch abgebaut wurde. Diesem wertvollen Stoff ist der Schutz dieser Seevögel zu verdanken, den die Regierung Perus rechtzeitig erlassen hat.

Die Vogelfeder und das Rätsel der Entstehung der Vögel

Die Feder kennzeichnet die Vögel. Sie ermöglicht vielen Vögeln das Fliegen, aktives und passives. Letzteres umfasst das Gleiten und Segeln, Ersteres den Kraftflug durch Flügelschläge. Die Erfolgsgeschichte der

Die Vogelfeder und das Rätsel der Entstehung der Vögel 175

Vögel hängt mit der Entwicklung des Fluges zusammen, daran besteht kein Zweifel. Doch die Feder war nicht plötzlich «da» und das Gefieder nicht einfach fertig zum Abheben in die Lüfte. Federn gibt es bei keinen anderen existierenden Lebewesen. Die «Seefedern», die im Meer vorkommen, heißen so wegen ihrer Ähnlichkeit mit einer großen Vogelfeder. Sie sind aber «Blumentiere», die auf Sand- und Schlickböden der Meere leben und nach Art von Korallenpolypen das Wasser nach feinsten organischen Stoffen und Bakterien filtern. Sie werden hier genannt als Beispiel dafür, wie sehr «die Feder» sprachlich Vorbild für vieles andere Federartige benutzt wird.

Gemeint ist dabei aber meistens der Typ von Federn, der das Fliegen ermöglicht. Es sind dies die Hand- und Armschwingen und die Steuerfedern des Schwanzes. Mengenmäßig besteht der Hauptteil des Gefieders der Vögel aus dem Kleingefieder. Es umhüllt den Vogelkörper mehr oder wenig ganz. Nur wenige nicht befiederte Partien gibt es am Kopf, am Hals oder an den Beinen. Meistens dienen sie der Temperaturregulation oder sie werden als Schwellkörper bei der Balz eingesetzt. Das Gefieder eines großen Vogels umfasst Tausende von Federn. Bei einem Singschwan sind über 20 000 Einzelfedern gezählt worden. Eine kleine, nur wenig mehr als fünf Gramm leichte Meise bringt es aber auch auf über tausend Federn. Diese bedecken den Körper nicht gleichmäßig. Vielmehr entwickeln sie sich in «Feldern», Federfluren (Pterylae) genannt. Dazwischen sind federlose Bereiche, die Federraine (Apteria), vorhanden. Ein solcher dient, erweitert zum «Brutfleck», dem direkten Kontakt der zu bebrütenden Eier mit dem Körper.

Das Gefieder wird, wie ebenfalls schon beschrieben, mehr oder weniger regelmäßig erneuert. Der Vorgang des Federwechsels heißt Mauser. Er ist notwendig, weil sich die Federn mit der Zeit abnutzen. Dadurch büßen sie nach und nach ihre Funktion ein. Für einen guten Flug muss das Fluggefieder in Ordnung sein und grundsätzlich vergleichbar gewartet werden wie jedes Flugzeug.

Gebildet werden die Federn von Bildungszentren in der Haut, Follikel genannt. Adern transportieren die dazu nötigen Stoffe heran und entsorgen, was nicht benötigt wurde. Im Kiel der Feder fand die Bildung statt. Als sie vollendet war, zog sich der lebende Teil daraus zurück und hinterließ, in großen Federn gut zu sehen, die «Federseele» als unregelmäßiges, weißlich schimmerndes Band. Was immer mit der Bezeich-

Turmfalke im Rüttelflug. Die deutlich abgespreizten «Nebenfittiche» am Bug der Flügel stabilisieren zusammen mit dem breit gefächerten Schwanz das Rütteln auf der Stelle. (Foto: Ernst Weber)

nung «Seele» einst gemeint gewesen sein mag, sie ist tot wie das gesamte Gebilde. Die fertige Feder lebt nicht mehr. Abgesehen von Abnutzung, verändert sie sich nicht, bis sie ausfällt und durch eine neue ersetzt wird.

Ihre außergewöhnliche Elastizität und Festigkeit liegt in der Struktur, die das Keratin in der Feder angenommen hat. Sie übertrifft in diesen Eigenschaften Stahl und andere metallische Gebilde. Die strukturelle Besonderheit steckt in der Fahne. Sie ist die seitliche Verbreiterung, die vom Federkiel ausgeht und beidseitig eine Fläche bildet. Diese kommt durch feine Seitenäste zustande, von denen noch viel feinere Verzweigungen, die Bogen- und die Hakenstrahlen, ausgehen. In einer Art Kombination von Klett- und Reißverschluss greifen diese so ineinander, dass eine praktisch geschlossene Fläche, die Federfahne, entsteht.

Praktisch geschlossen meint, dass sie die Luft so sehr staut, dass sie einen Druck ausübt. Das ist die Vorbedingung für den Flug. Die einzelnen Federn ordnen sich so an, dass sie einander teilweise überdecken. An den Flügeln entstehen dadurch Tragflächen, auf ihnen, wie am übrigen Körper, wird die Kontur elastisch weich geglättet. Darunter bleibt Luft eingeschlossen. Je dicker die Luftschicht zwischen der äußeren Kontur und der Haut ist, desto besser wärmt sie. Je dichter die kleinen Federn die großen des Fluggefieders in ihren Ansatzstellen an Arm und

Schwarze Spitzen verstärken die im Flug besonders belasteten Hand- und Armschwingen beim Rosapelikan und vielen anderen Vögeln.

Handteil des Flügels abdecken, desto dichter wird auch die Tragfläche. Je schmaler die Vorderkante der Federn außen im Spitzenteil (= Handteil) des Flügels, desto «schnittiger» ist dieser.

Die Flugeigenschaften werden im Zuschnitt der Flügel direkt erkennbar. Schmale, spitze Flügel eignen sich zum Segelflug in der Turbulenz über Meereswellen, breitflächig große zum Thermiksegeln. Sichelförmig schmale Flügel geben Geschwindigkeit, kurze, rundliche Manövrierfähigkeit, aber nur geringe Fluggeschwindigkeiten. Verlängerte Außenkanten des Schwanzes verbessern die Flugsteuerung. Am Flügel des Seidenschwanzes gibt es sogar schmal tropfenförmige, lackrote Spitzen an den inneren Hand- und den Armschwingen, die im Steilflug, beim Fang von Insekten in der Luft, bewirken, dass die über die Flügel verlaufenden Luftwirbel abreißen und ein Kippen aus der schrägen Flughaltung verhindert wird. An den Tragflächen moderner Düsenflugzeuge werden erst seit kurzem entsprechende Vorrichtungen angebracht.

Die Stabilität der Feder stammt vom Keratin, das in der Vogelfeder besonders viele die Elastizität fördernde Feinstrukturen (Eiweißfibrillen) enthält. Aus Keratin bestehen ja auch unsere Haare, Fingernägel, die Hornhufe der Pferde und Rinder, die Hornscheiden der Vogelschnäbel und die schuppenartige Bedeckung der Beine der Vögel sowie ihre Krallennägel. Keratin ist somit ein sehr vielseitig verwendbares Material. Am besten lässt es sich mit dem Chitin der Insekten, Spinnen und Krebstiere vergleichen. Aus Chitin bestehen die massiven Panzer von Käfern ebenso wie die zart elastischen Flügel von Bienen, Libellen oder Fliegen. Chitin übertrifft an Vielseitigkeit sogar das Keratin, weil es auch Hartsubstanzen aus Kalk einlagern und so zum Beispiel Krebspanzer bilden kann. Diese Fähigkeit fehlt dem Keratin. Als festes Horn sitzt es auf den Knochen der Schnäbel, baut Kalk aber nicht in die Eigenstruktur ein. Dafür kann es so Feines bilden wie die Vogelfeder, die nicht aus einer geschlossenen Keratinfläche besteht, sondern aus Einzelteilen, die sich bei einfachen Beschädigungen wieder zusammenfügen lassen. Die Vögel tun dies ausgiebig, wenn sie ihr Gefieder putzen. Dabei reinigen sie es nicht nur von Schmutz, so sich solcher überhaupt festgesetzt hat, sondern sie bringen mit dem Durchziehen der Federn durch den Schnabel oder die Behandlung mit einer speziellen, kammförmigen Putzkralle an einer Zehe die Feinstruktur wieder in Ordnung.

Bei den wenigen Vogelarten, die nicht fliegen, sind die Federn anders gebaut. Beim Kiwi und auch bei den Kasuaren von Neuguinea erkennt man sie kaum als Federn, so sehr ähneln sie Haaren; borstigen Haaren im Fall des Kasuars. Bei den Pinguinen sehen sie auf den ersten Blick wie ein Schuppenkleid aus, das den Körper dieser gleichfalls flugunfähigen Vögel umgibt. Die Flügel wirken nicht nur wie Ruder, sondern werden wie solche auch beim Schwimmen und Tauchen eingesetzt. Pinguine «fliegen» daher unter Wasser. Dass ihr Gefieder aber besonders gut wärmt, ist klar, weil sie sonst nicht in der antarktischen Kälte leben könnten.

Damit ist eine Eigenschaft des Gefieders hervorgehoben, die auch solchen Vögeln zukommt, die nicht fliegen können: Die Federn wärmen sehr gut. So gut, dass für uns Menschen Daunenfederbekleidung oder mit Daunen gefüllte Betten das Beste sind, um uns in der Kälte warm zu halten. Eine weitere Eigenschaft kennzeichnet das Gefieder unabhängig vom Fliegen. Es schützt recht gut vor Nässe. Sehr gut sogar, wenn es mit dem Spezialfett eingerieben wird, das die Bürzeldrüse liefert. Sie ist die einzige Hautdrüse der Vögel. Schwitzen können die Vögel nicht, denn sie haben keine Schweißdrüsen. Sie müssen hecheln, die Kehlhaut flattern lassen, baden oder sich wenigstens in den Schatten

Die Vogelfeder und das Rätsel der Entstehung der Vögel 179

zurückziehen und nichts tun, wenn es ihnen zu heiß wird und die innere Kühlung über das Lungen-Luftsack-System nicht ausreicht. Der Nässeschutz ist besonders für die Jungvögel wichtig, weil ihre innere Wärmeerzeugung gleich nach dem Schlüpfen aus dem Ei oder dem Ausfliegen noch nicht so gut wie bei den Erwachsenen funktioniert. Ein besonderes Federkleid, das schon beschriebene Dunenkleid, schützt mit elektrostatischer Aufladung der Spitzen vor Nässe und vor dem Eindringen von Wasser auf den Körper, wenn die Entlein schwimmen gehen.

Bleibt noch hinzuzufügen, dass das Gefieder Muster aus Farben und Zeichnungen trägt, denen vielfältige Bedeutung in der Arterkennung, in der Balz oder zur Abwehr von Feinden zukommt. Darüber mehr im übernächsten Abschnitt. Wie ebenfalls schon angemerkt, verstärkt die Einlagerung brauner und schwarzer Farbstoffe (Melanine; die braunen sind Phäo-, die schwarzen Eu-Melanine) die Stabilität der Feder, weshalb die Spitzen der Schwingen rasant fliegender Vögel meistens schwarz sind.

Wie aber kam sie zustande, die Feder? Keine der aufgeführten Funktionen kann sie von Anfang an gehabt haben. Denn flugtauglich wird erst ein weitgehend voll entwickeltes Gefieder. Das sehen wir beim Heranwachsen der Vogeljungen. Auch solche Schnellentwickler, die ihr Leben nach dem Schlüpfen aus dem Ei bereits auf eigenen Füßen beginnen, brauchen Wochen, bis das Abheben und die kleinen Bögen von Gleitstrecken in einen richtigen Flug übergehen. Wärmen können Federn gleichfalls nur, wenn sie gut genug entwickelt sind und den Körper zumindest an jenen Stellen abisolieren, über die er am meisten Wärme verliert. Dasselbe gilt für den Nässeschutz. Signalgebende Farbmuster schließlich kommen gewiss ganz zum Schluss zur Wirkung, wenn schon alle übrigen Eigenschaften entwickelt sind. Jede Werbefläche muss erst vorhanden sein, bevor sie die Werbung tragen kann.

Ohne jeden Zweifel sind die Vögel verhältnismäßig nahe mit den Kriechtieren, den Reptilien, verwandt. Die Schuppen an den Beinen entsprechen den Echsenschuppen. Die Feder ist aus Keratin, wie die vielgestaltigen Hautgebilde der Reptilien auch. Ihr Spektrum reicht von hautdünnen Natternhemden bis zu Plattenpanzern von Krokodilen («Panzerechsen») und den Schildkröten. Die Feder als Horngebilde passt in den Gesamtrahmen der Reptilien. Sie entstand aus besonderen Schuppenbildungen, die sich nicht flächig, sondern rundlich entwickelten.

«Schmuckfeder» vom Eichelhäher und vergrößerter Ausschnitt. In diesem ist die Abfolge der weiß-blau-schwarzen Partien zu sehen. Die Farbwirkung entsteht durch Lichtbrechung in der Federstruktur mit unterschiedlich schwarzem Farbstoff (Melanin).

Wie sie zustande kommen, können wir an der Entwicklung der Federn beim Hühnchen nachvollziehen. Ist damit die Frage nach der Entstehung der Feder beantwortet? Ganz und gar nicht! Denn dass sich die Vogelfedern irgendwie aus besonderen Schuppen von Reptilien entwickelt haben, erklärt nicht, *warum* es dazu gekommen ist. Und weshalb die Entwicklung jene Richtungen einschlug, die im wärmenden, vor Nässe schützenden Daunenkleid und der Fähigkeit zu fliegen gipfelten.

Bizarre Bildungen gibt es genug bei Reptilien. Die Bücher über Dinosaurier sind voll davon. Was es da alles an «Hörnern», «Segeln» auf dem Rücken, Stirnplatten und anderen Gebilden gibt, regt die Phantasie an für utopische Geschichten. Für den Übergang von Reptilien zu den Vögeln besitzen wir aber ein Fossil, das vielleicht berühmteste Fossil überhaupt, den Urvogel *Archaeopteryx lithographica*.

Der Urvogel und der Ursprung der Vögel

Archaeopteryx gilt deswegen als ganz besonderes Fossil, weil in diesem rund 150 Millionen Jahre alten Urvogel aus dem Solnhofer Schiefer der Jurazeit in geradezu idealer Weise Eigenschaften von Reptilien mit solchen, die für Vögel typisch sind, kombiniert auftreten. Er ist auch kein Einzelfall. Inzwischen sind bei Solnhofen (Bayern) mehr als zehn Urvögel gefunden worden, nicht alle ganz erhalten, aber in Teilen gut genug, dass sie *Archaeopteryx* zuzuordnen sind. Ihren Merkmalen zufolge sind sie Reptil und Vogel zugleich, also Übergangsformen.

Der Urvogel hat Zähne in den Kiefern. Seine Kopfkapsel ist lang gestreckt und verhältnismäßig klein (er war etwa so groß wie ein Rabe). Das bedeutet, dass das Kleinhirn, das Steuerzentrum für den Flug, noch nicht sonderlich entwickelt war. An den Flügeln trägt er aber Federn mit schmalerer Vorder- und breiterer Hinterkante. Diese Asymmetrie ist für den Flug typisch, doch fehlt dem Urvogel ein Kamm auf dem Brustbein für den Ansatz größerer Brustmuskeln. Also kann er kein ausdauernder Flieger gewesen sein. Mehrere Finger enden in einer Kralle. Solche Flügelkrallen finden wir beim merkwürdigen, in Zusammenhang mit seiner Ernährung schon kurz beschriebenen Hoatzin und bei manchen kleinen Jungvögeln, beispielsweise bei Rallen. Bildungen dieser Art weisen in die ferne Vergangenheit (Atavismen genannt), ähnlich wie die Bildung eines kurzen, normalerweise nicht mehr erkennbaren Schwanzes am Ende der Wirbelsäule beim Menschen.

Archaeopteryx hatte einen reptilienhaft langen und beidseitig befiederten Schwanz. Bei echten Vögeln ist davon nur ein stark reduziertes, aus miteinander verwachsenen Knochen gebildetes Endstück, das Pygostyl, übrig. Die Schwanzfedern setzen daran in einem flachen Halbkreis an und nicht längsseitig, wie beim Urvogel. Seine Beine sind in der Grundstruktur wie typische Laufbeine gebildet. Sie enthalten das charakteristische zweite Gelenk, das im Fußteil entstanden ist und dem Vogelbein die Z-Form gibt. Aber die Zehen sind lang. Wie weiter oben ausgeführt, weisen lange Zehen nicht auf schnelle Läufer hin; auch nicht auf gute Kletterer. Und damit sind wir bei dem Dilemma, mit dem sich seit über hundert Jahren die Forschung zum Ursprung der Vögel herumschlägt. Wie mag der Urvogel geflogen sein? Dem Bau seiner

Beine und Füße zufolge mehr oder weniger hüpfend, vielleicht von Stein zu Stein mit dazwischengeschalteten Gleitstrecken. Kommt man mit so einem Gehopse zum aktiven, kraftvollen Fliegen? Wohl kaum; zumindest ist das schwer vorstellbar. Denn unsere Hühner, die vielleicht *Archaeopteryx* in dieser Hinsicht noch am ähnlichsten sein könnten, sind keine guten Flieger. Sie sind aber noch viel bessere Läufer als der Urvogel.

Daher kam sehr früh schon, kurz nach der Entdeckung der ersten Urvogelexemplare in den Jahren 1855 und 1861, die Deutung auf, die Vorfahren der Urvögel seien auf Bäumen herumgeklettert und hätten Federn entwickelt, um Abstürze abzufangen und nach Art der kleinen Echsen von Baum zu Baum zu gleiten (*Draco volans*, Flugdrache, lautet deren wissenschaftlicher Name). Der Flugdrache macht dies mit abgespreizten Rippen und der sie überziehenden Haut, die eine Gleitfläche bildet. Mit der Zeit wurden die Flüge immer weiter, die Federn immer besser, bis der Gleitflug schließlich in den Kraftflug übergehen konnte und die «Vorvögel» zu «Urvögeln» und diese zu «Vögeln» geworden waren.

Der Bau der Beine passt allerdings gar nicht zu dieser Theorie. An Bäumen herumkletternde Echsen haben keine mittig unter dem Körper ansetzenden, sondern weit seitlich ausgreifende Beine. An Bäumen kletternde und davon abspringende Echsen, wie die tropisch amerikanischen Baumleguane, tragen einen Schuppenkamm auf Nacken und Vorderrücken, aber keinerlei verbreiterte, abgeflachte oder ausgefranste Schuppen am Körper. Sie wären beim Klettern hinderlich.

Die Gegentheorie ließ nicht lange auf sich warten. Deren Verfechter gingen davon aus, dass die fernen Vorfahren der Vögel schnell laufende kleine Echsen waren. Zu solchen gibt es sogar gut erhaltene Fossilfunde, die es schwer machten zu entscheiden, ob es sich bei ihnen (noch) um echte Echsen oder (schon) um Urvögel gehandelt hatte. *Compsognathus* ist so ein kleiner, im Körperbau vogelähnlicher Läufer ohne Federn. Da alle Vögel dem Bau ihrer Beine nach Läufer sind und nur wenige nachträglich zum Klettern wechselten, hatte diese Theorie «Abheben aus schnellem Lauf heraus», genannt die «cursoriale Theorie», mehr für sich als die «von den Bäumen herab», die «arboreale Theorie». Der Urvogel könnte ja sozusagen ein Hüpf-Läufer gewesen sein, der küstennah in felsigem Gelände lebte, das Fliegen nur gelegentlich brauchte, aber die Vorteile der Federn als Nässeschutz und zur Erhaltung der Körperwärme dennoch genoss. Allerdings fehlt bei allem Charme, den diese Theorie hat, gleichfalls ein Grund für die anfängliche Vergrößerung der Schuppen. Denn diese hätten sogar eher Nachteile als Vorteile bringen müssen, weil sie die Rauigkeit der Körperoberfläche vergrößern und damit Geschwindigkeit bremsen. Als dann auch noch argumentiert wurde, die Federn wären an den Händen entstanden (die nicht mehr zum Laufen benutzt wurden, weil diese Vorvogel-Reptilien zweibeinig liefen), um mit ihnen Insekten wie mit einem Netz einzufangen, wurde die Theorie aus verständlichen Gründen eher belächelt.

Bleibt die Entstehung der Feder also vorerst oder für alle Zeiten ein unlösbares Rätsel? Neue Fossilfunde können unerwartete Ansätze für die Interpretation liefern. Damit muss man immer rechnen. Aber das Leben der Vögel enthält Fakten, die wir berücksichtigen müssen, bevor wir über die Möglichkeiten ihrer Entstehung nachdenken. Solche Fakten sind bereits angeführt worden. Sie können auch von heutigen ‹Ornis› weiter vertieft werden, wenn die Mauser der Vögel gründlicher untersucht wird. Vorläufige Befunde besagen, dass ein Großteil der Mauserfedern, die wir finden, kaum beschädigt und sogar ganz in Ordnung ist. Warum aber sollten die Vögel gute Federn «abwerfen»? Schließlich bestehen sie aus Keratin, und das ist ein Stoff, der aus Eiweiß, aus Proteinen, aufgebaut ist. Keratin wird von Aminosäuren gebildet. Eigentlich sollten sie «wertvolle» Stoffe sein. Das wissen wir aus unserer eigenen Ernährung. Proteine bilden das Baumaterial für den Körper und für den Nachwuchs. Babys entstehen nicht aus Zucker oder Fett, weder bei uns Menschen noch bei irgendwelchen Tieren. Auch wenn Zucker und Fette benötigt werden und als Energielieferanten dienen, sind Eiweißstoffe die Grundstoffe für die Organismen.

Das Gefieder der Vögel enthält also viel, aus dem auch lebendiges Eiweiß hätte werden können. Als tote Gebilde werden sie bei der Mauser vom Vogelkörper abgegeben. Neue Federn ersetzen sie. Eine Verschwendung?! So mag es aussehen, wenn wir die Vorgänge voneinander getrennt behandeln. Dann aber werden wir nie zum Ziel kommen. Das ist das Kernproblem der «analytischen Naturwissenschaft», die aufteilt, getrennt betrachtet und aus immer kleineren Details Schlüsse zieht. Die Zusammenschau, das Gefüge, darf dabei nicht aus dem Blick geraten.

Fassen wir daher zusammen, was wir selbst bereits über die Vögel wissen, von ihnen gesehen haben und was aus den obigen Darlegungen zu den Fossilfunden hervorgeht. Dann kommt ein Gesamtbild des Vogels und seiner Entstehung zustande. Eine Schlüsselrolle spielt dabei, wie immer im Leben, die Energie.

Gehen wir davon sowie von den bekannten, jederzeit nachvollziehbaren Befunden aus, dann kennzeichnet die Vögel vor allem ihr extrem hoher Umsatz an Energie. Der Flug ist energetisch so «teuer», dass es ihn gar nicht geben dürfte, wenn die Natur, wie angenommen wird, stets sparsam ist und die günstigste, die am wenigsten aufwändige Lösung verwirklicht. Aber die Vögel leben bei über 40 Grad an der Todesgrenze. Sie haben das beste innere Kühlsystem entwickelt, das es bei Lebewesen gibt. Sie übertreffen uns und alle übrigen Säugetiere, auf gleiches Körpergewicht bezogen, im Energieumsatz bei weitem. Dass sie beim Eierlegen bleiben mussten und keine innere Entwicklung des Nachwuchses zustande bringen konnten, liegt wahrscheinlich daran, dass es dafür zu heiß in ihren Körpern ist, um es simpel auszudrücken. Dennoch hüllen sie sich in ein wärmendes Federkleid und erneuern dieses weitgehend unabhängig vom Abnutzungsgrad. Sie tun dies größtenteils zu festen Mauserzeiten. In diesen werden aber keineswegs nur die Federn gewechselt, sondern auch Fettvorräte für den Zug oder als Reserve für die Überwinterung angelegt. Dafür müssen sie entsprechend viel Nahrung zu sich nehmen; mehr als für den Normalbetrieb, denn es soll ja Überschuss, allerdings nur in Form von Speicherfett, übrig bleiben. Was geschieht dann mit dem Eiweiß, das in der Nahrung zu viel enthalten ist? Der Körper kann es nicht brauchen, denn er wächst in dieser Zeit nicht und es werden auch keine Eier gebildet. Demnach entsteht ein Überschuss an Eiweiß, wenn viel Fett benötigt wird.

Die Endprodukte des Abbaus von Eiweiß werden vom Vogel in Form der schwer löslichen Harnsäure entsorgt. Ist die Ausscheidung des Stickstoffs in Form der Harnsäure schon schwierig genug, so trifft das noch mehr für die im Eiweiß vorhandenen Schwefelverbindungen zu. Wie betont, stinken die Vogelexkremente nicht nach faulen Eiern und Mercaptanen. Wo aber kommen dann die Aminosäuren hin, die Schwefel enthalten, aus denen bei den Säugetieren die Stinkstoffe werden? Die Antwort ist so einfach wie weitreichend: Sie gelangen in die Federn. In diesen erzeugen sie die besondere Elastizität als sogenannte Schwefelbrücken (chemisch: Disulfidbrücken). Die Vogelfedern enthalten mehrere Prozent Schwefel. Verbrennt man sie, riechen sie bezeichnend scharf nach Schwefeldioxid. Im Körper würden die auszuscheidenden Schwefelverbindungen hingegen ziemlich giftig wirken und, solange sie nicht ausreichend ausgeschieden sind, die körperlichen Aktivitäten einschränken. Genau das sehen wir bei der Katze oder bei Raubtieren ganz allgemein. Ihre Exkremente stinken fürchterlich, ihre Faulheit ist sprichwörtlich. Die Vögel sind weder faul noch in dieser Hinsicht anrüchig – dank der nutzbringenden Entsorgung der Schwefelverbindungen über die Federn und bei der Mauser. Die Vögel müssen daher mausern, auch wenn ihr Gefieder noch so in Ordnung sein sollte. Haben sie Mauserschwierigkeiten, werden sie krank. Vogelhalter wissen dies und geben «Mauserhilfe» mit Mauserpulver aus der Drogerie oder entsprechenden Geschäften für Tierhaltungsbedarf.

Damit sind wir der Entstehung der Vogelfeder auf die Spur gekommen. Die Mauser ist der Schlüssel dazu. Federn und ihre Vorläufer sollten sich ursprünglich gebildet haben, um überschüssiges Eiweiß über die Haut zu entsorgen; einfach und unschädlich, ohne die Nieren zu belasten. Überschüsse entstehen, wenn Reserven, wie Fett, angehäuft werden müssen. Sie vergrößern sich, wenn sich die Intensität des Stoffwechsels erhöht. Federn sollten daher ursprünglich gar nichts mit dem Fliegen zu tun gehabt haben, sondern mit der Ausscheidung von Aminosäuren.

Und damit halten wir einen zweiten Schlüssel zur Lösung des Federrätsels in der Hand. Denn auch das Fell der Säugetiere kam ursprünglich auf diese Weise zustande. Dass die Haare wachsen, und zwar weit mehr als nötig, hängt ebenfalls mit der Ausscheidung von Eiweißstoffen zusammen. Haare bestehen aus Keratin. Ihre Elastizität beruht auch auf dem Einbau von Aminosäuren, die Schwefel enthalten. Als wir in grauer Vorzeit der Menschwerdung das typische Fell unserer Menschenaffenverwandtschaft zugunsten des verbesserten Kühlsystems durch intensives Schwitzen auf nackter Haut einbüßten, hätte diese Entsorgungsmöglichkeit gefehlt. Sie blieb aber erhalten, weil auch wir sie brauchen. Wir riechen sie, obgleich der zur Körperkühlung benötigte Schweiß geruchlos wäre. Denn über unsere Hautporen werden ebenfalls Aminosäuren abgegeben. An diese machen sich Bakterien heran, verwerten sie und erzeugen dabei die Stinkstoffe, die den Schweißgeruch kennzeichnen. Vögel haben keine Schweißdrüsen und auch keine sonstigen

Drüsen, wie Talg- und Fettdrüsen, mit Ausnahme der schon mehrfach angeführten Bürzeldrüse. Das der Talgbildung entsprechende Einpudern übernehmen Puderdunen, die zu Pulver zerfallen. Aber ihre Haut ist übersät mit einem ganz anderen Typ von «Drüsen», die wir als solche nicht wahrnehmen, den eingesenkten Follikeln für die Federbildung.

Wenn das zuletzt Ausgeführte im Großen und Ganzen seine Richtigkeit haben sollte, gehen beide bisherigen Vorstellungen zur Entstehung der Vogelfeder von dafür ungeeigneten Ansätzen aus. Es geht nicht darum, ob von den Bäumen herunter oder aus schnellem Lauf heraus, weil es ursprünglich gar nicht ums Fliegen als solches ging. Das kam erst viel später, als die Federvorläufer dafür groß genug geworden waren. Am Anfang dürfte es um die Entsorgung von überschüssigem Eiweiß gegangen sein, das jahreszeitlich schubweise anfiel und nicht langsam und kontinuierlich wie bei den Echsen, vor allem aber bei den Schildkröten, deren Panzer wachsen und dabei Wachstumsringe ähnlich denen der Jahresringe von Baumstämmen entwickeln. Die Steigerung der Intensität des Stoffwechsels sollte also am Beginn der Federentstehung gestanden haben. Mit ihr setzt auch bei den Vogelküken die Ausbildung von Federchen ein, obwohl die Küken im Ei und im Nest noch lange nicht fliegen können. Wie sich Schuppen zu Federn umwandeln, sehen wir direkt an den Füßen mancher Hühnerrassen, vor allem bei Hähnen von Zwerghuhnrassen. Es lohnt, diesen Vögeln auf die Füße zu schauen. An ihnen erblickt man wesentliche Teile der Entstehungsgeschichte der Vögel, ihrer Evolution.

In den letzten beiden Jahrzehnten kamen Fossilfunde aus China, die in glänzender Weise bestätigten, dass die Bildung von Federn schon einsetzte, bevor die Vögel zu Vögeln geworden waren, und dass es unterschiedliche Formen von Federträgern bei den Dinosauriern gegeben hatte. Der Urvogel verlor seine besondere Stellung als Bindeglied zwischen den Reptilien und den Vögeln, weil es nun eine ganze Palette solch unterschiedlicher Bindeglieder gibt, von denen manche, die meisten sicherlich, ausstarben, ohne Spuren in der Vogelwelt zu hinterlassen. Gefiederte Dinosaurier gelten inzwischen als vielfältige Gruppe im Vorfeld der Vögel, aber auch als Begleiter von ihnen auf dem Weg durch das Erdmittelalter. Nach dem Ende der Dinosaurier vor 65 Millionen Jahren blieben aber nur sie übrig, jene Vögel, die wir für «die Vögel» halten. Vielleicht hatten sie bloß Glück, dass sie überlebten. Vielleicht waren sie tatsächlich damals schon die Besten, als ein Riesenmeteorit die Erde traf, ein ganz großes Sterben auslöste und für die Überlebenden die Karten neu mischte. Jedenfalls ging aus den Vögeln, die die große Katastrophe überlebten, ihre heutige Vielfalt hervor. Auf eigenen Beinen und Flügeln sind sie die Besten in der gesamten Tierwelt. Um ihre Fähigkeiten und Leistungen zu erreichen oder zu übertreffen brauchten wir Menschen Technik; sehr viel Technik und sehr viel Energie. Genau darin, im Umsatz von Energie, in der Aufwändigkeit des Lebens, ähneln wir den Vögeln besonders.

Prachtgefieder

Mit den Federn, dem Gefieder, verbindet sich für uns auch die Schönheit der Vögel. Manche sind so attraktiv, dass sie bei Naturvölkern als Schmuck benutzt wurden. Männer setzten sich Federkronen auf oder trugen als Zeichen ihrer Würde Federmäntel. Die letzten Ausläufer dieser steinzeitlichen Art, sich mit fremden Federn zu schmücken, reichen bis in unsere Zeit. Damen, die dies offenbar nötig haben, tragen Hütchen mit Federn; manche Männer in etwas bescheidenerer Weise auch. Man nennt das Tracht.

Da schon jede Feder für sich genommen ein Wunderding ist und ein sehr nützliches dazu, wenn sie uns in Daunenjacken oder Federbetten wärmen, wundert man sich kaum darüber, dass es so unterschiedlich geformte, auffällige Federn gibt. Allenfalls weiß man, dass es die Vogelmännchen sind, die das prächtige Gefieder tragen, während sich die Vogeldamen möglichst unauffällig halten. Von seltenen Ausnahmen abgesehen, muss auch hier wieder angefügt werden, denn es gibt Vogelweibchen, die prächtiger als die zugehörigen Männchen gefiedert sind. Solche Weibchen tun aber nichts weiter, als Eier zu legen, um die sie sich anschließend nicht mehr kümmern. Das Brutgeschäft einschließlich der Betreuung der Jungen müssen in diesem Fall die Männchen übernehmen. Woran vollends klar wird, dass Prachtgefieder und Versorgung der Jungen miteinander zusammenhängen: Je größer der Einsatz der Männchen, desto ähnlicher sind sie den Weibchen. Eigenständiges, wahrlich prächtiges Gefieder entwickeln nur solche Männchen, die sich überhaupt nicht um den Nachwuchs kümmern (müssen).

Auffällige Schönheit

Viele dieser Vogelmännchen, die ein Prachtgefieder tragen, sind sehr auffällig. Schwimmt ein Paar Stockenten am Ufer eines Stadtgewässers, sehen wir gewiss zuerst den Erpel. In freier Natur ist es oft noch schwieriger, Weibchen von Vögeln zu entdecken, deren Männchen prächtig gefiedert sind. Der kupferfarben und goldbraun schimmernde Fasanenhahn mit den leuchtend roten, fleischigen Lappen an den Kopfseiten fällt weithin auf. Die tarnfarben graubraune, fleckig gemusterte Henne hingegen müssen wir suchen, wenn wir sie sehen wollen. Zwei Befunde sind auf den ersten Blick klar: Das Prachtkleid fällt auf und die Vogelarten unterscheiden sich in diesem viel stärker voneinander als im Schlicht- oder Weibchenkleid. Wir können daraus schließen, dass ein Gefieder, das uns auffällt und das wir als schön empfinden, auch bei den Weibchen dieser Vogelarten attraktiv wirkt. Wie sonst könnte es entstanden sein. Charles Darwin erkannte Mitte des 19. Jahrhunderts, dass durch Weibchenwahl das Prachtgefieder der Vogelmännchen zustande kommt. Er gab dieser Wahl die Bezeichnung «Sexuelle Selektion». Warum funktioniert sie, und warum gibt es sie nur bei einem Teil der Vogelarten und nicht bei allen?

Um dies zu verstehen, müssen wir erneut an der Entstehung der Vogelfeder ansetzen. Wie oben ausführlicher dargelegt, scheidet der

Borstenartige Federn am Oberkopf bilden die «Krone» des Kronenkranichs.

Vogelkörper auf diese Weise überschüssige Eiweißstoffe ab, deren Entsorgung auf dem (für uns) normalen Weg Schwierigkeiten bereiten würde. Aus der ursprünglich gegebenen Notwendigkeit machten die Vögel gleichsam eine Tugend. Das Gefieder wurde mehr als nur eine Abscheidung unbrauchbarer Stoffe. Was anfänglich eigentlich kaum mehr als eine besondere Weise von Häutung war, bekam zunehmend mehr Form und damit auch Bedeutung. Das sich entwickelnde Gefieder wärmte immer besser, schützte vor Nässe und gab dem vorher äußerlich harten Reptilienkörper neue Weichheit. An den Vorderbeinen, die beim Laufen nicht mehr benutzt wurden, wurden die Schuppenvergrößerungen länger und fransiger. Sie störten nicht, weil sich der Körper aufrichtete und die kleinen Echsen immer schneller mit ihren Hinterbeinen flitzten, wie das gegenwärtig manche immer noch tun. Die Vorderbeine wurden nach hinten oben an den Körper gelegt gehalten. Die vergrößerten, schon etwas federartigen Schuppen bildeten nun eine Art Kappe über dem Rücken und hielten diesen warm und trocken.

Genau der gleiche Vorgang spielt sich bei der Entwicklung der Hühnerküken ab. Am besten ließe er sich an den Küken der Birkhühner verfolgen, wenn diese nicht so schwierig in Gefangenschaft zu halten wären. Denn bei den Raufußhühnern, zu denen die Birkhühner gehören, gibt es recht ursprüngliche Formen der Entwicklung der Jungen; noch ursprünglichere als bei unseren Haushühnern. Wie bei allen Federentwicklungen können wir bei den Küken erkennen, dass Farben

Birkhahn in Balzpose.
(Foto: Alfred Limbrunner)

zumeist schubweise eingelagert werden. Dadurch entstehen Muster. Auf die härtende Wirkung der braunen und schwarzen Farben, der Melanine, habe ich bereits hingewiesen. Sie stellen Ausscheidungen des Stoffwechsels dar, wie jene Stoffe, die unseren Urin gelb färben. Werden wir sie nicht los, weil die Leber erkrankt ist, bekommen wir Gelbsucht. Die Ausscheidung solcher Stoffe, die hauptsächlich aus dem im Körper stattfindenden Abbau von rotem Blutfarbstoff, dem Hämoglobin, stammen, ist also sehr wichtig. Dass sie in Form der Melanine und anderer Farbstoffe bei den Vögeln in die Federn gehen, stellt eine elegante Lösung des Ausscheidungsproblems dar.

Und es eröffnet neue Nutzungsmöglichkeiten. Denn die Federn können nun dank der eingelagerten Farbstoffe Signalwirkung für die Artgenossen bekommen oder aber, besonders wichtig für die Weibchen, die ihr Gelege bebrüten müssen, den Vogel tarnen. Ganz allgemein gilt, dass Melanine hauptsächlich zur Härtung der Federn und zur Tarnung der Vögel dienen, andere Farbstoffe, wie jene, die wir von den Karotten kennen und die Carotinoide genannt werden, aber der Signalgebung.

Männchen, die sich nicht am Brutgeschäft beteiligen, haben weitaus bessere Möglichkeiten, die Signalwirkung von Federn zu nutzen als die Weibchen, die getarnt sein müssen. Dass sie diese tatsächlich nutzen können, drückt aus, dass die Männchen auch weniger gefährdet als die Weibchen sind. Sie haben ja auch nur auf sich selbst zu achten, während die Weibchen ihr Gelege oder die Jungen verbergen und schützen müssen, so gut es geht. Sie leisten die große Investition in den Nachwuchs. Sie haben die Eier ausgebildet, das Gelege bebrütet und müssen nun die Jungen begleiten, sie an die Stellen führen, an denen sie Nahrung finden, sie bei Gefahr unter ihre Fittiche nehmen oder in Deckung rufen. Unauffälligkeit drückt aus, wo die Hauptlast der Fortpflanzung liegt.

Die Befreiung von dieser Last gibt den Männchen buchstäblich Spielraum. Sie können ein prächtiges Gefieder entwickeln, aus voller Brust singen oder Balztänze aufführen. Warum können sie das? Weil die Weibchen wählen, heißt die gängige Erklärung; weil Sexuelle Selektion wirkt! Doch warum kann sie wirken? Wäre es für die Männchen nicht besser, auch nicht so auffällig zu sein, sondern sich getarnt zu halten wie die Weibchen? Möglicherweise ja, aber die Männchen überleben gut genug. Wo immer wir genaue Zählungen vornehmen, werden wir feststellen, dass es mehr Männchen mit Prachtgefieder als die zugehörigen

Weibchen gibt. Sehen Männchen und Weibchen gleich aus, was in aller Regel geteilte Arbeit bei der Jungenaufzucht bedeutet, lässt sich das Geschlechterverhältnis natürlich nicht so leicht ermitteln.

Es gibt einen guten Grund, auffällig zu werden, wenn man sich als Männchen bei der Brut nicht engagieren muss. Da die Weibchen alles oder den allergrößten Teil leisten, tun sie gut daran, darauf zu achten, mit welchem Männchen sie sich verpaaren. Muss dieses mitarbeiten beim Brüten und beim Füttern, bringt es seine Qualitäten dazu ein. Was aber sagt den Weibchen, welche Qualitäten ein Männchen hat, das sich nicht an der Betreuung des Nachwuchses beteiligt? Es sind dies genau die drei Äußerungen der Vogelmännchen, die auch uns auffallen, nämlich das Prachtgefieder, der Gesang und die Balztänze. Gesang und Tanz drücken aus, wie fit das Männchen gerade ist. Denn nur gesunde, kräftige Männchen können laut und anhaltend singen oder intensive Balztänze aufführen. Viele tun dies gleichsam auf einer Bühne mit anderen Artgenossen zusammen, auf Balzplätzen. Die Weibchen können zusehen und wählen, wen sie für gut und richtig befinden. Wir sahen dies bei der Gesellschaftsbalz der Stockenten. Noch schöner (für unsere Augen) sind die Balztänze der Birkhähne und vieler Paradiesvögel. Am überzeugendsten ist die Kombination von Prachtgefieder mit Tanz und/oder Gesang. Das liegt daran, dass die Ausbildung des Prachtgefieders voraussetzt, dass das Männchen dabei gesund und bestens ernährt war. Nur dann wachsen die Federn gut und richtig.

Signalwirkung des Prachtkleides

Daher stellt das Prachtgefieder ein ehrliches, nicht fälschbares Signal für den Zustand der Männchen dar. Wer es entwickeln konnte, war gesund und kräftig, wer es mit Balzgehabe präsentieren kann, ist immer noch gesund und fit. Können die Weibchen den Männchen also alles Mögliche an Skurrilem anzüchten – lange Schwanzschleppen wie beim Pfau, Federhelme auf dem Kopf, plakativ buntes Gefieder wie bei einem Harlekin und anderes mehr? Grundsätzlich ja, aber nur, soweit es sich um Bildungen handelt, die auf bestimmte Weise entstehen und bestimmte Stoffe beinhalten. Dieses «Bestimmte» haben auch die Weibchen selbst,

Fasanenhahn («Ringfasan»), von den Jägern aus Asien eingeführte Art. Der rote Hautlappen am Kopf enthält viele Carotinoide, die den Hennen Gesundheit signalisieren. (Foto: Ernst Weber)

nur sehen wir es bei oberflächlicher Betrachtung nicht. Erst wenn wir überlegen, woraus die Federn eigentlich bestehen und was die Farben bedeuten, wird der Zusammenhang offenkundig.

Machen wir uns nochmals klar, dass Federn Eiweißgebilde sind. Sie bestehen aus den Bausteinen von Proteinen, den Aminosäuren. Besonders wichtig sind sogenannte Strukturproteine, weil diese Festigkeit erzeugen. Gelbe und rote Farbstoffe werden häufig aus Carotinoiden gebildet. Flamingos im Zoo, die mit ihrer künstlichen Nahrung keine Carotinoiden erhalten, verblassen und werden schließlich weiß. In diesem Zustand balzen und brüten sie nicht, auch wenn sie noch so gesund sind. Denn das Rot ihres Gefieders signalisiert das Vorhandensein der notwendigen Carotinoide. Diese sind in der Tat unentbehrlich, nämlich fürs Vogelei: Sie färben den Dotter gelb oder gelbrot. Bei der Entwicklung des Kükens im Ei wirken sie ähnlich wie das Immunsystem der Mutter bei uns Menschen und den Säugetieren, das eingedrungene Krankheitserreger in Schach hält. Das Ei selbst besteht aus Eiweiß, aus Proteinen. Strukturproteine sind darin nötig, damit im heranwachsenden Vögelchen feste Strukturen aufgebaut werden können. Damit haben wir genau dieselben Verhältnisse wie bei den Männchen, die ein Prachtgefieder entwickeln. Die darin enthaltenen Proteine und Farben entsprechen denen in den Eiern, die die Weibchen legen. Diese sind ihre «Fitness»; Ausdruck für ihren Ernährungszustand und ihre Gesundheit, wie das Prachtgefieder für die Männchen.

Jetzt ist auch verständlich, weshalb solche Vogelmännchen besonders prächtig werden, deren Weibchen viele Eier legen. Je mehr Proteine in kurzer Zeit für das Gelege nötig sind, desto mehr haben auch die Männchen davon zur Verfügung. Denn in der Ernährung und in den Grundabläufen des Stoffwechsels gleichen Männchen und Weibchen einander. Bei der Fortpflanzung und bei der Entwicklung des Prachtkleides geht es letztlich um die Zuteilung der dafür benötigten Stoffe – ins Gefieder oder in die Eier. Diese enthalten die Reserven für die Lebensvorgänge der Küken, die Energie in Anspruch nehmen. Eier sind auch für Menschen bekanntlich Energielieferanten. Sie wurden in so gut wie allen Kulturen gesucht und geschätzt. In den «Ostereiern» leben auch bei uns uralte Traditionen weiter. Kurz und knapp ausgedrückt, entspricht die Kraft, die in den Eiern steckt, der Kraft, die die Männchen für die Balztänze «frei» haben. Auch bei diesen gilt: Je größer die Gelege der Weibchen, desto intensiver die Balztänze der Männchen, wenn sie am Brutgeschäft nicht beteiligt sind.

Sind aber Proteine in der Nahrung der Männchen eher knapp geworden oder verläuft das Federwachstum des Prachtkleides extrem schnell, kommt eine andere Wirkung zustande, die wir besonders bewundern. Es entstehen winzige Hohlräume, Bruchteile von Millimetern flache Schichten, die nicht mit Keratin oder Farbstoffen, sondern mit Luft ausgefüllt sind. An diesen wird das Licht wie in einem Prisma gebrochen, so dass Strukturfarben entstehen, auch solche, die schillern, changieren. Unterlagert von Melaninen, entstehen die prächtigsten Glanz- und Leuchteffekte. Strukturfarben finden wir häufig bei tropischen Vögeln und solchen Vogelmännchen, bei denen Farbstoffe in der Nahrung eher knapp sind. Schnelles Federwachstum begünstigt Schillereffekte, weil die Federn nicht richtig gefüllt werden. Die Federn der Schwanzschleppe des Pfaus lassen erkennen, dass die Augenbildung durch «Stauchung» des Endteils bei sehr schnellem Wachstum des Schaftes entstanden ist. Dieser trägt fast bis zum «Auge» keine Fahne.

Größenunterschiede

Aus dem Gesagten ergibt sich auch die Lösung für zwei andere Befunde, die viele Vögel charakterisieren: Fast immer sind die Männchen größer und schwerer als die Weibchen. Und solche Männchen, die sich an der Versorgung der Jungen beteiligen, singen intensiv. Der Größenunterschied entspricht dem mit jeder Eiablage verbundenen Gewichtsverlust der Weibchen. Die Männchen haben ihn nicht. Eher brauchen sie Mechanismen, die verhindern, dass sie mit der Zeit zu groß und zu schwer werden. Bei langlebigen Vögeln kann der Gewichtsunterschied zwischen Männchen und Weibchen auf das Doppelte und mehr anwachsen. Ein gutes Fitnesstraining besteht in intensivem Gesang, bevor es für die Männchen ernst wird mit der Fütterung der Jungen. Singen kostet

Mit Schneckenhäuschen geschmückte Laube des Grauen Laubenvogels (Nordaustralien). Laubenvögel schmücken ihre «Liebeslauben» und präsentieren damit den Weibchen ihre Leistungsfähigkeit und Individualität.

Kraft und erhält die richtige Kondition. Es ist daher kein Zufall, dass Männchen, die sich intensiv an der Betreuung des Nachwuchses beteiligen, im Gefieder den Weibchen stark ähneln oder sogar gleichen, aber intensiv singen oder dem Gesang entsprechende Balzrufe von sich geben. Die Nachtigall ist unser bestes Beispiel unter den heimischen Singvögeln, das unermüdliche «gu, gu, gugh» der Türkentauber ein passendes für Nichtsingvögel.

Sehen, hören, riechen

Das Prachtgefieder wirkt. Daran kann kein Zweifel bestehen. Bei vielen Vögeln gefällt es uns und offenbar auch den Weibchen. Sehen sie es also genauso oder zumindest ähnlich wie wir? Ähnlich auf jeden Fall, sonst sähe es nicht so aus, wie es aussieht. Grundsätzlich gilt, dass Vögel meistens «Augentiere» sind, wie wir Menschen auch. Das Sehen ist für uns außerordentlich wichtig, auch im Umgang mit anderen Menschen. Unsere Welt ist daher voller Signale, die auf Menschen wirken sollen, von der Werbung bis zur Warnung. Bei den Vögeln verhält es sich recht ähnlich. Sie sehen ihre Welt bunt, sogar noch bunter als wir, weil sie auch, manche Arten zumindest, aber wahrscheinlich die meisten, das für uns unsichtbare Ultraviolett als eigene Farbe erkennen. Die sich für unsere Augen andeutenden, gleichwohl besonders prächtigen Schillerfarben sagen den Vögeln noch mehr, weil sie ihnen auch das entnehmen können, was sie im UV-Bereich bieten. Sie sind also UV- und rotgrün-tüchtig. Während die allermeisten Säugetiere Rot wie auch Grün als eine irgendwie bräunliche Mischung sehen, signalisiert Rot den Vögeln reife Beeren und Früchte. Das trifft auch auf die Primaten zu, von denen wir abstammen. Rot verbindet uns also gleichsam mit den Vögeln. Nicht selten ist es für uns die wichtigste Farbe. Wir verwenden sie als Ausdruck für Liebe, aber auch zur Warnung, etwa beim Rot der Ampel.

Die Fähigkeit, die Welt farbig zu sehen, hat den Preis eines stark verminderten Helligkeitssehens. Schon in der Dämmerung und nicht erst in der Nacht werden für uns alle Katzen grau, außer die weißen, und schließlich unsichtbar. Für Hunde, Katzen und nahezu alle anderen

Säugetiere ist das Dunkel der Nacht hell genug, um auf Beutezug gehen oder sich auf Partnersuche zu begeben. Wiederum entsprechen uns die Vögel in dieser Hinsicht ziemlich gut. Abgesehen von Eulen, Schwalmen, Nachtschwalben und wenigen weiteren Arten ist der Tag die Zeit der Vögel. Bricht die Nacht herein, ziehen sie sich zum Schlaf zurück. Nur die mit besonderen Augen ausgestatteten Eulen haben dann ihre Zeit. Allerdings nutzen die Eulen beim nächtlichen Jagdflug ebenfalls ihr ungemein feines Gehör. Manche Eulen sind damit in der Lage, fast wie Fledermäuse ein Hörbild zu entwickeln, mit dem sie sich orientieren. Ich sah einmal an einem düsteren Wintertag einer Waldohreule zu, wie sie niedrig über die zwei Handbreit hoch mit Schnee bedeckte Flanke eines Dammes flog. Plötzlich schaukelte sie, flog eine kurze Kurve und stieß blitzschnell mit ausgestreckten Fängen in den Schnee hinein. Sie hatte unter der geschlossenen Schneedecke eine Maus gehört und diese zielsicher gegriffen, obwohl sie absolut nichts von ihr sehen konnte.

Der Gehörsinn der Eulen fasziniert, weil sie als Nachtvögel, die sie jedoch längst nicht alle sind, mit ihrem geisterhaft weichen Flug unseren eigenen Fähigkeiten überlegen sind. Katzen würden von den Leistungen der Eulen nicht so beeindruckt sein. Denn hinsichtlich einer Eigenschaft sind sie ihnen durchaus überlegen: Als Säugetiere haben sie bewegliche Ohrmuscheln, die sie auf eine Schallquelle richten können wie eine Doppelantenne. Eulen hingegen tragen wie alle Vögel keine Ohrmuscheln. Was als «Ohren» bezeichnet wird, sind aus unserer Sicht lediglich ohrartig wirkende Federbüschel. Diese dienen möglicherweise mehr dazu, ihnen ein Raubtiergesicht zu verleihen. Die kurzen Hakenschnäbel entsprechen darin den Nasen, die großen Augen passen ohnehin und die Federohren vervollständigen den Eindruck des (gefährlichen) Raubtiergesichts. Bei uns Menschen lösen sie eher ein Gefühl aus, das mit dem «Kindchenschema» verbunden ist. Eulenfigurinen sind daher als Sammelobjekte und auch in Form von Stofftieren außerordentlich beliebt.

Das Fehlen beweglicher Ohrmuscheln zum Anzielen einer Schallquelle gleichen die Eulen mit einer Besonderheit aus. Ihre Ohren sitzen ein wenig «verschoben» am Schädel; nicht genau symmetrisch wie bei Säugetieren. Dadurch kommt immer ein geringfügiger, für das Lokalisieren der Schallquelle aber entscheidender Unterschied im Eintreffen der Töne zustande. Dieser «Gangunterschied» wirkt so, als ob zwei Mikrophone schräg nebeneinander aufgestellt wären. Die Richtungen zur piepsenden Maus treffen sich daher ganz ähnlich wie beim beidäugigen (binokularen) Sehen in genau der Entfernung, in der sich diese aufhält. Das ausgezeichnete Gehör vermittelt dem Gehirn akustische Informationen, die dieses zu einem «Hörbild» verdichten kann. Die Fledermäuse sind den Eulen hierin allerdings bei weitem überlegen, weil sie selbst die Ultraschalltöne ausstoßen, deren Echo sie verwerten.

Die Eulen rufen nicht bei ihren Jagdflügen, sondern lauschen still, begünstigt durch den geräuschlosen Flug, auf das Gepiepse und Geraschel ihrer Beute. Da ihre großen Augen ziemlich fest in einem Knochenring sitzen und ihr Gehör darauf angewiesen ist, das Gehörte räumlich zu erfassen, entwickelten sie eine Eigenart, die uns komisch vorkommt. Sie verdrehen höchst merkwürdig den Kopf. Manche Eulen knicksen dazu häufig, wie unser Steinkauz. Ganz besonders ausgeprägt tun dies die mit ihm verwandten Kanincheneulen der südlichen Prärien und Pampas in Amerika, die auf dem offenen, weiten Grasland in Erdhöhlen leben und brüten. Auge und Ohr wirken bei den Eulen also in besonderer Weise zusammen. Sie sind auch, insgesamt betrachtet, keineswegs nur Nachtjäger, wenngleich die überwiegende Zahl der Arten tatsächlich in der Dämmerung und nachts jagt. Die bei uns sehr selten gewordenen Sumpfohreulen fliegen viel am Tag; die nordischen Eulenarten ohnehin. Die Kürze der Nächte würde gerade zu der Zeit, in der sie Beute für ihre Jungen brauchen, zum Jagen nicht ausreichen. Wer unter den Eulen mehr oder überwiegend am Tag jagt, hat, so die Faustregel, Augen mit gelber Iris. Bei Dämmerungsjägern ist sie rotorange und bei reinen Nachtjägern dunkel.

Eine entsprechende Regel gibt es für die Ohrbüschel nicht. Ohreulen und Käuze sind unterschiedliche Verwandtschaftsgruppen innerhalb der Eulen. Leben «Ohreulen» in Gebieten, in denen es natürlicherweise keine Katzen gibt, haben die betreffenden Arten entweder keine oder nur sehr kurze «Ohren», und umgekehrt. Die Federohren verstärken die Wirkung des Drohgesichts. Da viele Vögel, kleinere, wie auch größere, die Eulen anhassen, die sie am Tag an ihren Ruheplätzen entdecken, ist die Abschreckwirkung des katzenartigen Drohgesichts hilfreich. Die Wirkung wird bei manchen Eulen verstärkt mit Schnabelklappern und Zischen, und zwar schon bei den Nestjungen.

Waldohreule mit Maus.
Die Federohren machen den
Eindruck eines «Katzengesichtes».
(Foto: Alfred Limbrunner)

Die Sehschärfe des Eulenauges ist zwar nicht so sprichwörtlich wie jene der Adler und Falken, aber sie übertrifft diese unter schwachen Lichtverhältnissen. Dieser Zusammenhang mit der Helligkeit kommt in den großen Eulenaugen zum Ausdruck. Verstärkt wird er durch die ausgeprägt nach vorn gerichteten Augen, die unserer Augenstellung weit mehr entsprechen als jene der Adler und Falken. Die Eulen sehen daher besonders gut tiefenscharf im Nahbereich und auf mittlere Entfernungen. Man könnte sie in gewisser Weise als kurzsichtig bezeichnen. Der Blick der am Tag jagenden Greifvögel geht hingegen in die Ferne. Ihre Jagdflüge müssen in aller Regel auf viel größere Entfernungen als bei den Eulen gestartet werden.

Die «Fernjäger» zeichnen «Adlerauge» und/oder «Falkenblick» aus. Augenbrauenartig vorgewölbte Feder- und Schädelpartien erwecken bei uns den Eindruck eines «strengen» oder «drohenden» Blicks. Dieser ist notwendig, um das Auge hinreichend zu beschatten, wenn die Greifvögel aus hohem Flug oder von entfernten Ansitzwarten aus ihre Beute lokalisieren (müssen). Da sollten keine Gegenlichteffekte blenden oder täuschen. Eine besondere kammartige und stark durchblutete Bildung in den Augen dieser Greifvögel, Pecten genannt, erhöht ihre Sehschärfe. Sie lässt sich mit der Wirkung eines Fernglases von vier- bis achtfacher Vergrößerung bei guten Menschenaugen vergleichen. Bussarde orten die Maus aus 50 oder mehr als 100 Metern Flughöhe; Falken die Taube aus noch größeren Entfernungen. Und weil sie diese so präzise abzuschätzen vermögen, können sie ihre Stoß- und Sturzflüge aus solchen Distanzen starten und dennoch verhindern, dass sie mit Geschwindigkeiten, die rasenden Autos auf Autobahnen entsprechen, am Boden, an Bäumen oder auch beim Aufprall auf der Beute zerschellen. Großfalken erreichen im Steilstoß Spitzengeschwindigkeiten von 200 bis 300 Kilometer pro Stunde. Die Sehkraft ist dabei zu noch größeren Höchstleistungen gefordert als die Muskelkraft.

An den Fluggeschwindigkeiten lag es wahrscheinlich auch, dass sich die Augen solcher Vögel, die von sehr schnell fliegenden Feinden bedroht sind, stärker auf die Kopfseiten verlagerten und besonders gut im Bewegungssehen geworden sind. Einige Hühnervögel erreichen dank dieser seitlichen Augenstellung eine fast geschlossene Rundumsicht. Manche Watvögel brachten es noch weiter. Sie haben ein komplett 360 Grad umfassendes Gesichtsfeld mit zwei (zwangsläufig kleinen) Überschneidungsbereichen, in denen sie tiefenscharf sehen, nämlich vorn und genau entgegengesetzt hinten. Eine Waldschnepfe kann daher, gelenkt von den Augen, mit ihrem langen Schnabel herumstochernd nach Nahrung suchen und gleichzeitig nach hinten oben kontrollieren, ob eine Gefahr naht. Schauen Vögel weg, so muss das kein Wegsehen sein. Es kann bedeuten, dass nur der Schnabel weggedreht wird, mit dem gepickt oder gehackt wird, nicht aber, dass der Partner oder der Gegner nicht mehr angeschaut würde. Das «Wegsehen» als Teil eines Balzverhaltens dient daher häufig der Beruhigung des Partners. Es wirkt beschwichtigend, weil der Schnabel nicht mehr droht. Die Aufmerksamkeit bleibt dennoch erhalten. «Gesichtsmasken», wie sie verbreitet bei Möwen zur Brutzeit entwickelt werden, sind unter diesem Aspekt zu betrachten. Das «Wegsehen» tritt bei ihnen in der Balzzeremonie ritualisiert auf.

Vögel, die nicht «wegsehen» können, sondern tatsächlich nur nach vorn schauen, weil ihre Augen so ausgerichtet sind, oder die mit kurzem Schnabel nach Nahrung picken und dabei die Übersicht verlieren, entwickelten einen bemerkenswerten «Ersatz» in Form eines «Hinterkopfgesichts» (Occipitalgesicht wird es fachlich genannt) aus einer augenähnlichen Zeichnung des Gefieders oder einem schnabelartig nach hinten gerichteten Schopf. Ein Kiebitz, der sich nach vorn beugt, um Nahrung aufzupicken, sieht dann aus der Entfernung aus wie ein Vogel, der gerade die Schnabelspitze schräg nach oben dreht und den Himmel mustert. Vögel mit kurzen Schnäbeln, die in offenem Gelände nach Nahrung suchen, picken meistens plötzlich ruckartig danach, während Langschnäblige viel ruhiger herumprobieren. Sie verlieren dabei die Übersicht ja nicht. Lange Schnäbel taugen daher nicht allein für die Nahrungssuche in tieferem Wasser oder im Schlick, sondern sie ermöglichen auch die Beibehaltung der Übersicht. Bei den Vögeln verknüpfen sich Augen, Sehleistung und Vorgehensweise beim Nahrungserwerb sehr stark, weil sie so ausgeprägte Augentiere sind. Auch bei ausgezeichnetem Gehör sind sie vor Überraschungsangriffen aus der Luft nicht sicher.

Eine Nachbemerkung zum Hören verdienen Feststellungen, die uns eigentlich Kopfzerbrechen bereiten sollten, auf jeden Fall aber nachdenklich stimmen müssen. Wir selbst sind verhältnismäßig lärmempfindlich. Die Empfindlichkeit nimmt mit fortschreitendem Alter zu, und zwar in etwa dem Ausmaß, in dem unsere Fähigkeit, hohe Töne zu hören, abnimmt. Wie aber ergeht es Eulen, die in Kirchtürmen nisten? Zu den Turmnistern gehören Schleiereulen, die ein so feines Gehör haben, dass sie in völliger Dunkelheit zielsicher Mäuse greifen können, aber auch Waldkäuze, die nur unwesentlich weniger auf ihr sehr gutes Gehör angewiesen sind, und Turmfalken, Tauben und einige andere Vogelarten. Warum schädigt das Dröhnen der Glocken das Gehör der Eulennestlinge nicht? Wir sollten annehmen, dass ihre kleinen Köpfe bei dem Schalldruck zerspringen, den die Glocken erzeugen, ebenso wie jene der Jungfalken, Tauben, Mauersegler oder Rotschwänzchen.

Möglicherweise liegt es daran, dass die Frequenzen der Glocken zu tief liegen, aber wissen tun wir es nicht. Wir können nur feststellen, dass der uns enorm belastende Lärm zumindest im Fall der Tauben eine natürliche Vorstufe hat. Die Wildform, die Felsentaube, nistet nämlich in Höhlungen an Felsküsten, in denen sich die Wellenschläge der Brandung zu donnerndem Getöse entwickeln, das auch die Wände erzittern lässt. Nisten verwilderte Stadttauben unter Eisenbahn- oder Straßenbrücken, verursacht der Verkehrslärm ähnliche Lautstärken und Erschütterungen. Aber beim Geläute schwerer Glocken kommt es uns wie ein Wunder vor, dass die Vogelnestlinge überleben und anscheinend keine Gehörschäden davontragen. Ist die mechanische Schallübertragung ins Innenohr über nur ein Gehörknöchelchen, die Columella, weniger empfindlich als bei uns mit den säugetiertypischen dreien, oder erneuern sich die Sinneszellen in der «Schnecke», im Innenohr, besser als unsere? Die Gründe zu kennen würde uns womöglich Wichtiges zur Behandlung von Gehörschäden vermitteln. Wirkungslos kann der immense Schalldruck jedenfalls nicht sein.

Das Riechvermögen hat bei den meisten Vögeln keine besondere Bedeutung. Es ist zwar nicht so schwach, wie noch bis vor kurzem angenommen wurde, aber dennoch liegen ihre Riechleistungen weit unter denen vieler Säugetiere. Der Gehirnteil, in dem die «Meldungen» der Nase (Riechschleimhaut) verarbeitet werden, ist im Gegensatz zum Optischen und Akustischen schwach entwickelt. Sogar auf den Besuch von Blüten und die Aufnahme von Nektar spezialisierte Vögel, wie die Kolibris und die Nektarvögel, lassen sich anscheinend nicht vom Duft der Blüten anlocken, die sie aufsuchen, sondern von deren Farben und Formen leiten. Umgekehrt lassen sich Vögel mit «Duft» auch nicht vergrämen.

Das bedeutet keineswegs, dass sie nichts schmecken würden. Vor allem von Insekten lebende Vögel erfassen sehr wohl und sehr empfindlich Geschmacksstoffe, die Giftigkeit signalisieren. Als ich einmal einer zahmen Rabenkrähe einen Schmetterling anbot, der als Angehöriger der Bärenspinner durch Abwehrstoffe geschützt ist, probierte die in dieser Hinsicht völlig unerfahrene Krähe den Schmetterling zwar, schleuderte ihn aber sofort aus dem Schnabel, speichelte heftig und wischte ihn wiederholt ab, bis sie offenbar den Geschmack wieder wegbekommen hatte. Sie rührte solche Schmetterlinge nicht wieder an. Deshalb bleiben auch die bei uns so häufigen Kohlweißlinge von den Vögeln verschont. Sie enthalten aus der Nahrung ihrer Raupen stammende, schlecht schmeckende bzw. giftige Inhaltsstoffe der Kreuzblütler (Senfölglykoside). Ein sehr großer Teil der auffälligen Farben von Schmetterlingen und anderer Insekten wirkt als Warnfärbung für die Augen der Vögel. Manche Raupen sondern Geruchsstoffe ab, die offenbar den Singvogel noch im letzten Moment vor dem Zupacken abhalten und somit davor schützen, «probiert» und dabei getötet zu werden.

Der tropisch-südamerikanische Königsgeier hat von allen Vögeln die wahrscheinlich empfindlichste Nase. Er riecht Tierkadaver, die am Waldboden liegen, durch das Blätterdach des Urwaldes.

Ob Geruch/Geschmack aber immer so wirken, wie sie das sollen, ist fraglich. So sollen sogenannte Beizmittel, mit denen Maissaat behandelt wird, die Vögel davon abhalten, die nur oberflächlich eingesäten, häufig offen daliegenden Körner aufzupicken. Enthalten diese Beizmittel das hochgiftige Methylquecksilber, sind Langzeitschäden zu befürchten, wenn Fasane, Krähen, Elstern und andere Vögel die Körner aufnehmen. Vielleicht hängt der starke Rückgang der östlichen Saatkrähen und Dohlen mit solchen Beizmitteln zusammen. Das aber sollte ein gewichtiges Alarmzeichen auch für uns selbst sein.

Einige Vogelgruppen sind «ganz gut» im Riechen und Schmecken. So finden Truthahngeier und Kondore in Amerika auch solche Kadaver, die sie nicht sehen können. Sie riechen das Aas. Beim Truthahngeier drückt sich diese Fähigkeit in seiner bezeichnend schaukelnden Flugweise in geringer Höhe über dem Boden aus. Dieser «Geier», der kein echter Geier im Sinne der Altweltgeier ist, scannt gleichsam das Gelände nach den Gerüchen von Aas ähnlich wie ein Hund oder Schakal. Die am Kopf merkwürdig bunten Königsgeier sind darin so gut, dass sie tote Tiere auch finden, die am Boden unter den Bäumen tropisch-südamerikanischer Regenwälder liegen.

Ganz unerwartet war die erst in jüngster Zeit gemachte Entdeckung, dass auch Tauben recht gut im Riechen sind. Sie erkennen ihre Landschaft und Herkunft mit dem Geruchssinn und nicht allein mit den

Augen. Wenn wir «Stallgeruch» oder «Nestgeruch» sagen, meinen wir damit Säugetiere und indirekt Menschen. Wir müssen nun auch die Tauben miteinbeziehen, die ihre Nestnische und vielleicht noch mehr sehr wohl direkt am Geruch erkennen. Es ist reizvoll, sich vorzustellen, dass auch eine ganze Stadt ihren «Stadt-» oder «Stallgeruch» hat, auf den die Tauben fliegen.

Orientierung der Vögel

Das erstaunliche, völlig unerwartete Riechvermögen der Tauben führt uns direkt zu der Frage, wie sich die Vögel orientieren. Dass sie im Flug einfach mehr Überblick als bodengebundene Lebewesen haben, trifft zwar zu, reicht aber als Erklärung für ihre Fähigkeiten nicht aus. Lange bevor man begriff, dass es Wanderflüge von Vögeln in weit entfernte Winterquartiere gibt und dass die aus der Antike stammenden, noch bis in die letzten Jahrhunderte geglaubten Vorstellungen Unsinn sind, wonach sich Schwalben im Herbst in Frösche verwandeln und im Schlamm der Teiche überwintern, kannte man das Heimfindevermögen von Brieftauben, das die menschliche Vorstellungskraft übersteigt und für übersinnlich gehalten wurde. Verfrachtete man sie Dutzende Kilometer fort von ihrem heimatlichen Taubenschlag, kehrten die Tauben alsbald und problemlos wieder zurück, es sei denn, ein Falke hatte sie auf dem Rückflug geschlagen. Nach und nach erweiterten die Brieftaubenzüchter die Entfernungen für die Heimfindeversuche und machten einen Sport daraus. Dabei zeigte sich, dass gute Tauben aus Hunderten von Kilometern erfolgreich und anscheinend sogar im Direktflug wieder zurückkommen, gleichgültig, in welche Richtung sie verfrachtet worden waren.

Andere Befunde kamen hinzu. Nachdem das «dunkle Afrika» von den Europäern entdeckt worden war, ließen sich auch Pfeile zuordnen, die Weißstörche zwar selten, aber doch immer wieder im Körper trugen, wenn sie im Frühjahr zu ihrem Nest zurückkehrten. Solche «Pfeilstörche» mussten während ihrer Abwesenheit im Winter in Afrika gewesen sein. Über die Kolonien in Afrika und in anderen Kontinenten lernten die Europäer, dass viele der ihnen bekannten, weil hierzulande brütenden Vögel zur Zeit des europäischen Winters dort herumflogen, aber nicht brüteten. So verdichtete sich gegen Ende des 19. Jahrhunderts die Vorstellung kontinentweiter Wanderflüge der Vögel, auch über die Ozeane hinweg. Die allgemeinen Richtungen wurden klar: Aus den nördlichen Brutgebieten südwärts in den Mittelmeerraum und in die südasiatischen Regionen oder darüber hinaus ins tropische bis südliche Afrika und entsprechend nach Ostasien bis Australien sowie von Nordamerika nach Südamerika. Und umgekehrt auf der Südhalbkugel, wenngleich mengenmäßig in geringerem Umfang, mangels entsprechend großer außertropischer Kontinentalmassen. Indem sich das Netz der Beobachtungen verdichtete, wurden sogar großräumige Zugbewegungen der Küsten- und Seevögel über Ozeane hinweg immer wahrscheinlicher. Bis zur Zeit der modernen Seefahrtstechnik war das Navigieren auf den Ozeanen eine höchst schwierige Angelegenheit. Nicht minder problematisch war die Zeitmessung auf den Kontinenten, weil sich durch die Drehung der Erde um die eigene Achse der Sonnenhöchststand kontinuierlich verschiebt. So glich die Orientierung der Vögel einem Wunder.

Das Wunder wurde enträtselt und es erwies sich als noch «wunderbarer» als gedacht. Denn so wie die Menschen es seit jeher versuchen, erfassen die Vögel an Ort und Stelle den Tagesgang der Sonne als Zeitgeber für ihre, wie wir nun wissen, innere Uhr. Und wie in alten Zeiten die Wanderer und die Seefahrer können sich die Zugvögel in klaren Nächten auch an den Sternen orientieren. Der sich in der Nacht in Entsprechung zur Sonne am Tag drehende Sternhimmel weist ihnen die Richtung, wenn sie diese Verschiebungen gut genug verwerten können. Ausgeklügelte Experimente erbrachten den Nachweis für die «Sternkompass-Orientierung» der Vögel.

Was aber, wenn, wie so oft, der Himmel von dichten Wolken bedeckt ist, die es sogar am Tag schwer bis unmöglich machen, den Stand der Sonne zu erfassen? Dann nutzen die Vögel das für uns nicht sichtbare «polarisierte Licht», wenn die Wolken wenigstens kurzzeitig Lücken für einen direkten Durchgang des Sonnenlichtes freigeben. Aus der «flimmernden» Schwingungsebene, die sich mit geeigneten Vorrichtungen auch für uns sichtbar machen lässt, erkennen die Vögel die Richtung aus der Sonnenposition. Gibt es kein polarisiertes Licht, weil die Wolken zu dicht sind, oder ist es Nacht, verfügen die Vögel über einen weiteren, noch geheimnisvolleren Sinn, nämlich die Orientierung am Magnetfeld der Erde. Der Richtung der Magnetfeldlinien und der Stärke ihrer Neigung entnehmen sie, wohin es nach Süden geht und wie weit entfernt vom Äquator (oder von den Polen) sie sind. Das ist zwar eine grobe Orientierung, aber eine viel bessere, als orientierungslos etwa aufs Meer hinauszugeraten.

Schließlich erkennen sie ihre nähere Umgebung und den Ort, an dem sie leben, gebrütet haben, aufgewachsen sind oder überwintert haben, wie auf einer Landkarte. Diese genaue Kenntnis, die «Landkarten im Kopf» entspricht, können wir in etwa nachvollziehen, wenn wir unseren Wohn- oder Ferienort mit Google Earth betrachten und bis in die beste Auflösungsqualität einzoomen. Sie sind eben etwas Besonderes, die Vögel. Die Erforschung ihres Lebens deckt sicherlich noch weitere Überraschungen auf.

Teil 3 – Lebensweise und Gefährdung der Vögel

Verbreitung der Vögel

Vögel gibt es überall. Das mag übertrieben klingen, ist es aber nicht. Die Extreme der Verbreitung reichen vom nordpolaren Eismeer bis in die zentrale Antarktis, von den höchstgelegenen Hochflächen Tibets bis in die tropischen Niederungen Amazoniens und des Kongobeckens, von dichtesten Wäldern bis in die trockensten Wüsten. Auch über alle Meere fliegen Vögel. Wo immer Menschen auf der Erdoberfläche hinkommen, werden sie Vögel vorfinden. Unzugänglich bleiben ihnen lediglich die großen Tiefen der Ozeane. Insgesamt ist die Vogelwelt globalisierter als der Mensch, und das alles aus eigener Kraft ohne Einsatz externer Techniken.

Was die Vögel dazu befähigt, ist im 2. Teil beschrieben worden. Die Befunde lassen sich auf die Feststellung verdichten, dass die Vögel die mit Abstand leistungsfähigsten und am stärksten von den Umweltverhältnissen gelösten Lebewesen sind. Um ihr Leben zu verstehen, war es

Haussperling-Männchen. Der schwarze Kehllatz kann noch kräftiger werden. An diesem erkennen die Weibchen die Kondition des Männchens.

daher unerlässlich, Einblick in ihren Energiehaushalt zu nehmen, den Bau ihrer Lungen kennen zu lernen und die Leistungen ihrer Sinne, ihre Orientierung, zu verstehen. Viele Vögel haben den Luftraum erobert, wie wir es nennen könnten. Doch keineswegs alle. Die größten (lebenden) Vögel, die Straußenvögel, sind «Fußgänger», also Läufer und keine Flieger. Aber auch die ihrem Gesamtgewicht nach häufigsten Vögel gehören zu den Nichtfliegern. Wir vergessen sie meistens, wenn es um «die Vögel» geht, weil sie uns und unseren alltäglichen Vorstellungen von der Vogelwelt so fern sind. Dabei würden sie, betrachtete man die Erde von ihrem «anderen Ende» aus, vom Südpol, von der Antarktis her, die Vögel geradezu charakterisieren und all die anderen, die flugfähigen, zum Kuriosum machen. Es sind dies die Pinguine. Mit ihren nur 16 verschiedenen Arten, von denen aber die meisten in großen Mengen vorkommen, übertreffen sie global jede andere Vogelgruppe an Gesamtgewicht; die frei lebenden Vögel zumindest. Nur von den immensen Hühnermengen, die in unserer Zeit zur Fleischgewinnung und zur Produktion von Eiern gehalten werden, dürften sie inzwischen auf den zweiten Platz verwiesen werden. Schlüpfen doch gegenwärtig, grob geschätzt, an die 20 Milliarden Hühnchen jährlich und werden zu Masthähnchen oder, in geringerem Umfang, zu Legehennen. Im Unterschied zu den Pinguinen, die sich selbst ernähren, werden diese Vögel von den Menschen mit Futter versorgt und auch von diesen wieder verzehrt. Sie stellen daher einen wesentlichen, die Umwelt stark belastenden Teil der Wirtschaft dar.

Auf das Wirtschaften und seine Folgen speziell für die Vogelwelt komme ich zurück. Zunächst gilt es, das Leben der Vögel in der Natur so weit zu betrachten, dass wir aus ihrer «Ökologie» Schlüsse auf unser Tun, auf unsere Einflussnahme auf die Natur, ziehen können. Mit der Ökologie ist allerdings, und das sollte klar sein (und berücksichtigt werden!), eine Wissenschaft gemeint und nicht die ökologischen Bewegungen und politischen Richtungen unserer Zeit. Die «Ökologie der Vögel» behandelt die Beziehungen der Vögel zu ihrer Umwelt und der verschiedenen Arten untereinander. Im 2. Teil standen die Fähigkeiten und Leistungen der Vögel im Vordergrund. Es ging um ihren Energiehaushalt, ihren Stoffwechsel, ihre Sinnesleistungen sowie um die Eigenheiten von innerem Aufbau (Anatomie) und Funktionsweise (Physiologie). Beziehungen zur Umwelt wurden lediglich da und dort kurz gestreift, nicht aber näher behandelt. Manche der Beispiele bezogen sich auf im 1. Teil beschriebene Beobachtungen, die wir ohne großen Aufwand auch in Städten machen können. Nun müssen sich die Vögel gleichsam im richtigen Leben bewähren. Beginnen wir mit der Verbreitung der Vögel. Der Haussperling verdient es, als erste Art behandelt zu werden, weil er eines der größten Verbreitungsgebiete dank der Tatsache erreicht hat, dass er sich vor vielen Jahrhunderten bereits ziemlich eng den Menschen angeschlossen hat. Es umfasst nicht nur nahezu ganz Europa und weite Teile Asiens, sondern auch seit seiner Ansiedlung in Amerika in den vergangenen Jahrhunderten große Teile der Neuen Welt. Erfolgreich eingebürgert wurde er in Australien und auf vielen Inseln. Allerdings gibt es mehrere Arten von Sperlingen, die unterschiedlich verbreitet sind. Der Feldsperling kommt bei uns nicht ganz so häufig wie der Haussperling vor. Eine dem Haussperling ähnliche und sich mit ihm in Südeuropa großräumig vermischende Sperlingsart, der Weidensperling, ist die Nummer drei in Europa, gefolgt vom sehr selten gewordenen und seit über 100 Jahren auf den mediterranen Raum beschränkten Steinsperling. «Den Spatz» gibt es also in mehreren Arten, die einander recht ähnlich, aber unterschiedlich verbreitet sind.

Damit stoßen wir auf ein Problem. Weshalb schaffte es eine Art dieser Sperlinge, der Haussperling, ferne Kontinente, wie Nord- und Südamerika und Australien, zu besiedeln, auf denen er von Natur aus nicht vorkam, und zwar in der vergleichsweise kurzen Zeit von wenigen Jahrhunderten? Der Spatz hat sich auch in Europa und Asien in Regionen hinein ausgebreitet, die weitab von seiner ursprünglich vorderasiatischen Heimat liegen. Dass Menschen die Wegbereiter für ihn waren, erklärt nur zum Teil, was wir wissen sollten, wenn wir die Verbreitung der Vögel allgemeiner verstehen wollen. Denn in der Ökologie geht man davon aus, dass die verschiedenen Arten von Tieren oder Pflanzen dort vorkommen, wo es die für sie geeigneten Lebensbedingungen gibt. Sie haben sich an diese in Zehntausenden bis Jahrmillionen angepasst.

Wenn über «invasive Arten», «fremde Arten», «Eindringlinge» und ähnliche Neuankömmlinge geschrieben und diskutiert wird, lesen wir oft, dass diese «nicht hierher gehören» und deshalb an der Ausbreitung gehindert und eigentlich wieder ausgerottet werden sollten, bevor das nicht mehr geht. Es wird dann von «Faunenfälschung» oder «Florenfälschung» gewarnt. Gibt es also eine «richtige Ökologie», auf die sich solche Einstufungen beziehen, und eine falsche bzw. verfälschte? Bei der Frage nach den Vorkommen der Arten geht es infolgedessen nicht nur um die für Spezialisten interessante Frage, wo die Grenzen liegen, über die hinaus die betreffende Art nicht mehr vorkommt, und woran das liegt. Offensichtlich steckt mehr dahinter. Gerade in unserer Zeit wird über die «Verfälschung» der Tier- und Pflanzenwelt durch fremde Arten (wieder) besonders intensiv und auch höchst emotional gestritten. Allerdings sind nahezu alle bei uns auf Feld und Flur wachsenden Kulturpflanzen fremden Ursprungs. Sie gehörten «nicht hierher», wie die gegenwärtig zu Ackerwildkräutern umbenannten Unkräuter, die so wenig wie die Haushühner und Haustauben ursprünglich bei uns vorkamen. Über die Hälfte der Landfläche Mitteleuropas ist (landwirtschaftlich) verfälscht; ein Großteil der Wälder ist es auch, denn die darin gepflanzten Bäume würden von Natur aus dort oftmals auch nicht vorkommen. Es ist hier aber nicht der rechte Ort, die Problematik der gebietsfremden Arten vertieft zu erörtern. Das geht ohnehin nur, wenn man Verbreitung und Lebensansprüche der Arten gut genug kennt.

Dazu liefert uns, für eine Veränderung auf kleinerem Raum, eine allgemein bekannte Vogelart ein gutes Beispiel, die Amsel. Ursprünglich war sie in den Zeiten intensiven Singvogelfangs wie alle Drosseln ein recht scheuer Waldvogel. Seit gut 200 Jahren leben aber große Teile des Gesamtbestandes der mitteleuropäischen Amseln in Städten und Dörfern. Das Verhältnis liegt wahrscheinlich höher als 10 zu 1. Wie es in den verschiedenen Gegenden bei den Amseln aussieht, kann den Hinweisen im 1. Teil zufolge jeder Interessierte selbst feststellen. Ist die verstädterte Amsel eine «invasive Art», ein «Fremdling», weil sie sich von ihrem angestammten Lebensraum des Waldes auf den neuen der Städte und Dörfer ausgebreitet hat? Sollten wir angesichts der Globalisierung des Haussperlings nicht einfach zur Kenntnis nehmen, wie geschickt sich dieser äußerlich nicht sonderlich auffallende Kleinvogel mit der Welt der Menschen arrangiert hat? Oder sollte man ihn etwa überall dort wieder ausrotten, wo er ursprünglich nicht vorkam?

Die in mehreren südwestdeutschen Städten lebenden, aus Vorderindien stammenden Halsbandsittiche und die aus Südamerika eingeführten Amazonenpapageien bieten weitere Beispiele für ein Geschehen, das es früher auch gegeben hat, weil Menschen sich ausbreiteten,

Handel trieben, neue Regionen entdeckten und sich mit diesen austauschten. Möglicherweise «fremdeln» wir nur, weil wir mit den Neuen noch nicht vertraut genug sind und sie daher skeptisch oder ablehnend betrachten, während wir das Bekannte als gegeben hinnehmen. Oder sogar besonders schätzen, wie die Schwalben an und in unseren Häusern, die es ohne Häuser und Viehwirtschaft mit Ställen nördlich der Alpen nicht geben würde und ursprünglich auch nicht gegeben hatte. Gleiches gilt für den Storch, den Weißstorch, mit dem Menschen früherer Zeiten merkwürdigerweise sogar das Kindermärchen vom Kinderbringen verbunden hatten.

Schon bei solch einfachen Überlegungen zum «Vorkommen» von Vogelarten geraten wir also in ein heikles Feld, in dem gegenwärtig – wieder einmal – sehr viel Ideologie über sehr wenig Wissenschaft ausgebreitet wird. Stellen wir daher extreme Beispiele der Ausbreitung wie im Falle des Haussperlings oder der Amsel noch ein wenig zurück und sehen uns ein Vogelverbreitungsgebiet, ein Areal, etwas genauer an, das nicht gleich mit derartigen Problemen aufgeladen ist. Was bestimmt seine Grenzen? Nehmen wir uns dazu drei Arten von Meisen vor, die wir am Futterhaus beobachten können, und ein gutes Bestimmungsbuch der Vögel Europas dazu. Die ausgewählten Meisen sind die Kohlmeise, die größte der bei uns vorkommenden Meisenarten, die beträchtlich kleinere, an ihrem feinen Blau auf dem Oberkopf und dem noch intensiveren Gelb der Brust, das nicht durch einen schwarzen Strich wie bei der Kohlmeise getrennt ist, unverkennbare Blaumeise und die genauso kleine, schlicht grau getönte Sumpfmeise. Sie hat im Unterschied zur Blaumeise ein schwarzes Käppchen. Da die ihr recht ähnliche Weidenmeise nur höchst selten einmal ein Futterhäuschen aufsucht, können wir die drei Meisenarten leicht und sicher bestimmen. Meistens wird die Kohlmeise die häufigere, die Sumpfmeise aber stets die seltenste sein.

Sehen wir uns nun im Vogelbestimmungsbuch die Verbreitungsgebiete der drei Arten an. Die Sumpfmeise kommt nur in Europa und in einem «Ableger» entlang der südlichen Schwarzmeerküste bis zum Kaukasus vor. Im nördlichen Skandinavien und auf dem größten Teil der Iberischen Halbinsel fehlt sie ebenso wie in großen Teilen Osteuropas. Das Areal der Blaumeise sieht beträchtlich größer aus, weil es in den Vorderen Orient hinein und nach Nordwestafrika reicht. Ableger kommen sogar auf den Kanarischen Inseln vor. Bei der Kohlmeise schneidet uns aber die Karte im Bestimmungsbuch das weitere Vorkommen ab, weil es auf Europa bis zum Ural und Vorderasien begrenzt dargestellt ist. Tatsächlich erstreckt es sich, dem Taigagürtel folgend, quer durch das nördliche Asien und Zentralasien bis Ost- und Südostasien und noch weiter auf den Vorderen Orient. In diesem riesigen Raum, den Kohlmeisen besiedeln, kommen sie in mehreren äußerlich ganz gut unterscheidbaren Formen vor, die als «geographische Rassen» oder, fachlicher, als Subspezies (= Unterarten von Spezies/Arten) bezeichnet werden. Rassen finden wir bei genauer Betrachtung auch bei der Blaumeise. Gute Bestimmungsbücher bilden sechs davon ab, damit die Ornis die Unterschiede erkennen. Das bei uns so schön hellblaue, vom Schnabel über die Augen bis zum Hinterkopf schwarz und darüber schmal weiß abgegrenzte Kopfplättchen ist beispielsweise bei der Unterart der Blaumeise der nordwestafrikanischen Bergwälder ultramarin bis (im Gelände) fast schwarz, bei der «Persischen Blaumeise» aber nur noch zart hellblau angedeutet. Die Sumpfmeise hingegen bleibt in ihrem, verglichen mit den beiden anderen Arten, kleinstem Areal so einheitlich, dass keine gut erkennbaren Unterschiede auftreten. Sie ist eine richtige «Europäerin» und sollte uns, nebenbei bemerkt, im Vogelschutz ganz besonders viel bedeuten, weil sie nur bei uns und sogar mit einem Großteil ihres Weltbestandes in Mitteleuropa vorkommt. Allerdings gibt es einen zweiten Bestand der Sumpfmeise in Ostasien vom Altaigebirge bis zum Pazifik, der einer anderen Gruppe von Unterarten angehört und vielleicht sogar den Status einer eigenen Art verdient. Ihre Angehörigen können sich nicht mehr mit den mitteleuropäischen Sumpfmeisen treffen und mischen, weil sie zu weit voneinander getrennt leben.

Kohl-, Blau- und Sumpfmeise kommen bei uns gemeinsam vor. Wenn die Abschätzungen in vogelkundlichen Handbüchern einigermaßen zutreffen, gibt es in Mitteleuropa 13–26 Millionen Kohlmeisen, 6–12 Millionen Blaumeisen und nur 1–2,5 Millionen Sumpfmeisen. Gemeint sind mit diesen Zahlenschätzungen jeweils Brutpaare. Hans-Günther Bauer und Peter Berthold von der Vogelwarte Radolfzell haben 1996 diese Zahlen veröffentlicht. Sie entsprechen ungefähr dem Verhältnis der Größe der Areale. Jenes der Kohlmeise ist mindestens zehnmal so groß wie das der Sumpfmeise. Aber es gibt auch, wie die Verbreitungskarten zeigen, größere Regionen in Europa, in denen nicht alle drei Arten vorkommen. Dafür aber andere, in Größe und Körperform recht ähnliche

Meisenarten, wie die Trauermeise in Südosteuropa und der Türkei, die Lapplandmeise in Nordosteuropa und Nordwestrussland, die der Blaumeise sehr ähnlich und im Jugendkleid mit ihr leicht zu verwechselnde Lasurmeise im Osten. In Mitteleuropa leben im Vorkommensbereich aller drei Arten die häufigen, aber vornehmlich in Nadelwäldern vorkommenden Tannen- und Haubenmeisen. Im Stadtpark können wir auch sie antreffen, wenn dieser Gruppen oder Bestände von Nadelbäumen enthält. In Flussauen und Moorwäldern mit Birken kommt die Weidenmeise dazu, die wir nur mit besseren Kenntnissen von der Sumpfmeise unterscheiden können. Damit ist nicht nur für Anfänger die Verwirrung vollkommen. Auch fortgeschrittenen Ornis und den meisten Vogelschützern dürfte es schwerfallen, eine Begründung für diese teilweise bis starke Überlagerung der Vorkommen und das gebietsweise Fehlen von Arten aus diesem Meisenspektrum vorzubringen.

Zwei Verallgemeinerungen sind möglich, erklären uns jedoch zunächst wenig. Erstens gilt, dass mit der Größe des Areals, in dem eine Art vorkommt, auch die Zahl der mehr oder weniger gut abgrenzbaren Rassen zunimmt. Diese haben allerdings nur dann klare Grenzen, wenn die Vorkommen auf echten Inseln liegen, wie im Fall der Blaumeise auf den Kanaren, oder inselartig vom Hauptvorkommen abgetrennt sind, wie die der Blaumeise in den Bergwäldern Nordwestafrikas. Je isolierter ein Vorkommen, desto größer ist die Wahrscheinlichkeit, dass sich die darin lebenden Arten eigenständig weiterentwickelt haben und sich von ihren Ausgangsarten unterscheiden (lassen). Das muss nicht bedeuten, dass sie sich mit diesen nicht (fruchtbar) kreuzen würden, wenn sie zusammentreffen. Zweitens vertragen sich ökologisch die verschiedenen, gemeinsam vorkommenden Arten offensichtlich miteinander, denn sonst hätte die Stärkere die Schwächere längst verdrängt. Warum sie sich «vertragen» (gemäß der Computersprache miteinander kompatibel sind), lässt sich der Tatsache des gemeinsamen Vorkommens nicht entnehmen. Dazu sind genauere Untersuchungen nötig, die aber, um vorweg allzu hohe Erwartungen zu dämpfen, keineswegs immer so klar und schlüssig sind, wie sie oft dargestellt werden. Wir werden auf entsprechende Beispiele bei der weiteren Behandlung der Ökologie der Vögel mehrfach stoßen.

Nicht hervor geht aus den Verbreitungsgebieten, warum sie eigentlich Grenzen haben, die nicht mit naturgegebenen, wie etwa dem Ende von Laub- oder Nadelwäldern, hohen Gebirgen oder Meeresküsten, übereinstimmen. Da Sumpf- und Blaumeise eigentlich die west- und mitteleuropäische Laubwaldzone bewohnen, sollten sich ihre Areale decken, die auf Nadelwälder «spezialisierten» Hauben- und Tannenmeisen ebenfalls weitgehend identische Verbreitungsgebiete einnehmen und sich klar von den «Laubwaldmeisen» trennen. Den im Nordosten Europas vorkommenden Lapplandmeisen kann man wenigstens ähnlich wie den in Südosteuropa auf dem Balkan und in der Macchie lebenden Trauermeisen unterschiedliche Klimazonen zuordnen. Das mediterrane Klima endet aber ebenso wenig wie die Macchie an der Ostküste der Adria, sondern erstreckt sich über Italien bis auf die Iberische Halbinsel und um Teile der nordafrikanischen Küste. Die Lasurmeise könnte man bei ihrer großen allgemeinen Ähnlichkeit mit der Blaumeise vereinen und lediglich als Subspezies von ihr betrachten. Dann würde sich das gemeinsame Areal fast so weit wie das der Kohlmeise über ganz Nord- und große Teile Zentralasiens bis Ostasien erstrecken. Und so könnte man das «könnte man» weiter durchspielen.

Ist also kein Ergebnis in Sicht? Wenn wir die Vorkommensgebiete, die Areale, als etwas fest Vorgegebenes betrachten (möchten), dann in der Tat nicht. Es lässt sich vielmehr mit Sicherheit vorhersagen, dass wir mit der rein ökologischen Begründung, diese oder jene Vogelart müsse genau da oder dort leben, weil das ihre Umweltanpassung, ihre artspezifische Ökologie so vorgibt, scheitern werden. Das wird klarer, wenn wir uns das zugrunde liegende Konzept der «ökologischen Nische» genauer vornehmen.

Die Vorstellungen dazu, gegen Ende des 19. Jahrhunderts vom deutschen Ökologen und Evolutionsforscher Ernst Haeckel entwickelt, auf den auch der Wissenschaftsbegriff «Ökologie» zurückgeht, orientieren sich am «Haus der Natur». Haeckel bediente sich dafür des griechischen Wortes ‹oikos› für Haus. In diesem hat jede Art ihren Platz und ihre Funktion, der Platz ist die «ökologische Nische», die Funktion die «Rolle» als Erzeuger (Produzent), Verbraucher (Konsument) und Abbauer/Zerleger (Destruent) für den Kreislauf, für das Recycling, wie es heute genannt wird. Für einen ordentlichen Haushalt gehört(e) es sich (im ordentlichen viktorianisch/wilhelminischen Zeitalter vor dem Zusammenbruch der alten Weltordnung in der Katastrophe des Ersten Weltkriegs), dass alles seinen richtigen Platz und seine Aufgabe hatte. Diese

Girlitz (Männchen), ein Neuankömmling (Neozoon) in Deutschland vom Anfang des 19. Jahrhunderts. (Foto: Alfred Limbrunner)

Vorstellung, die wir nach der notwendigen Festigkeit eines Hauses als die «statische» Ökologie bezeichnen können, prägt nach wie vor die heutige Ökologie, vor allem im nichtwissenschaftlichen Bereich, in dem Natur- und Umweltschützer und Politiker mit ihr umgehen. Wenn das Haus der Natur gut gefüllt ist, funktioniert es. Er ist «in Ordnung, der Naturhaushalt», heißt es dann, oder aber «gestört», ja sogar «vom Zusammenbruch bedroht», wenn Arten seltener werden oder daraus verschwinden und mit ihnen die Rollen, die sie spielen. Fremde Arten bedrohen infolgedessen diesen ordentlichen Haushalt, wie auch solche, die sich zu stark vermehren und deswegen bekämpft werden müssen. Was meistens bedeutet, dass sie gejagt, gefangen oder vergiftet werden, um sie «kurz zu halten», so die Jägersprache, die dafür eine Vielzahl ebenso merkwürdiger wie verdächtiger Ausdrücke bereithat. Seien wir daher wachsam, wenn das Haus der Natur bemüht und Kontrolle gefordert wird, um «die Ökologie wieder in Ordnung zu bringen».

In Wirklichkeit gibt es weder dieses Haus der Natur noch eine feste Ordnung nach Art des Hausherrn der Endphase der Kaiserzeit. Die Beziehungen der Lebewesen untereinander sind flexibel, wie es das Leben selbst von Anbeginn an sein musste. Vielmehr trifft zu, dass die mehr oder weniger gegenwärtigen Verbreitungsgebiete Kurzzeitaufnahmen in langsamen oder schnellen Entwicklungsprozessen sind, in denen es keinen festen Zustand, keine «Statik», sondern immer nur «Dynamik» gibt. Wie stark diese ausgeprägt ist, hängt von den Gegebenheiten ab: von der Stabilität oder den Änderungen der äußeren Natur, der Lebensdauer der Organismen, die meist direkt mit ihrer Größe verbunden ist, und vor allem vom Ausmaß der von außen einwirkenden, nicht vorhersehbaren Störungen.

So läuft eine Entwicklung nach wie vor weiter, die mit dem ziemlich raschen Abschmelzen der Gletscher am Ende der letzten Eiszeit vor gut 12 000 Jahren begonnen hatte und längst noch nicht zum Abschluss gekommen ist. Mitteleuropa wandelte sich in dieser erdgeschichtlich kurzen Zeit von der vormaligen «Mammutsteppe» mit Mammuts, Wollnashörnern, Wildpferden, Löwen, Hyänen, riesigen Herden von Rentieren und, weiter östlich, von Saigaantilopen zu einem Waldgebiet mit rascher Abfolge von dominanten Baumarten um, deren letzte die aus dem Kaukasusgebiet und den Nordhängen zum Kaspischen und zum Schwarzen Meer zugewanderte Rotbuche war. Mit ihr aber trafen schon die ersten Ackerbauern und Viehzüchter ein, die in wenigen Jahrhunderten die sich entwickelnden Wälder wieder zurückdrängten. Die Veränderungen standen niemals still. Auf die großflächige Verwilderung Mitteleuropas in der Zeit der Völkerwanderung folgten die großen Rodungen des Mittelalters. Dann kamen die Jahrhunderte der Kleinen Eiszeit mit ihren bitterkalten Wintern und oftmals für die Landwirtschaft sehr ungünstigen Sommern und schließlich eine neue Wärmeperiode am Ende des 18. Jahrhunderts mit Rekordsommern Anfang des 19. und neuen Schlechtwetterperioden um die Mitte und gegen Ende dieses vorletzten Jahrhunderts. In einem Großklimabereich zwischen dem atlantischen im Westen, dem kalt-kontinentalen im Osten, dem polarkalten im Norden und dem mediterran gemilderten bis warmen im Süden pulsierten Wetter und Klima in Mitteleuropa stärker und schneller als in kontinentalen Gebieten. Und das hatte Folgen für die Dynamik der Verbreitung von Tieren und Pflanzen.

So wanderten die meisten heute selten gewordenen oder sich schon wieder mehr oder weniger deutlich ausbreitenden mediterranen Vogelarten in der Wärmeperiode Anfang des 19. Jahrhunderts bei uns ein. Das Musterbeispiel hierfür ist der Girlitz, weil seine Ankunft nördlich der

Alpen überall gut dokumentiert wurde. Auch Bienenfresser, heute fast der Inbegriff des «tropischen Vogels» bei uns, breiteten sich im 19. Jahrhundert aus. Aber wie sein Name schon sagt, er wurde als Bienenfeind bekämpft, wo immer er sich anzusiedeln versuchte. Erst ab den 1970er Jahren ging es ihm gut und zunehmend besser. Aus den warmen Regionen des Südostens hatten sich Blauracke und Rotfußfalke, Haubenlerche und Zwergohreule ausgebreitet, bis Jahrzehnte ungünstigerer Witterung ihr Vordringen stoppten und wieder in einen Rückzug umsetzten. Die Vögel reagierten deutlich schwächer als Insekten, weil diese von warmen, trockenen Sommern in der Regel mehr profitieren und die Vögel nur verzögert und gedämpft darauf reagieren können. Wetter und Klima haben gar nicht so sehr direkte Auswirkungen auf die Lebensbedingungen in den Gebieten, in denen die davon begünstigten Arten profitieren können. Viel wichtiger ist meistens ein entsprechender «Druck» der Bestände in den zentralen Teilen des Areals. In diesen für die Arten besonders günstigen Gebieten wird mehr Nachwuchs erzeugt, als in den folgenden Jahren im Kerngebiet leben kann. Dieser verteilt sich nun an die Arealgrenzen und weitet diese aus, auch wenn es sich dabei häufig um nichts anderes als um «Verschleiß» handelt. Manchmal kommt hieraus dennoch eine dauerhafte Ansiedlung in einem neuen Gebiet zustande.

Wir erleben dies gegenwärtig bei der Ausbreitung der Bestände verschiedener Großvogelarten, die noch vor wenigen Jahrzehnten sehr selten und bestandsbedroht waren, allen voran bei See- und Fischadler sowie beim Kranich (beim Graukranich, um korrekt zu sein, denn es gibt weitere Kranicharten, die aber nicht in Europa vorkommen). Beim Kranich verzehn- bis verzwanzigfachten sich die Bestände im vergangenen Vierteljahrhundert dank umfangreicher Schutzmaßnahmen, die vor allem dazu geführt haben, dass immer weniger Kraniche geschossen werden. Ähnlich verhält es sich bei den Adlern. In Ostdeutschland und den angrenzenden polnischen Regionen brüten gegenwärtig über 1000 Paare Seeadler und eine ähnliche Menge Fischadler. Nach und nach rücken sie an den Rändern ihres Areals vor und breiten sich nach Bayern und Österreich aus. Hier können sie (so sie nicht wieder wie in früheren Zeiten abgeschossen werden, kaum dass sie sich ansiedeln) durchaus leben, wie die Neuansiedlungen mit guten Ausfliegerfolgen der Jungadler beweisen. Aber die Adler rückten nicht so vor, dass sie zuerst die

Gruppe von Kranichen. Einige «trompeten». Die Wiedererholung der Kranichbestände gehört zu den großen Erfolgen des Vogelschutzes.
(Foto: Alfred Limbrunner)

am besten geeigneten Seen oder Stauseen besiedelt hätten, sondern sie fügten gleichsam Ring um Ring um die zentralen, dichten (und nach wie vor produktiven) Vorkommen. Gleiches gilt für die Steinadler der Alpen. Obwohl auch dort so gut wie alle möglichen Adlerreviere besetzt sind und aufgrund von Nahrungsmangel die Fortpflanzungsrate in vielen Jahren schlecht ausfällt, breiten sich die Steinadler nur äußerst langsam in die Randgebirge oder in den Schwarzwald vor. Dass sie nicht auf Hochgebirge angewiesen sind, beweisen ihre Vorkommen in Nordosteuropa, wo Steinadler auch im Flachland horsten. Ihnen also «das Hochgebirge» als den «richtigen Lebensraum» zuweisen zu wollen entspricht weder den Gegebenheiten in der Natur noch den Steinadlern und ihren Fähigkeiten.

Ein anderes, weil inzwischen allgemein vertrautes Beispiel soll diese Feststellung vertiefen. Bis vor 30 Jahren waren Silberreiher große Raritäten außerhalb der wenigen Brutplätze ihrer Art in Südosteuropa. Der westlichste lag am Neusiedler See im großen Schilf des zur Zeit des ‹Eisernen Vorhangs› unbetretbaren Südostendes dieses Steppensees. Die Ornis, die sich damals noch in der Langform ‹Ornithologen› nannten, fuhren von weit her zum Neusiedler See, um auch einmal einen Silberreiher zu erleben. Seit den 1990er Jahren breiteten sich die Silberreiher

Silberreiher – bis Ende des 20. Jahrhunderts eine Rarität in Mitteleuropa, nun aber kein seltener Anblick mehr. Die Damenmode (Federn am Hut) hatte ihn nahezu ausgerottet.

nach der Brutzeit aus den südöstlichen Brutkolonien im Herbst nach Westen aus und fingen an, dort zu überwintern. Der große weiße Reiher war weder eine auf Lagunen spezialisierte Art, in denen er mit langen Beinen und bis zum Bauch im Wasser stehend fischen kann, wie dies ein Ökologielehrbuch aus den 1970er Jahren noch bildlich (und damals sehr überzeugend) dargestellt hatte, noch ein «tropischer Reiher», der zum Überwintern nach Afrika oder Südwestasien muss. Die Silberreiher halten Schnee und Kälte aus, wenn sie nicht (mehr) verfolgt werden. Es ist längst kein besonderer Anblick mehr, zwei kurze schwarze «Stäbe» im Schnee zu sehen, die sich erst bei genauerer Betrachtung mit dem Fernglas als die Beine eines Silberreihers herausstellen, der im Schnee steht und seinen Kopf und Schnabel ins schneeweiße Gefieder gesteckt hat. Im Februar 2012 überlebten die meisten, wahrscheinlich sogar alle Silberreiher, die in Südostbayern am Inn und an der unteren Salzach überwinterten, eine zweiwöchige extreme Kälte mit nahezu allnächtlich unter minus 20 Grad Celsius. Sie hielten sich in der Nähe der Ortschaften auf, verminderten ihre ohnehin schon vergleichsweise geringe Scheu und waren nach der Milderung im März bald wieder in guter Kondition.

Beispiele wie diese ließen sich bis zur Ermüdung vorbringen. Sie besagen, dass die Vorstellungen von festen ökologischen Nischen nicht mit der Wirklichkeit übereinstimmen. Die Begründung dafür steht im 2. Teil dieses Buches. Mit ihrer hohen Innentemperatur und dem intensiven Stoffwechsel sind die Vögel weit weniger abhängig von den Außenbedingungen, als wir meinen, weil wir als «Kinder der Tropen» mit einem sehr viel niedrigeren Grundumsatz besonders dann zu kämpfen haben, wenn es uns kalt wird. Was die Silberreiher können, leisten in eigentlich noch erstaunlicherer Weise alle Kleinvögel jeden Winter. Mit nur wenigen Gramm Lebendgewicht trotzen sie einem Temperaturunterschied von mehr als 40 Grad Celsius innen und bis unter minus 20 außen. Was für eine Leistung, kann man da nur staunend feststellen!

Umgekehrt liegen heiße Sommertage, in denen wir heftig schwitzen oder die wir in der Zeit der Ferien absichtlich «im Süden» suchen, für die Vögel immer noch unter ihrer Körpertemperatur. Nur wenige Orte auf der Erde gibt es, in denen die Lufttemperatur die Körpertemperatur der Vögel übersteigt. Ihre Vorkommen mit Hilfe von Temperaturgrenzen festlegen zu wollen bleibt deshalb aller Wahrscheinlichkeit nach genauso unzureichend wie ihre «ökologische Nische». Modellrechnungen zu den Folgen der Klimaerwärmung für unsere Vögel sind mit größter Skepsis zu betrachten, weil kaum ein Verbreitungsgebiet einer Vogelart von bestimmten Temperaturen begrenzt wird. So kommt zum Beispiel die Kohlmeise von Skandinavien bis in die südostasiatischen Tropen vor. Zaunkönige gibt es von Meeresküsten bis ins Krummholz der Hochgebirge. Watvögel suchen auf ihren gigantischen Wanderflügen alle Klimazonen der Erde auf.

Den umfassenden Beweis, dass eine statische Ökologie für die Vögel nicht passt (falls sie überhaupt irgendwo passt?!), liefert aber die Vogelwelt der Städte. Was sich in ihnen alles an Arten eingefunden hat, reicht der Herkunft nach von Gebirgs- und Felsbrütern bis zu Ufer- und Wasservögeln, von Arten des Offenlandes bis zu Bewohnern dichter Baumkronen. Allein im Stadtgebiet von Berlin brüten Vertreter von zwei Dritteln aller in Deutschland vorkommenden Brutvögel erfolgreich. Manche Arten kommen in recht großen Bestandszahlen vor, wie etwa die Nachtigall mit rund 1000 singenden Männchen. Zu den «Zuwanderern» aus den Lebensräumen der Umgebung gesellten sich auch zahlreiche «fremde» Arten, die etwa aus der Ziergeflügelhaltung entflogen sind oder die absichtlich zur Bereicherung der Parkgewässer angesiedelt wurden. Sie können mancherorts insgesamt ein Dutzend oder mehr Arten ausmachen. Schadet dies? Damit kommen wir auf die fremden Arten zurück. Dürfen sich nur jene erfolgreich in die neuen Lebensräume ausbreiten, die Menschen absichtlich ansiedelten, die schon ein paar Jahrhunderte hier sind oder denen draußen in der freien Natur die Lebensmöglichkeiten immer stärker eingeschränkt werden? Wer legt fest, wie das Spektrum der Arten richtig zusammengesetzt sein soll? Gehört die erst Anfang des 19. Jahrhunderts eingewanderte, nun aber wieder verschwindende Haubenlerche «zu uns», die Türkentaube aber nicht, weil sie eineinhalb Jahrhunderte später eintraf? Oder doch, weil beide auf eigenen Schwingen angeflogen kamen, wie Ziergeflügelflüchtlinge das auch taten, aber ohne Erlaubnis? Ist es in Ordnung, wenn die sibirische Zitronenstelze ihr Areal westwärts ausweitet, jedoch bedenklich, wenn sich die Blauracke (wieder) südostwärts zurückzieht? Die Halsbandsittiche haben jedenfalls bei uns keine andere Vogelart gefährdet oder gar vertrieben. Global gesehen ist es nicht anders: Vogelarten, die sich gegenwärtig und in den letzten Jahrhunderten in für sie neue Gebiete ausgebreitet haben, verdrängten keine dort heimischen Arten. Eine Ausnahme ist bei uns der Fasan, weil zu seiner Erhaltung und Vermehrung die Jäger die Greifvögel stark dezimierten und den Habicht immer noch «bekämpfen».

Vernünftige Antworten auf die Fragen zu Veränderungen in der Vogelwelt lassen sich geben, wenn wir die Ökologie von ihrer ideologischen Festlegung auf das «Haus der Natur» mit seiner festgefügten Ordnung befreien und den Arten selbst das Urteil zubilligen, ob sie dort leben dürfen sollen, wo sie leben können. An sich wäre dies die Form der Betrachtung der wissenschaftlichen Ökologie. Sie versucht festzustellen, welche Lebensbedingungen die verschiedenen Arten benötigen und wie sich diese zusammenfügen zu jenem geographischen Gebilde, das wir dann als Areal, als Verbreitungsgebiet der Art(en), darstellen. Dieses ist von Natur aus dynamisch. Es liegt nur so lange fest, wie es gedruckt festliegt, nicht aber in der Natur. Dort hat die Wirklichkeit die Darstellung in den Büchern meistens schon längst überholt, bis diese fertig ausgearbeitet und gedruckt vorliegen.

Ein Fazit ist unausweichlich: Die meisten Vögel können (viel) mehr, als wir wissen und ihnen zutrauen. Wäre es da nicht besser, sie leben zu

Wanderfalken haben nicht nur die Hauptstadt «im Blick». Sie leben inzwischen in vielen Großstädten und jagen dort Tauben, während ihre Brutplätze an «einsamen Felsen» nach wie vor stark gefährdet sind. (Foto: Florian Möllers)

lassen, so wenig wie möglich von uns beeinflusst und am besten gar nicht «gesteuert» oder «kurz gehalten»?!

Dann gibt es ein heilloses Durcheinander, werden die Vertreter von Rassereinheit und Faunenreinheit einwenden; eine beliebige Mixtur von Fremdem (das mit der Zeit vertrauter und heimisch wird) und Heimischem (das früher fremd war, an das man sich aber gewöhnt hat bis zum Verliebtsein in manche Arten) käme zustande. Wie im Multikulti der Großstadt. Oder, und sogar noch mehr, in der Land- und Forstwirtschaft. Dort ist fast nichts «heimisch», sondern alles fremd. Seit einigen Jahren nimmt der Mais in Deutschland die Spitzenposition unter den Feldfrüchten ein. Vor einem halben Jahrhundert war er noch eine Rarität, hieß in Österreich Kukuruz (wie er dort immer noch oft genannt wird) oder Türkenkorn. Mit ihm kam die Türkentaube aus dem südöstlichen Balkan und Vorderasien, zu ihm der Maiswurzelbohrer aus Amerika und auch der Maisbeulenbrand als Pilz, der vornehmlich die Kolben befällt und sie eklig aussehen lässt, obwohl er in Mexiko gebraten als Delikatesse gilt. Die land- und forstwirtschaftlichen Nutzflächen tragen in Deutschland so gut wie nirgends die standorttrichtigen, «heimischen» Pflanzen; die Städte, Industrie- und Verkehrsanlagen ohnehin nicht. In

Naturschutzgebieten tummeln sich fremde Arten, die von den Jägern und Fischern eingeführt wurden. Dennoch wird ein Don-Quichotte-artiger Kampf gegen die «Fremdlinge» in unserer «heimischen Natur» geführt.

Die Vögel lehren anderes, und wir sollten ihre eigenen ökologischen Befunde ernst nehmen. Denn anders als das, was wir unsererseits modellhaft erarbeiten, sind sie aus dem richtigen Leben, aus ihrem Leben, gegriffen und auch nicht von Ideologien getragen. Sehen wir uns daher noch ein wenig genauer um in der Ökologie der Vögel. Wie leben sie zusammen? Wie kommen sie miteinander aus? Was regelt ihre Bestände? Und was geht das alles uns an, außer dass wir die Freude daran genießen, in ihr Leben hineinzublicken?

Leben miteinander

Die Ausbreitung der fremden Arten wird vor allem aus zwei Gründen höchst kritisch betrachtet oder gänzlich abgelehnt. Der erste liegt in ihrem Fremdsein. Weil man sie noch nicht so recht kennt, gelten sie als verdächtig. Fremdlinge sind sie ja nur so lange, bis man mit ihnen vertraut ist, so wie mit den Schwalben am Haus und den Lerchen über den Fluren. Diese kamen einst als Fremdlinge mit der sich ausbreitenden Landwirtschaft zu uns, wie auch die Haussperlinge, der Weißstorch und zahlreiche andere Vogelarten sowie sehr viele weitere Tier- und Pflanzenarten. Der zweite Grund wirkt objektiv. Den «Fremdlingen» wird nachgesagt, dass sie mit heimischen Arten konkurrieren und diese unter Umständen sogar verdrängen.

Betrifft das erste Argument lediglich Vorurteile der Menschen, so bezieht sich das zweite auf die Ökologie der Vögel. Daher können wir es auf der Basis der Kenntnisse, die zur Ökologie von Vogelgemeinschaften vorhanden sind, gewiss weniger voreingenommen betrachten. Dazu eine Erfahrung, die Ornis mehr als andere Naturbeobachter machen. Alljährlich werden Dutzende, in «guten Gebieten» bis über hundert Vogelarten beobachtet, die von irgendwoher gekommen sind. Seltenheiten und Irrgäste werden sie genannt. Wer die in Orni-Kreisen benutzten Informationsdienste dahingehend auswertet, wird dies so gut wie überall feststellen. Es gibt, auf ein bestimmtes Beobachtungsgebiet bezogen, stets mindestens ebenso viele bis doppelt so viele Arten, die als Gäste kurz oder auch für einen längeren Aufenthalt dorthin kommen, ohne aber zu brüten. Für all diese Arten passen die Lebensbedingungen also nicht so, dass sie sich ansiedeln könnten.

Eine der häufig gestellten und lange nicht so recht beantworteten Fragen bezog sich auf die Wintergäste. Wenn sie doch in der schwierigen Zeit des Jahres hier oder dort sind und erfolgreich überleben, warum bleiben sie dann nicht auch, um im Überwinterungsgebiet zu brüten? Das geschieht zwar, aber höchst selten einmal. So blieben einige Weißstörche in Südafrika, wo sie überwintert hatten, und entwickelten dort einen kleinen Brutbestand, dem es aber nicht sonderlich gut geht. Auslöser dafür waren vielleicht das von den Europäern mitgebrachte Vieh und die mit der Weideviehhaltung verbundene Umgestaltung der südafrikanischen Savannen zu Kulturland. Mehreren europäischen Vogelarten gelang auf diese Weise die Ansiedlung in fernen Regionen, wie in Australien, Neuseeland und Amerika mit umso größerem Erfolg, je stärker die Gebiete «europäisiert» worden waren.

Wenn aber Irrgäste aus Nordamerika nach Europa kommen, treffen sie auf ähnliche Lebensbedingungen wie in ihrem Herkunftsgebiet. Dennoch kommt es zu keinen Ansiedlungen dieser Arten. Also gibt es offenbar Einschränkungen oder Bedingungen, die es einer fremden Art möglich oder unmöglich machen, sich zu etablieren. Aufgrund zahlreicher Erfahrungen wissen wir, was für Vögel die wichtigste Voraussetzung ist. Sie müssen mit einer überlebensfähigen Mindestzahl anfangen können. Wo ein ganzer Schwarm freigesetzt wurde, klappte eine Ansiedlung eher als bei einigen wenigen Paaren, selbst wenn diese gesund und sorgfältig ausgewählt waren. So schlugen mehrere Ansiedlungsversuche von Staren fehl, die europäische Siedler in Nordamerika als Erinnerung an ihre Heimat haben wollten, weil die Mengen zu klein waren. Erst als 1890/91 zwei größere Schwärme von jeweils etwa 40 Paaren im Central Park von New York, aus England importiert, freigelassen wurden, gelang die Ansiedlung. Hundert Jahre später war der Star einer der häufigsten Vögel Nordamerikas; gegenwärtig ist er vielleicht der häufigste. Sein Vorkommen reicht von Mexiko und den Bahamas bis Alaska. Weit verbreitet und häufig wurden die Stare auch in Ost- und Südostaustralien, auf Neuseeland sowie am Kap von Südafrika und verschiedenen ozeanischen Inseln. Sie konnten so häufig werden und sich so erfolgreich etablieren, weil die betreffenden Gebiete in der Landnutzung europäisiert wurden und ihren früheren Zustand eingebüßt hatten. Die Stare spiegeln das Tun der Europäer in den für sie eigentlich fremden Kontinenten und Inseln.

Eine ähnliche Erfolgsgeschichte hat eine andere, südasiatische Starenart hinter sich, der Hirtenstar, auch Hirtenmaina genannt. Er stammt aus dem tropisch-subtropischen Indien. Etabliert haben sich die Hirtenstare, entsprechend ihrer Herkunft, im tropischen Südostasien, im Osten von Madagaskar und auf nahezu allen tropischen Inseln im Indischen Ozean und im Südwestpazifik. Beide Arten von Staren drücken mit ihrer so erfolgreichen Ausbreitung in vordem von ihnen nicht besiedelte Räume aus, dass das Klima nur einen sehr groben Rahmen vorgibt. Der europäische Star lebt in Nordamerika von randtropischen Regionen bis Alaska, der indische Hirtenstar besiedelte mit großem Erfolg auch subtropische und klimatisch gemäßigte Gebiete, wobei er insbesondere auf Inseln sehr erfolgreich wurde. Entsprechendes können wir den Ansiedlungen indischer und südamerikanischer Papageien in Deutschland entnehmen. Wintermilde Verhältnisse, wie in den Städten am Rhein, reichen ihnen. Diese und viele weitere Vogelarten, die irgendwo angesiedelt wurden, gehören zu den geselligen Arten. Sie fliegen in lockeren Schwärmen umher, nisten möglichst nicht allzu weit voneinander entfernt und halten so die Kontakte. Bei der Ausbreitung der Türkentaube in Europa seit den 1950er Jahren ließ sich die Bedeutung der Schwärme direkt mitverfolgen. Neue Orte wurden nicht von isolierten Einzelpaaren, sondern gleich von lockeren Gruppen besiedelt. Eher einzelgängerisch lebende Vögel tun sich viel schwerer mit Neuansiedlungen. Darauf habe ich bei der Ausbreitung der Adler bereits hingewiesen. Doch selbst sie bauen lieber neue Vorkommen an den Rand der bisherigen an, als über größere Entfernungen zu «springen».

Unabhängig von der Eignung der örtlichen oder regionalen Lebensbedingungen kommt es also zuerst auf die Vögel selbst an. Das ist ein sehr wichtiger Befund. Denn er besagt, dass die Beziehungen zu ihren Biotopen, auf die einzelne Art bezogen zum Habitat, das die ökologische Nische der betreffenden Art enthält, gar nicht so eng sind, wie das häufig insbesondere von Vogel- und Naturschützern angenommen wird. Der Zusammenhalt in Gruppen, auch wenn diese so locker sind, dass wir sie nicht leicht als solche erkennen, erklärt im Umkehrschluss auch, warum Einzelbruten meist keine Aussicht auf Dauerhaftigkeit der Ansiedlung haben und Restvorkommen, die auf wenige Paare geschrumpft sind, sich so schlecht halten lassen. Da nützen auch Biotopverbesserungen wenig, wenn der örtliche Bestand nicht mehr groß genug ist. Es kann sogar vorkommen, dass die Vögel zäh an alten Brutplätzen festhalten, obwohl sie in diesen keinen ausreichenden Bruterfolg mehr erzielen, bis der Restbestand dann plötzlich zusammenbricht und verschwindet. Für kleine Brutbestände vom Großen Brachvogel im Binnenland ist das nachgewiesen worden. Für den Artenschutz ist daher die Kenntnis der kleinsten noch überlebensfähigen Bestände (im englisch-internationalen Fachausdruck *minimum viable populations* genannt) außerordentlich wichtig. Denn es gilt, die zu schützenden Bestände möglichst weit genug über dieser kritischen Grenze zu halten. Meistens liegt sie bei 20 bis 30 Brutpaaren; bei locker verteilten Vorkommen aber auch bei 50 Paaren und mehr.

Ein anderer Schluss lässt sich aus den angeführten und vielen anderen vorliegenden Befunden zur Neuansiedlung von Vögeln im für sie fremden Gebiet und zum Aussterben von Restvorkommen ziehen. Er ist

Halsbandsittiche verdrängten keine heimischen Vogelarten in den Städten am Rhein, in deren Parkanlagen sie heimisch geworden sind.

Viel zu sehen gibt es an Vogelfütterungen im Winter. Wichtig ist, dass sie so gemacht sind, dass sich durch Vogelkot keine Krankheiten ausbreiten können.
(Foto: Florian Möllers)

in den gängigen Vorstellungen zur Ökologie meistens so nicht enthalten. Oder man will ihn nicht so recht wahrhaben, weil damit Kernkonzepte, wie die Anpassung jeder Art an eine bestimmte ökologische Nische, in Frage gestellt werden. Dieser Schluss lautet, dass es für das Leben und Überleben vieler, wahrscheinlich sogar der meisten Vogelarten darum geht, dass in ihren Lebensräumen die für sie geeigneten Strukturen und entsprechend günstige Ernährungsmöglichkeiten vorhanden sind. Viele Vögel sind bessere Generalisten, als wir meinen.

Unter «Strukturen» haben wir solche Notwendigkeiten wie Nistplätze, Bruthöhlen insbesondere, Deckung bietendes Buschwerk oder Baumbestände, Felsen/Gebäude und den Aufbau der Vegetation zu verstehen. Ein Blick in den Garten oder Park zeigt uns solche «Strukturen». Da diese in Städten auf engem Raum reichlicher vorhanden sind als draußen in der offenen Flur, gibt es hier auch ein viel reichhaltigeres Spektrum an Vogelarten. In Wäldern können wir dies mit den im 1. Teil beschriebenen Methoden zur Erfassung von Vorkommen und Häufigkeit der Vögel selbst nachprüfen. Einförmige, aus einer Altersklasse einer Baumart bestehende Forste werden ganz sicher erheblich ärmer an Vogelarten sein als vielfältig strukturierte, naturnahe Wälder.

Schwieriger ist es, die direkte Abhängigkeit vieler Vogelarten von der Menge der Nahrung festzustellen. Dass eine große, üppig beschickte Winterfütterung nicht nur mehr unterschiedliche Vogelarten anlockt, sondern diese auch in größeren Mengen als ein kleines Häuschen auf dem Fensterbrett, ist selbstverständlich. Doch genauso verhält es sich draußen zur Brutzeit, zu den Zugzeiten oder bei der Überwinterung. Die Vögel brauchen ihrer Natur nach eigentlich immer und überall den Überfluss an Nahrung, weil ihr Leben energetisch so aufwändig abläuft. Wie im 2. Teil ausgeführt, leben sie mit beträchtlich höherer Intensität als die Säugetiere, unter denen ihnen allenfalls die stets besonders hektisch wirkenden Spitzmäuse vergleichbar sind. Die Fledermäuse senken bei Nahrungsmangel und/oder zu niedrigen Temperaturen ihren Stoffwechsel stark ab und fallen in eine Starre wie im Winterschlaf. In dieser verbrauchen sie nur ganz wenig Energie. Es gibt einige Vögel, die das auch können, aber wir bekommen dies kaum jemals mit. Am häufigsten gibt es das Verfallen in den Starrezustand, bei den Vögeln Torpor genannt, bei Kolibris, die im nachtkalten Hochland des tropischen Amerika leben. In Torpor fallen aber auch bei uns in Kälteperioden im Sommer die Mauersegler und einzelne andere Vögelchen. An der Bilanz für die Vögel ändern diese Ausnahmen nichts. Sie besagt, dass Vögel beständig sehr viel Energie und damit Nahrung brauchen.

Deshalb ist Winterfütterung für viele Vögel sehr wichtig. Unsere Umwelt mag im Sommer reichlich Nahrung bieten. Im Winter ist sie oft sehr arm oder, für Feldvögel, geradezu eine Wüste. Die starke Frequentierung der Winterfütterungen bestätigt dies. Mangel herrscht keineswegs nur bei Frost und viel Schnee. Das Argument, «die Vögel brauchen noch keine Fütterung, weil der Winter nicht streng genug ist», stellt sich bei genauerer Überprüfung als Vorurteil heraus. Auch im Frühjahr ist Fütterung für viele Vögel eine Möglichkeit, mit besserer Kondition in die Brutzeit zu kommen. Wer kann, sollte auch in dieser Jahreszeit sowie den ganzen Sommer über in geeigneter Weise weiterfüttern. Peter Berthold und Gabriele Mohr geben dazu überzeugende Begründungen und die Anleitungen, wie es richtig gemacht wird. Peter Berthold war bis 2004 Direktor des Max-Planck-Instituts für Ornithologie, also ein internationaler Fachmann, zumal für den Vogelzug und die mit ihm verbundene Problematik.

Für die Vögel zählen, wie schon betont, oft mehr die Nutzbarkeit von Nahrung und die Technik, mit der diese zu erlangen ist, als Anpassungen an bestimmte, eng begrenzte Formen von Nahrung. So leben zur Brutzeit viele Kleinvögel vom Insektenreichtum, der sich in außertropischen Gebieten bei halbwegs normalem Verlauf der Witterung im Frühling und Frühsommer entwickelt. Von Mai bis in den Juli oder August hinein sollte es in den Wäldern Mittel- und Nordeuropas (wie auch in den anderen geographisch und klimatisch entsprechenden Regionen der Erde) eine Schwemme von Kleininsekten geben. Sie sollte alljährlich von Natur aus so groß ausfallen, dass es allen nach Insekten jagenden Schnäbeln zusammen nicht gelingt, die Fülle bis zur Knappheit zu dezimieren. Das geschieht nur dann, wenn das Wetter die Insektenentwicklung zu stark hemmt. Daher sind außertropische Wälder, Buschland, Städte und das bäuerliche Kulturland für die Vögel so attraktiv. Die Nutzbarkeit der Insekten steigt sogar polwärts noch an, weil die Tageslänge in den hohen Breiten zunimmt und damit mehr Zeit zur Futtersuche zur Verfügung steht als im Zwölf-Stunden-Tag der Tropen. Daher lohnt der Fernzug, das alljährliche Pendeln zwischen den tropennahen oder tropischen Winterquartieren und den tropenfernen Brutgebieten. Und deswegen war es für die Vögel besser, im Verlauf ihrer Evolution viele unterschiedliche Techniken des Nahrungserwerbs zu entwickeln und weniger auf verbesserte Effizienz der Verdauung zu setzen. Auch dies ist bereits im 2. Teil betont worden. Hier hat es nun die «praktische Anwendung» in der Natur. Viele Vögel können dank unterschiedlicher Techniken von der grundsätzlich gleichen Nahrungsquelle leben, sofern diese mehr bietet, als wirklich gebraucht wird.

Tritt Knappheit ein und wird sie zum Dauerzustand, müssen Vogelarten, die sich in der Art der Ernährung ähneln, voneinander weichen. Die Vorkommen verteilen sich dann, auf Landkarten aufgetragen, wie Flecken eines unregelmäßigen Mosaiks. Der hohe Artenreichtum in den Regenwäldern der Tropen setzt sich aus solchen Mosaikvorkommen zusammen. Dass es in ganz Amazonien mehr als 1500 verschiedene Vogelarten gibt, heißt eben nicht, dass alle Arten überall in Amazonien vorkommen. Tatsächlich sind es an Ort und Stelle meistens kaum mehr als bei uns, mitunter sogar weniger pro Quadratkilometer. Amazonische Kleinvogelarten brauchen für ein Brutpaar durchschnittlich zwei Quadratkilometer Waldfläche.

Der Eindruck trügt also nicht, dass dort, wo die Artenvielfalt besonders hoch ist, die meisten Arten sehr selten sind. Ausgeglichene Tropenwälder produzieren keine nennenswerten Überschüsse an Insekten oder auch an Früchten und Samen wie unsere Wälder. In unseren gibt es die Zeiten der Fülle und des Mangels. Die Fülle setzt im Frühjahr mit dem Austrieb der Bäume ein und steigert sich über den ersten großen Schub nährstoffreicher, leicht verdaulicher Knospen und der Insekten, die sie und die Blüten besuchen, zur großen Insektenfülle im Frühsommer. Auf diese folgen die Beeren und Früchte im Herbst. Einige reifen auch erst im Winter und Vorfrühling, wie die Samen in den Zapfen von Nadelbäumen oder die Beeren von Misteln und von Efeu. Auf diese Abfolgen von Überangebot sind die Waldvögel eingestellt. Es kommt aber nicht in allen Jahren gleichermaßen zustande. So fruchten die Buchen in der Regel in mehrjährigen Abständen und locken dann mit der Massenentwicklung der Bucheckern Häher und Finken, im Spätherbst auch Riesenschwärme von Bergfinken an. In Mastjahren der Buchen können wir mit ihnen rechnen.

Schwieriger ist es mit den Fichten. Ihre «großen Jahre» treten durchschnittlich nur alle elf Jahre ein. Sie folgen der Intensität der Sonnenflecken. Dann hängen die Fichten so schwer voller Zapfen, dass Äste, gelegentlich sogar ganze Kronen unter ihrer Last abbrechen. Da dieses vom Sonnenfleckenrhythmus ausgelöste Massenfruchten über riesige Gebiete gleichzeitig zustande kommt, überschwemmt es die Vögel, die sich an die Zapfen machen. Sie können bei weitem nicht alles Vorhandene verwerten. Zwar brüten in diesem Fall die Kreuzschnäbel sogar im Winter bei Schnee und Frost, aber die Jungen werden nicht schnell genug flügge, um an der Fülle selbst noch teilhaben zu können. Sie sind nun zum weiträumigen Umherwandern gezwungen («Zigeunervögel»), um örtliche Bestände zu finden, in denen es nach den großen Jahren wenigstens einigermaßen verwertbaren Zapfenansatz gibt. Das Brüten der Kreuzschnäbel im Winter ist möglich, weil sie ihre Jungen nicht wie die übrigen Finkenvögel zuerst mit Kleininsekten füttern müssen, die es in dieser Jahreszeit nicht gibt. Einen guten, inhaltlich sogar noch besseren, weil nicht durch Unverdauliches durchmischten Ersatz stellen die fütternden Altvögel aus fein zerquetschten, mit Speichel vermengten Fichtensamen her. Dieser ist so reich an Fett und der Aminosäure Arginin, dass die Jungvögel daraus die nötige Wärmeenergie gewinnen und zudem dank des hohen Eiweißgehaltes auch schnell wachsen können.

Winterliche Invasionen von Seidenschwänzen bieten nicht zuletzt deshalb besonders eindrucksvolle Erlebnisse, weil diese nordischen Vögel nicht scheu sind und sich gut beobachten lassen. Die lackroten Flügelplättchen an Schwingen und Schwanz sind bei diesem Altvogel gut zu erkennen. (Foto: Ernst Weber)

Für Invasionsvögel wie die nordischen Seidenschwänze geht das nicht. Kommen sie, ebenfalls meistens in Zusammenhang mit den Sonnenfleckenzyklen, in Schwärmen süd- und südwestwärts aus ihren Brutgebieten in den Wäldern des Nordens, so hat sie meistens das unpassende Zusammentreffen von guten Ausfliegeerfolgen im vorausgegangenen Sommer und schwachem Fruchtansatz bei den Ebereschen dazu gezwungen. Sie suchen nun, je nachdem, ob sie schon früh im Winter oder erst gegen dessen Ende eintreffen, nach letzten Äpfeln an den Bäumen, Beeren an den Sträuchern, auch solchen, die für andere Vögel (und Menschen) giftig sind oder nur ausnahmsweise verzehrt werden, und insbesondere in der zweiten Winterhälfte und im Vorfrühling nach den in dieser Zeit reifenden Beeren an den Mistelbüschen. Mit deren klebriger Hülle kommen sie zurecht, weil ihre Verdauung besonders schnell verläuft. Die Mistelsamen passieren den Darm ganz unverdaut. Der klebrige Schleim der Mistelbeeren führt dazu, dass die Ausscheidungen am Astwerk der Bäume hängen bleiben, auf denen die Seidenschwänze Zwischenrast machen. Meistens sind sie in Schwärmen von ein paar Dutzenden bis zu mehreren Hundert unterwegs. Im Flug ähneln sie dann so sehr den Starenschwärmen, dass sie oft für solche gehalten werden. Ihre Invasionen führen dazu, dass auf den Bäumen Gruppen von

Mistelbüschen unterschiedlicher Größen sitzen. Denn die sehr langsam wachsenden, halbparasitischen Misteln gabeln sich bei jedem neuen Austrieb, so dass sich ihr Alter an der Zahl dieser Gabelungen feststellen und oft auf Einflüge von Seidenschwänzen in der entsprechenden Zahl der Jahre davor zurückführen lässt. Die nach den Misteln benannte Misteldrossel verzehrt weit weniger davon, auch wenn sie Mistelbüsche als Deckung im blattlosen Winterzustand der Laubbäume schätzt und auf ihre bescheidenere Weise zur Verbreitung der Misteln beiträgt.

Von zeitweise reichlich vorhandener Nahrung profitieren auch die an Ufern und auf Gewässern lebenden Vogelarten. Für sie ergibt sich eine jahreszeitliche Verschiebung, die damit zusammenhängt, dass sich das Wasser viel langsamer erwärmt als das Land und im Herbst länger warm bleibt. Die Fülle der Wasserinsekten kommt erst im Frühsommer und Sommer zustande, die Hauptmasse ihrer Larven entwickelt sich im Spätsommer und Herbst, wie auch die unter Wasser aufwachsenden Bestände von Wasserpflanzen, die «submerse Flora». Deshalb können wir beobachten, wie die Enten und die Watvögel (Limikolen) im Herbst «bummeln» und es anscheinend nicht eilig haben, ins Winterquartier zu fliegen. Die Flachwasserzonen und Schlickflächen enthalten im Herbst weit mehr Nahrung als im Frühjahr und Frühsommer, da sich die Bestände der Kleintiere des Bodenschlamms in dieser Zeit erst aufbauen. Für Vögel, die von Kleinfischen und großen Wasserinsekten leben, entscheiden deren Hauptvorkommen im Jahreslauf über die Brutzeiten. Eisvögel und Wasseramseln nisten daher durchaus noch, wenn viele Singvogelarten bereits auf dem Zug in den Süden unterwegs sind.

Bei der Nutzung der Fülle bewähren sich sodann die speziellen Anpassungen, wie Form und Länge der Schnäbel oder der Beine. Sie ermöglichen unterschiedliche Techniken, wie nähmaschinenartig schnelles oder langsam gezieltes Stochern, Durchseihen des Flachwassers mit Schnäbeln, die Siebkanten tragen, oder das Hineinwaten, bis der Bauch die Wasseroberfläche berührt. In dieser Phase des Jahres lassen sich leicht schöne Schaubilder zur ökologischen Einnischung von Wasservögeln anfertigen. Sie beginnen mit dem trocken gefallenen Ufer oder der nicht mehr mit Wasser bedeckten Sandbank und reichen bis ins mehrere Meter tiefe Wasser. Kleine oder größere Regenpfeifer suchen auf dem Trockenen nach Nahrung, vielleicht auch noch bis zur Wasserkante, an der die von der Meeresküste in kleinen Mengen ins Binnenland eingeflogenen Sanderlinge, den auslaufenden Wellen folgend, herumrennen. Alpen- und Sichelstrandläufer stochern mit längeren Schnäbeln im seichten Wasser, soweit sie mit ihren auch nicht sehr langen Beinen hineinkommen. Die langbeinigen Wasserläufer gehen weiter, werden aber von den mit noch längeren Beinen ausgestatteten Uferschnepfen und Brachvögeln übertroffen.

Doch in dieser Tiefenzone tummeln sich meistens auch schon Enten. Im ganz flachen Bereich die Krickenten und, wo es sie noch gibt, die ähnlich kleinen, im Herbst schwer von den Krickenten im Ruhekleid zu unterscheidenden Knäkenten, dann anschließend und meistens am häufigsten die großen Stockenten und wieder, seltener, die längerhalsigen Spießenten. Wo diese nicht mehr hinreichen, beginnt der Bereich der Tauchenten. In diesen hinein gründelt noch der Höckerschwan, denn er kommt mit seinem sehr langen Hals beim Gründeln bis in mehr als einen Meter Tiefe. Bei den häufigen Tauchenten nähern sich die Tafelenten der Tiefenzone der Gründelenten, während die Reiherenten tiefer tauchen und die erst im Winter eintreffenden Schellenten am tiefsten.

Zwanzig und mehr Arten kann das Spektrum der Wasservögel umfassen, die im Herbst nahrungsreiche Ufer bis ins tiefe Wasser nutzen. Handelt es sich um Verwerter von Wasserpflanzen, ist die Gruppierung leichter überschaubar und auch ohne vogelkundliche Vorkenntnisse zu erfassen. Denn im Flachwasser fressen kleine Enten, in mittleren Tiefen bis knapp eineinhalb Meter die Höckerschwäne, und zu den tieferen Wasserpflanzenbeständen tauchen die schwarzen Blesshühner mit einem Kopfsprung hinab. Sie erreichen auch zwei und mehr Meter. Kleine Gruppen von Kolbenenten, die Männchen mit lackroten Schnäbeln, halten sich unter diesen Nutzern der Wasserpflanzen vor allem dann auf, wenn es Armleuchteralgen am Gewässerboden gibt. Größere Gruppen von Schnatterenten verteilen sich locker unter Schwänen und Blesshühnern ohne Bezug zur Wassertiefe. Denn sie beteiligen sich «kleptoparasitisch» an der Wasserpflanzennutzung. Diese unauffällig gefiederten Enten von nur gut halber Größe zwischen den kleinen Krick- und den großen Stockenten schauen, wo ein Schwan oder ein Blesshuhn mit einem Büschel Wasserpflanzen im Schnabel auftaucht. Schnell schnappen sie sich etwas davon und verzehren die Beute. Vertreiben lassen sie sich nicht, weil sie als Schwimmenten, ohne Anlauf

Blesshuhnküken sehen mit ihrem grell gefärbten Kopf und den «struppigen» Federn nicht gerade schön aus. Doch genau dies und ihr beständiges Betteln signalisieren den Eltern, dass sie gesund sind. (Foto: Ernst Weber)

auf dem Wasser nehmen zu müssen, auffliegen und rasch genug ausweichen können. Für die großen Schwäne wie auch für die kleinen Blesshühner lohnte der Aufwand nicht, die Enten zu vertreiben, die von ihrem heraufgetauchten Futter zehren. Auf Tausende Blesshühner und Hunderte Schwäne kommen so auch Hunderte Schnatterenten als Nutznießer, die nicht tauchen müssen, um an die Nahrung zu gelangen.

Was aber im Herbst auf den flachen Buchten und an den Ufern der Gewässer so schön geordnet aussieht, erweist sich als sehr veränderlich, wenn wir den gesamten Jahreslauf betrachten. Die verschiedenen Wasservogelarten treffen in den unterschiedlichsten Kombinationen aufeinander. Zur Brutzeit nisten die meisten Entenarten unabhängig davon, wie tief sie tauchen können, an denselben Ufern. Hauptunterschied ist dann, ob sie in Höhlen oder Halbhöhlen brüten oder Nester in der Deckung des Röhrichts bauen. Die Weibchen führen ihre Jungenschar an Stellen, an denen es für die Kleinen passende Nahrung gibt. Diese unterscheidet sich sehr stark von der der Erwachsenen. Ob die verschiedenen Arten im Herbst dann weit ziehen, um ein Überwinterungsgebiet aufzusuchen, oder ob sie in der Nähe, vielleicht sogar an Ort und Stelle bleiben, ist wiederum sehr unterschiedlich. Die «an der Grenze» lebenden Limikolen ziehen am weitesten. Sichelstrandläufer, die man am Seeufer im flachsten Wasser bei der Nahrungssuche Ende August oder

Die Blesshuhneltern «füttern» anders als Entenmütter ihre Jungen. Beide Eltern kümmern sich um die Jungen, mitunter weit voneinander getrennt, so dass nicht leicht zu erkennen ist, ob es sich um ein Paar mit Bruterfolg handelt oder um zwei Paare. (Foto: Ernst Weber)

im September gesehen hatte, tummeln sich nun auf den Schlickflächen tropischer Flussmündungen oder unter Kokospalmen auf Golfrasen. Gebrütet und Junge großgezogen hatten sie auf der hocharktischen Tundra. Was ist nun ihre «ökologische Nische»?

Schwer, sehr schwer lässt sich eine solche festlegen. Nicht einmal bei so einfachen Arten wie den Meisen, die unsere Futterhäuschen im Winter besuchen, gelingt dies. Im Sommer ernähren sie sich von Raupen und Kleininsekten, und zwar alle Arten im Wesentlichen auf gleiche Weise in den Kronen von Bäumen und höherem Buschwerk. Sie turnen an den Zweigen, untersuchen die Blätter oder Nadeln und picken das für sie geeignete Kleingetier heraus. Im Herbst stellen sich ihre Mägen auf die Verwertung von Pflanzensamen um, so dass sie am Futterhaus wiederum keine Unterschiede erkennen lassen, wenn sie Sonnenblumenkern um Sonnenblumenkern holen. Nur die ihrer Gattung *(Parus)* nicht zugehörigen Schwanzmeisen *(Aegithalos caudatus)* bleiben bei ihrer im Sommer ausgeübten Form von Nahrungssuche. Sie turnen weiterhin an den äußersten Zweigspitzen und suchen dort nach den Gelegen von Spinnen und Insekten. An Futterhäuschen kommen sie selten. Und wenn, am ehesten, um Fett von Meisenknödeln abzuzupicken.

So, wie sich die hauptsächlich genutzte Nahrung der Größe nach sortieren lässt, so gibt es auch entsprechende Anpassungen der Schnabel- und Körpergrößen der Vögel. Wir sehen sie bei den Finkenvögeln, die zum Futterhaus kommen. Die Kleinsten, die Zeisige, haben den kleinsten Schnabel, mit dem sie die Samen aus den Zäpfchen der Erlen herauspicken können. Buchfinkenschnäbel sind größer und dicker. Jene der Grünlinge fallen noch größer aus, sind aber wesentlich kleiner als die Schnäbel der Gimpel. Die größten bei uns haben die Kernbeißer. Mit bis zu 70 Gramm werden sie rund doppelt so schwer wie Gimpel. Die kleinen Zeisige übertreffen sie um etwa das Fünffache. Grünlinge sind gut doppelt so schwer wie Zeisige und auch gewichtiger als Buchfinken. Damit sehen wir an den Größenverhältnissen der Finkenvögel am Futterhaus einen häufig vorkommenden Fall von «Staffelung». Er gilt als ökologische Regel. Sie besagt, dass sich Vogelarten, die im selben Lebensraum leben und einem gleichartigen Ernährungstyp zugehören (hier bei unseren Finkenvögeln dem Typ «Körnerfresser»), um bestimmte Mindestgrößen unterscheiden. Häufig macht die Größe (= Körperlänge) das Eineinhalbfache der nächstkleineren Art aus; im Gewicht gut das Doppelte.

Das Gewicht als Vergleichsmaß zu nehmen ist besser als die Länge, weil diese von den Schwanzfedern stark mit beeinflusst wird, am Körper selbst, gleichsam am nackten Vogel, aber nicht gemessen werden kann. Das Gewicht gleicht Längenunterschiede, die sich in der Art der Ernährung nicht auswirken, besser aus. Bekannt als Größenstaffelung, die sogar die Geschlechter mit erfasst, ist die Abfolge vom kleinen Sperbermännchen («Terzel») über das größere Weibchen zum kleinen Habichtsmännchen und weiter zum mehr als bussardgroßen Weibchen. Nach flüchtiger Beute jagende Greifvögel erweitern so das Spektrum der Beutegrößen, das sie bewältigen können. Die jeweiligen Terzel tragen ihren Weibchen Beutetiere zum Horst, auf dem sie die Jungen betreuen, die der noch geringen Größe der Jungen besser entsprechen als das, was die Weibchen selbst erjagen könnten. Deshalb sind bei den Greifvögeln die Weibchen meist größer als die Männchen. Ansonsten ist es umgekehrt aus Gründen, die im 2. Teil in Bezug auf die Investition in die Eier und in die Nachwuchsbetreuung näher ausgeführt worden sind.

Die Größenstaffel gestattet es, wenigstens eine ganz grobe Vorhersage zu machen, ob zwischen die vorhandenen weitere, fremde Arten Platz haben (könnten). Gibt es im Größenspektrum sehr deutliche Lücken, ist dies eher wahrscheinlich als bei dichter Packung einander ähnlicher Arten. Ein solches Beispiel können wir in manchen Städten bei den Gänsen beobachten. So leben in München neben den regionstypischen Graugänsen auch die sehr viel größeren, aus Nordamerika stammenden Kanadagänse und die beträchtlich kleineren Weißwangengänse, deren Lebensraum die hocharktische Tundra ist. Ihre Körpergewichte verhalten sich, auf die nächstkleinere Art bezogen, etwa wie 1 zu 1,8 zu 2,6. Das passt zu der Regel, dass bei dauerhaft gemeinsamem Leben (Koexistenz) eine Größenverdopplung den ausreichenden Abstand erzeugt.

Mehr als doppelt so schwer wie die so erfolgreich zugewanderte Türkentaube ist auch die Ringeltaube. Die kleinere Turteltaube übertrifft die Türkentaube hingegen nicht mit dem doppelten Gewicht. Aber die beiden Tauben treffen kaum aufeinander, weil sie sich in der Wahl ihres Lebensraumes sehr stark unterscheiden. Die Türkentaube nistet kaum jemals außerhalb der Dörfer oder Städte, die Turteltaube kommt umgekehrt im Siedlungsraum der Menschen nicht vor.

Allzu viel ist das allerdings nicht, was wir verwenden können, um Vorhersagen zu machen, ob sich neue Arten etablieren werden oder nicht. Übermächtig sind die Verfügbarkeit von Nahrung und ausreichende Bestandsgrößen. Daher spielt auch die Verfolgung der Vögel eine besonders große Rolle, wenn es ums Überleben geht. Denn dabei geht es um mehr als um die direkte Bestandsverminderung durch Abschuss, nämlich auch um die Folgen für den Energiehaushalt der nicht getroffenen, aber verjagten Vögel. Der Flug kostet, wie in Teil 2. ausgeführt, sehr viel Energie. Wir können als Faustregel davon ausgehen, dass er das Fünf- bis Zehnfache des Grundumsatzes pro Zeiteinheit, also pro Flugminute oder -stunde, in Anspruch nimmt. Durch Verfolgung scheu gemachte Vögel brauchen viel mehr Nahrung als vertraute, auch wenn diese nicht direkt von Menschen gefüttert werden.

Dies ist ein weiterer Grund, weshalb in großen Städten viel mehr Vögel in erstaunlich großer Häufigkeit leben können als auf dem scheinbar für sie besser geeigneten freien Land. Auf diesem verbrauchen sie mehr Energie als in der Sicherheit der Stadt. Die Fluchtdistanzen, die sie erzwungenermaßen einhalten müssen, weil sie den Menschen nicht trauen können, schränken die Gebiete stark ein, in denen sie nisten und sich fortpflanzen können. Viele eigentlich gut geeignete Stellen fallen deswegen als Lebensraum für die scheu gemachten Vögel aus. In der

Stadt können sie viel mehr nutzen; auch solche Orte, an denen man die betreffenden Arten nicht erwarten würde – wie Gänsesäger, die im Kirchturm, oder Stockenten, die auf Fenstersimsen brüten. Auch Großfalken vermindern ihre Scheu sehr stark, wenn sie nicht verfolgt werden, und horsten an Gebäuden. Bei uns tun dies zunehmend die Wanderfalken. Längst sind sie keine Raritäten mehr, die an einsamen, «wilden» Felswänden über stillen Waldtälern horsten, sondern vielmehr über dem Getriebe von Millionenstädten an den sicheren Kunstfelsen des Kölner Doms oder der Türme der Münchner Frauenkirche, am Roten Rathaus in Berlin oder ganz «geschmacklos», aber genauso sicher an Schloten von städtischen Heizkraftwerken. Die überreich vorhandenen Stadttauben beuten sie dort aus. Von Aushorstungen und Abschüssen, die sie immer wieder noch treffen, sind sie in der Großstadt sicher.

Regulation von Vogelbeständen

Solche Entwicklungen, die sich vor unseren Augen vollziehen – wie das Entstehen von «Stadtpopulationen» bei Großfalken oder nicht ortsheimischem Wassergeflügel –, passen manchen Zeitgenossen nicht ins Konzept. So meinen die allermeisten Jäger, sie müssten regulierend eingreifen, weil nur eine wirklich natürliche Natur sich selbst regulieren könne, die vom Menschen gestaltete und vielfach durcheinandergebrachte aber nicht. Auch manche Vogelschützer sehen das so. Vor wenigen Jahrzehnten galt den Meisenschützern der Sperber als Schädling, weil er ihre Bemühungen um Förderung der Singvögel zunichtemacht. Er sei «der größte Feind der Singvögel», hieß es in einschlägigen Büchern zum Vogelschutz. Dass seine Bestände damals fast ausstarben, rührte die überzeugten Singvogelfreunde jener Zeit genauso wenig wie die Jäger heute, wenn die Rebhühner weitflächig verschwinden und sie diese dennoch weiter jagen, weil es so der Brauch war und ist.

Bei den «Raubvögeln», wie die Greifvögel in Jägerkreisen genannt werden, können sich nach wie vor viele Jäger nicht im Zaum halten. Sie forderten Abschussgenehmigungen für die überhandnehmenden Bussarde und natürlich auch für das «Krähengesindel» und erhielten diese wider besseres Wissen aus wissenschaftlichen Untersuchungen. Nur in

Regulation von Vogelbeständen   **239**

Einer der größten Erfolge des Artenschutzes ist die Wiedererholung der Seeadler-Bestände. Langsam breitet sich Deutschlands Wappenvogel auch wieder in die Gebiete westlich des ehemaligen ‹Eisernen Vorhangs› aus. (Foto: Alfred Limbrunner)

zähen, langwierigen Auseinandersetzungen ist es den Vogelschützern gelungen, der Jagd einige Vogelarten abzutrotzen und deren Vollschonung zu erreichen. Mit spektakulären Erfolgen. Mitgeholfen hatten die totalitären Regime im Osten, in denen Adler, Falken, Kraniche und andere seltene Großvögel fast ein halbes Jahrhundert lang einfach tabu waren. Das gab ihnen die Chance für die Wiedererholung der Bestände, obwohl die Umwelt für westliche Begriffe katastrophal verschmutzt war. Bei der Wiedervereinigung erhielt die alte Bundesrepublik Deutschland gleichsam als Geschenk viele seltene Tiere, nicht nur Vögel, und besserte damit ihre Bilanz im Artenschutz unverdientermaßen in glänzender Weise auf. Das Comeback der Kraniche, See- und Fischadler, aber auch von Säugetieren, wie dem Fischotter und dem Wolf, ging vom Osten aus. Nicht vom wohlhabenden Westen, in dem sich viele Revierpächter dagegen sträubten, die Jagd auf Vögel ganz einzustellen. In Naturschutzgebieten, sogar in solchen, die offiziell als Vogelschutzgebiete ausgewiesen sind, wird weiter gejagt. Die besten und hinreichend sicheren Vogelschutzgebiete sind bei uns, wie fast überall auf dem Globus, die Städte. In der Naturferne der Städte geht es vielen Vögeln besser als in der «freien Natur», in der sie verfolgt werden.

Draußen in der Natur sorgen die Jäger dafür, dass keine Tiere überhandnehmen, die sie nicht mögen. Fasane soll es in Mengen geben, so dass Treibjagden ergiebig werden. Dafür züchtet man sie auch in Fasanerien und lässt sie kurz vor der Jagd frei. Dann gibt es keine Verluste an Habichte. Aber wo sich Enten in größeren Scharen ansammeln, werden sie gleich mit Aufgang der Jagdzeit unter Feuer genommen. Sie könnten ja die Vogelgrippe verbreiten. Die Jagd sorgt dafür, dass sie nicht ausbricht, so ein weiteres Argument, das seitens der Jäger vorgebracht wird. Dass sie dadurch mehr Enten auf weite Reisen schickt, als das ohne Bejagung der Fall wäre, sagen sie nicht. Ruhe im Spätherbst und Winter wäre aber die beste Absicherung gegen Erkrankungen. Die Enten bekommen keine Ruhe, bis endlich, schon mitten im Winter, die Schusszeit endet.

Reguliert werden (müssen, nach nahezu übereinstimmender Meinung der Jäger) auch die Krähen, obwohl draußen in der freien Natur viel weniger als in den Städten leben. Das Schießen von Schnepfen auf dem «Strich» im Frühjahr macht dem Jägerherz Freude, ebenso wie das alpenländische «Anspringen» des balzenden Auerhahns mit für diesen meist tödlichem Ausgang. Im Alpenvorland wurden aus den Mooren rechtzeitig die letzten Birkhähne weggeschossen, damit die dortigen Revierpächter noch ihre Trophäe hatten, bevor das Birkhuhn ausstarb. Dass es gedrehte Hühnerfedern am Hut des traditionsbewussten und der Heimat verbundenen Oberbayern auch tun, entgeht dem Federkundigen nicht. Auch der «Adlerflaum» muss nicht vom Adler stammen, damit der alpenländische Jäger als solcher für voll genommen wird. Die Hutmode der Damen der besseren Gesellschaft hat sich, was Federn anbelangt, schon seit Jahrzehnten zum Besseren gewandelt. Was, wie immer in der Mode, nicht vor dem Rückfall in die Barbarei schützt.

Aber gibt es Fälle, in denen eine Bestandsregulation notwendig ist? Brauchen Krähen, Tauben oder die als Wintergäste zu Tausenden nach Deutschland einfliegenden Gänse eine solche? Nehmen wir uns die Krähen vor. Aus Sicht der Jäger unbedingt regulierungsbedürftig ist die Rabenkrähe. Auf den rund 70 000 Quadratkilometern Landesfläche Bayerns soll es neuesten Schätzungen aus dem Landesamt für Umweltschutz zufolge 230 000 bis 610 000 Brutpaare geben. Wie realistisch diese

Zahlenangaben sind, können die Autoren selbst nicht beurteilen und betonen dies auch im Kommentar im 2012 erschienenen «Atlas der Brutvögel in Bayern». Realistischere Schätzungen, die die enormen Häufigkeitsunterschiede zwischen den Stadt- und Landpopulationen der Rabenkrähen berücksichtigen, erreichen nicht einmal die unterste Größenordnung. Aber das ist für die nachfolgenden Kalkulationen unerheblich. Denn die bayerischen Jäger geben einen durchschnittlichen jährlichen Abschuss von 50 000 Krähen an. Nehmen wir die 230 000 Brutpaare (aus dem Atlas) und eine durchschnittliche Jungenzahl pro Brutpaar (aus 4,6 Eiern pro Nest) von 2,7 ausgeflogenen Jungen, dann steht in Bayern ein Herbstbestand von 850 000 dem Abschuss von 50 000 Rabenkrähen gegenüber. Dieser hat dann lediglich die Menge der ausgeflogenen Jungen von über 620 000 auf 570 000 vermindert. Da die Krähenbestände aber im letzten Jahrzehnt insgesamt stabil geblieben sind, wie im Atlas auch betont wird, hat der Abschuss überhaupt nichts bewirkt und nichts mit einer Regulierung zu tun. Die 570 000 Krähen der jährlichen Nachwuchsproduktion sterben offenbar auf andere Weise. Diese Sterblichkeit ist es, die regulierend wirkt, nicht die jägerische. Damit ist der Abschuss ganz klar gänzlich unnötig und ein reines Jagdvergnügen. Sollte der im «Atlas» angegebene, höhere Brutbestand zutreffen, fiele die «regulierende Wirkung» noch geringer aus.

Dasselbe gilt für die «Wildtauben». Ihre Bejagung betrifft meistens die ähnlich wie die Rabenkrähen sehr häufigen Ringeltauben (für Bayern im neuen Atlas geschätzte 140 000–385 000 Brutpaare). Zum Abschuss veröffentlicht der Landesjagdverband keine Zahlen, aber es gibt sie für die (alte) Bundesrepublik Deutschland, wo in den 1980er Jahren durchschnittlich gut eine halbe Million geschossen wurde. Auf die (damals auch nur grob geschätzte) Bestandsgröße der Ringeltauben bezogen, kommt ein ähnlich geringer Anteil von einem Zehntel der jährlichen Nachwuchsproduktion zustande. Selbst aber wenn dieser die Hälfte davon ausgemacht hätte, ergäbe sich lediglich ein Produktivhalten der Bestände (Populationen), wie es in der Ökologie genannt wird. Die Bejagung reguliert hier nicht, sondern sie hält die Bestände der Krähen wie der Tauben (und auch der Rehe!) auf hohem Niveau. Die Verfolgung drückt aber immer größere Anteile davon in die Städte und Dörfer, also in die nicht bejagten Räume, wo die Häufigkeit der Krähen das Fünf- bis Zehnfache des Umlandes mit offenen, frei bejagbaren Fluren ausmacht. Solche Verschiebungen sind oft wichtiger als die direkten Abschüsse, die von produktiven Populationen in der nächsten Fortpflanzungsperiode wieder ausgeglichen werden.

Ist damit die Bejagung der Vögel unerheblich? Ganz und gar nicht! Denn was in hohen Populationen deren Produktivität eher anreizt, vernichtet kleine Populationen, weil in diesen jeder Ausfall zählt, der zur natürlichen Verlustrate hinzukommt, und die Vorkommen vereinzelt. Deshalb ist es nicht in Ordnung, wenn die selten gewordenen Rebhühner immer noch bejagt werden, anstatt ihre Scheu, so gut es geht, zu vermindern, damit sie lernen, die Ränder der Ortschaften, von Straßen und den Nahbereich der Menschen zu nutzen, die ihnen nichts tun. Denn sie leben an der Grenze, und ihre Scheu nimmt ihnen noch mehr Existenzmöglichkeiten.

Dasselbe galt und gilt für die von Natur aus seltenen Großvögel. Ihre gegenwärtig wieder in Schwung gekommene Ausbreitung setzte erst ein, als die Abschüsse zurückgingen oder ganz eingestellt wurden. Adler und Falken, Reiher und Kormorane und zahlreiche weitere Vogelarten beweisen, dass die Bejagung schuld an ihrer Seltenheit war. Großvögel sind nicht auf hohe Fortpflanzungsraten eingestellt. Die Erholung ihrer zu stark dezimierten Bestände dauert lang. Der Schwarzstorch brauchte ein halbes Jahrhundert. Seine Restbestände waren extrem scheu geworden, weil nur die Scheuesten überlebten. Nach und nach nimmt jetzt auch beim «heimlichen Waldstorch» die Fluchtdistanz ab, wie auch beim Silberreiher, dem die Hutmode Ende des 19./Anfang des 20. Jahrhunderts so sehr zusetzte, dass nur noch Brutkolonien in den entlegensten, unzugänglichen Sümpfen überlebten, bis der Erste Weltkrieg (und nicht die Vernunft) dem Treiben der Federjäger ein Ende setzte.

Gut war der Krieg auch für die Paradiesvögel von Neuguinea. Aus dem dortigen deutschen Kolonialgebiet wurden bis zum Ersten Weltkrieg Bälge dieser Vögel zu Hunderttausenden nach Europa und Nordamerika gebracht, um als Schmuck auf Hüte montiert zu werden. Keine andere Gruppe nichtmenschlicher Lebewesen hätte sich über das Ende des deutschen Kolonialreichs so freuen können wie die Paradiesvögel. Dass einige von ihnen nach Angehörigen des deutschen und österreichischen Kaiserhauses benannt wurden, stellt geradezu einen Hohn dar. Da ist der Neffe Napoleons, Charles Lucien Bonaparte, geradezu hoch lobend hervorzuheben, dass er einen besonders schönen, damals für die

Anders als in Europa nisten die Löffler in Indien ohne Scheu vor den Menschen. Besucher können sich ihren Brutkolonien nähern und fotografieren, ohne die Vögel zu stören.

Wissenschaft neuen Paradiesvogel mit dem Artnamen *respublica* versah. Dieser gilt bis heute. Ihn trägt der auf Deutsch unschön als Nacktkopf-Paradiesvogel bezeichnete Verwandte des Sichelschwanz-Paradiesvogels.

Aus jenen gar nicht so weit zurückliegenden Zeiten stammt auch das Jagdtagebuch «15 Tage auf der Donau» des österreichischen Thronfolgers Erzherzog Rudolf. Als ihm in den Donauauen zwischen Budapest und Belgrad ein auf dem Nest stehender Schwarzstorch gezeigt wurde, hielt er es jagdethisch für angemessen, diesem zuerst den Unterschnabel wegzuschießen, damit er aufflog. Dann erlegte ihn der Erzherzog «waidgerecht im Fluge». Die Jagdethik, auf die Jäger pochen, ist keineswegs frei von Fragwürdigkeiten, wie das Jagdtagebuch von Erzherzog Rudolf beweist. Mögen solche Verhältnisse auch über hundert Jahre zurückliegen, so ist dennoch zu bedenken, dass das gültige deutsche Jagdgesetz in seiner Grundfassung auf dem Reichsjagdgesetz aufbaut. Das war bekanntlich eine andere und keine gute Zeit.

Trotzdem: Die inzwischen erzielten Erfolge im Vogelschutz sind enorm und sie sind es wert, hervorgehoben zu werden. Immer mehr Jäger von heute hängen nicht mehr an den so fragwürdigen Traditionen, sondern versuchen sich auf die Anforderungen der veränderten gesellschaftlichen Verhältnisse einzustellen. Dass die Vorschriften dabei mitunter eher hinderlich als voranbringend wirken, sei hier nur angemerkt.

Fischereischädliche Vögel

Weit mehr als mit der Jagd hat der Vogelschutz mit den Meinungen und Vorurteilen seitens der Sportfischerei zu kämpfen, und das mit sehr geringen Erfolgen, wie sich immer wieder zeigt. Die Angler, die ihre Fischerei hobbymäßig und nicht als Erwerb von Einkommen betreiben, möchten am liebsten – so der Eindruck – überhaupt keinen Vogel zulassen, der von Fischen lebt. Sogar die kleinen Eisvögel und die nur gelegentlich ein Fischlein fangenden Wasseramseln wurden als Fischereischädlinge verfolgt. Je größer die Fische, die von den Vögeln erbeutet werden, desto heftiger fallen die Reaktionen der Sportfischer aus. Auf der rund 15 Kilometer langen Strecke der unteren Alz, in der sie weitgehend durch ein Naturschutzgebiet fließt, zu dem sie gehört, waren dem Fischereisachverständigen schon zwei Gänsesägerweibchen mit ihren Jungen ein unzumutbar überhöhter Bestand. Als dann bei einem Chemieunfall im März 2012 die Fische und wohl fast das gesamte übrige Wassergetier getötet wurden, kam allein nach den von der Feuerwehr geborgenen rund 6,5 Tonnen toter Fische ein Verhältnis von rund 300 Kilogramm Fisch auf einen Gänsesäger zustande. Darin sind aber die vielen toten Kleinfische nicht erfasst, die von der Strömung fortgetragen und in den Inn gespült worden waren; ebenso nicht die Larven großer Wasserinsekten, von denen die Gänsesägerjungen leben.

Die Gänsesäger trifft an den Voralpenflüssen und den randalpinen oder norddeutschen Seen der Zorn der Angler immerhin noch weniger als die Kormorane. Diese bezeichnet man als Unterwasserterroristen, «schwarze Teufel» und was sich sonst in den regionalen Dialekten eignet. Die infamste Anschuldigung ist aber, dass der Kormoran ein fremder Vogel sei und daher überhaupt nicht auf unsere Gewässer gehöre. Der Grund dafür ist, dass er über ein Jahrhundert lang in Deutschland als Brutvogel ausgerottet und auch in den Nachbarländern so stark verfolgt wurde, dass sich Kormorane nur selten einmal nach Mitteleuropa hinein verflogen. Und wenn, wurden sie abgeschossen. Die Wende brachte der Schutz der letzten Brutkolonien in den Niederlanden, in Dänemark und in der damals noch eigenständigen DDR. Als die Belastung der Gewässer mit Waschmitteln vermindert wurde und sich in der Folge die Fischbestände verbesserten, wuchs der Kormoranbestand rasch. In den späten 1980er Jahren setzte die Überwinterung von Hunderten Kormoranen auf deutschen Binnengewässern ein. Der Kampf gegen die Kormorane entbrannte. Bestandserhebungen wurden durchgeführt, wobei die mit Abstand wichtigsten die Zählung der Kormorane an den Schlafplätzen waren. Wie sich zeigte, hatte man die Häufigkeit der Kormorane stark, nicht selten um das Doppelte bis Dreifache überschätzt, weil sie tagsüber zwischen den Gewässern hin und her fliegen oder größere Mengen auf dem Durchzug kurz rasten und wieder verschwinden. Gebietsweise gelang es, die Mitbeteiligung von Anglern zu gewinnen, so dass die Ergebnisse in Fischereikreisen angenommen werden mussten.

Die Kormorane würgen wie viele Vögel Unverdauliches als Speiballen aus. Diese enthalten Knochen und Schuppen von Fischen, die sie verzehrten. Aus deren Art und Größe lässt sich die Art und Größe der Fische bestimmen, die am Tag gefangen und nachtsüber am Schlafplatz als Speiballen ausgewürgt wurden. Sehr aufwändige Untersuchungen mit modernsten chemisch-physikalischen Methoden bestätigten die Befunde aus den Speiballen. Die Kormorane fangen Fische, die im betreffenden Gewässer häufig sind und in der Größe ihren Möglichkeiten, sie zu schlucken, entsprechen. Dabei verschätzen sie sich mitunter auch, insbesondere in trübem Wasser oder wenn sie in Fischzuchtteichen jagen, in denen die Fische in großer Dichte umherschwimmen. Dann verletzten sie die Fische mit der Hakenspitze des Schnabels. Das kann zu Erkrankungen und zum Tod der betroffenen Fische führen. In freien Gewässern treten solche Verletzungen viel seltener auf. Sie bleiben mengenmäßig zumeist unbedeutend (für die Fischbestände, nicht aus der Sicht der Angler). Seltene Fische werden, falls überhaupt, auch selten erbeutet. Gezielte Jagd nach ihnen lohnt nicht, weil sie zu viel Aufwand erfordern würde.

Die Auswertung der Knochen, insbesondere der in Form von «Jahresringen» wachsenden Ohrsteine (Otolithen), gibt Aufschluss über das

Alter der Fische. Erfolgte der von der Fischerei vorgenommene Besatz ausgeprägt mit «Altersklassen», z. B. zweijährigen Karpfen oder dergleichen, sind diese Größen natürlich auch in der Kormoranbeute entsprechend vertreten.

Am wichtigsten ist aber die Frage nach der Menge an Fisch, die der Kormoran pro Tag benötigt. Und da wichen die Ergebnisse bzw. die Umrechnungen aus den Befunden von den Speiballen mitunter stark voneinander ab. Wenn man seinen Bedarf auf der Basis des Grundumsatzes bestimmt, würde ein Kormoran durchschnittlich kaum mehr als 200 bis 250 Gramm Fisch pro Tag brauchen. Doch manche Untersuchungen ergaben deutlich mehr; um die 400, gelegentlich sogar 500 Gramm. Überwintern also 500 Kormorane an einem See oder auf den Stauseen im internationalen Wasservogelschutzgebiet Unterer Inn, so errechnet sich daraus ein Winterverbrauch von November bis Februar (im März beginnt meistens bereits der Abzug in die Brutgebiete) von 120 Tage mal 250 oder mal 500 Gramm Fisch, also 15 bis 30 Tonnen Fisch für die 500 Überwinterer.

Das ist eine Menge, zweifellos. Wie groß ist sie aber im Verhältnis zu den Fischen in den 45 km Flusslänge mit ihren vier großen, an Seitenbuchten und Wasserarmen reichen Stauseen? Die Größe des darin vorhandenen Fischbestandes ist unbekannt. Abschätzen lässt sie sich allenfalls anhand solcher Ereignisse wie dem oben genannten Fischsterben in der Alz. Diese ist auf den von der Vergiftung betroffenen letzten 15 Kilometern bis zur Mündung in den Inn ein Rinnsal, verglichen mit dem wasserreichsten Alpenfluss, der die Donau beim Zusammenfluss in Passau an Wassermenge übertrifft. In den 15 Kilometern Alz mit nur durchschnittlich knapp 15 Kubikmetern Wasser pro Sekunde hatten mindestens 6,5 Tonnen Fisch vor dem Chemieunfall gelebt. Rechnen wir die nicht erfassten Kleinfische dazu, waren es gewiss 10 Tonnen oder mehr. Der untere Inn führt durchschnittlich knapp 750 Kubikmeter pro Sekunde und hat ungleich ausgedehntere Seitengewässer (Buchten, Lagunen). Allein nach Wassermenge und der dreifach größeren Streckenlänge sollte er über 1500 Tonnen Fisch enthalten; also das Fünfzig- bis Hundertfache des Bedarfs der Kormorane. Mindestens! Doch da deren gegenwärtige Winterbestände bei weitem nicht mehr so hoch wie noch in den späten 1980er und frühen 1990er Jahren liegen, sondern bei weniger als 200, verbrauchen sie nicht einmal ein Hundertstel des vor-

Fischereischädliche Vögel **247**

Gänsesäger mit Jungem. Einige wenige Gänsesägerfamilien sind den Fischern schon zu viele und sie fordern, dass gegen deren «Überhandnehmen» vorgegangen wird. (Foto: Ernst Weber)

handenen Fischbestandes. Das ist sehr viel weniger, als die Fischerei annimmt. Solche Verluste liegen bei der Abschätzung des Gesamtbestandes unter der Nachweisgrenze.

Die unterschiedlichen Annahmen zu den Fischmengen für den täglichen Bedarf der Kormorane lassen sich leicht erklären. Sie sind aufschlussreich, um die Wirkung von Vertreibung und Abschuss zu verstehen. Die kleinere Tagesration kommt zustande, wenn die Kormorane nicht scheu sind und keine unnötigen Flüge machen müssen. Das Fliegen kostet Energie. Bei verhältnismäßig schweren Vögeln, wie es die Kormorane, bezogen auf die Fläche ihrer Flügel, sind, ist der Kraftflug besonders aufwändig. Wie viel Energie ein Kormoran tatsächlich braucht, hängt also davon ab, wie viel er fliegen muss und wie leicht er sich tut, Beute zu fangen. Werden Kormorane gejagt und häufig gestört (vertrieben), steigt ihr Nahrungsbedarf. Dann kommen jene rund 500 Gramm zustande, die in den Forschungsergebnissen die obere Bedarfsgrenze bildeten. Der Kormoran muss aber auch umso mehr «nachheizen», je kälter es ist. Bejagung und Störung im Winter steigern daher nochmals den Nahrungsbedarf. Auf die Fischbestände bezogen, kann dies bedeuten, dass durch Vergrämungen und Abschüsse die Verlustmengen steigen, so dass innerhalb einer mehr oder minder großen Spannweite für die vom Kormoran befischten Bestände überhaupt kein Verminderungseffekt zustande kommt. Die Fischverluste können durch die Bekämpfung sogar zunehmen. Entsprechendes gilt für die Gänsesäger und wenn Reiher bejagt werden.

Ein umfangreiches, gemeinsam von der Staatlichen Fischereianstalt Bayerns und ornithologischen Fachwissenschaftlern erarbeitetes Gutachten kam bereits Anfang der 1990er Jahre zu dem Ergebnis, dass an offenen Gewässern keine Beeinträchtigung der Fischbestände durch die (damals noch höheren) Winterbestände der Kormorane nachzuweisen sind. Obwohl das Gutachten bereits vorlag, wurde das Ergebnis zunächst nicht veröffentlicht, sondern vorher noch, wie auch in anderen Bundesländern, die staatliche Ausnahmegenehmigung für Kormoranabschüsse erteilt. Die Maßnahme hat zwei Folgen. Erstens eine politische, denn sie sollte, wie es damals auch ausgedrückt wurde, in Fischereikreisen «Dampf ablassen». Zweitens hält sie die Kormoranbestände auf hohem Niveau produktiv. Die Verhältnisse entsprechen denen bei der Bejagung der Krähen und Tauben. Die Zunahme der Kormorane im vergangenen Vierteljahrhundert hat somit die Fischbestände nicht dezimiert.

Dass sie in vielen Gewässern tatsächlich abgenommen haben, liegt an etwas ganz anderem, das die Angler gleichermaßen wie die Vogelschützer und Ornis beschäftigen sollte, nämlich an der Verbesserung der Wasserqualität in Flüssen und Seen. Je sauberer Gewässer sind, desto weniger Fische produzieren sie. Trinkwasser sollte auch keine Fische und sonstiges Wassergetier enthalten.

Die Angler «verlieren» recht häufig Angelhaken und Senkblei. Letzteres ist sehr giftig, wenn es von Wasservögeln als Ersatz für Magensteine aufgenommen wird. Die davon ausgehende Bleivergiftung, der Saturnismus, ist auf Seite 171 bereits anhand des Bleischrots der Jäger behandelt worden. Ein äußerst schlechtes Bild von den Anglern geben aber Vögel ab, denen ein Angelhaken im Schnabel oder Hals hängen geblieben ist. Das kommt immer wieder bei Schwänen vor, weil diese ufernah auch an Stellen gründeln, die intensiv beangelt werden. An Drillingshaken hängende Köderfische erfassen mitunter Gänsesäger und gehen damit dem Angler an den Haken. Oft hängt ein Stück Silk daran, mit dem sie sich strangulieren. Sogar Schwalben bleiben an Angelhaken hängen; vielleicht wenn sie aus dem Flug heraus trinken oder schlüpfende Wasserinsekten fangen. Die Sorglosigkeit, mit der Angler vielfach mit Silk und Haken verfahren, passt nicht zu dem Image, das sie in der Öffentlichkeit pflegen möchten, und auch nicht zur Verantwortung, die sie bei ihrem Tun tragen. Dazu passt auch nicht, dass sie zum Angeln, wo es irgendwie geht, bis ans Ufer fahren, sich aber naturverbunden geben. So mancher Naturfreund wird eigene Erfahrungen in dieser Hinsicht gemacht haben. Weitestgehend verborgen bleibt hingegen, was unter Wasser geschieht; in den Stellnetzen nämlich und in den Reusen. Selten einmal geben die Netzfischer ihre «Befunde» dazu preis, wie viele Wasservögel welcher Arten sich in den Netzen verfangen haben und ertrunken sind. Spülen Wind und Wellen an Seen oder an großen Buchten von Stauseen tote Tauchenten, Säger oder Seetaucher ans Ufer, die keine Verletzungen durch Schrotschuss tragen, so handelt es sich sehr wahrscheinlich um Opfer der Netzfischerei.

Angler wie Netzfischer wissen um solche Probleme. Viele, sicherlich die meisten, bemühen sich darum zu vermeiden, dass Haken irgendwo im Gewässer oder Silk am Ufer hängen bleiben. Netzfischer können nur hoffen, dass ihnen die richtige Beute ins Netz geht. Ein anderer Effekt berührt die Angler kaum oder wird von ihnen geradezu vehement bestritten, nämlich die Störung, die sie an und auf den Gewässern verursachen. Dabei sehen sie doch, dass Hunderte oder Tausende Wasservögel auffliegen und das Weite suchen, wenn sie zu den Zugzeiten im Herbst und Frühjahr oder im Winter bei Eisfreiheit mit dem Boot zum Fischen hinausfahren. Wohin die Vögel ausweichen sollen, ist ihnen egal. Fischen ist ihr Recht; denn sie haben die Lizenz dazu. Rücksicht zu nehmen würde sie in der Ausübung ihres Sports einschränken, und das wollen sie nicht hinnehmen, selbst nicht in der für die Wasservögel wichtigsten Zeit, wenn sie nisten und kleine Junge führen oder solche in den Nestern haben.

Schon die Anwesenheit von einem Angler oder zwei auf mehreren Hundert Metern Uferlänge reicht aus, um die störungsempfindlichen Vögel am Brüten zu hindern. Langjährige Untersuchungen in Schutzgebieten für Wasservögel mit unterschiedlicher Betretbarkeit der Ufer haben ergeben, dass die kritische Anzahl bei zwei Anglern pro Kilometer Ufer liegt, wenn diese mehr oder weniger geradlinig ausgebildet sind und die Angler per Boot ankommen. Drei bis fünf Angler pro Kilometer verursachen dieselbe Vertreibungswirkung, selbst wenn sie «nur» im

Schilf von Angelplätzen aus fischen. Über diese geringen Zahlen hinaus ist es fast gleichgültig, wie viele Angler in der Hauptbrutzeit an den Ufern fischen, weil ohnehin keine Wasservögel mehr vorhanden sind, von den störungstoleranten Blesshühnern, Stockenten und Höckerschwänen abgesehen.

Das Angeln in Vogelschutzgebieten, in die Ornis und andere Naturinteressierte keinen Zugang haben und keine naturschutzrechtliche Ausnahmegenehmigung bekommen, verursacht so große Störungen, dass diese unter Umständen in ihrer Funktion als Schutzgebiet entwertet werden. Die Wasservögel reagieren so empfindlich auf Störungen, weil sie bejagt werden. Menschen sind Feinde für sie. Die Angler, die gar nicht stören, sondern nur ruhig fischen wollen, beeinträchtigen daher die seltenen, empfindlichen Arten weit mehr, als ihnen das bewusst wird. Ganz ähnlich meinen die Jäger, dass Wild «wild» sein müsse, sonst sei es eben kein Wild. Wäre die Scheu nicht so groß, hätten alle mehr davon, besonders die Naturfreunde, die nur beobachten und erleben, nicht erlegen und erbeuten wollen.

Letzteres aber ist die Regel, zumal in Deutschland. Jagd und Fischerei sind privilegiert und in ihren Rechten weit über das Interesse der Allgemeinheit gestellt. Die früheren Gründe, Privileg des Adels und Beschaffung von Fleisch in Zeiten, in denen es an diesem akut mangelte, sind längst bedeutungslos. Gejagt wie geangelt wird größtenteils oder ausschließlich zum persönlichen Vergnügen, nicht aus Notwendigkeit. Es gibt auch keine Naturnotwendigkeit, dass die Fischbestände reguliert werden müssten. Fast überall, wo geangelt wird, werden Fische eingesetzt. Tonnenweise und oft auch fremde Arten, wie die Regenbogenforellen aus Nordamerika oder Aale in Gewässer des Donaustromsystems, in dem sie von Natur aus nicht vorkommen. Allein die Tatsache, dass die eingesetzten, in Wirklichkeit aber ausgesetzten Fische aus Zuchtanstalten und nicht etwa aus dem örtlichen, für das Gewässer spezifischen Bestand kommen, weil es solchen kaum noch gibt, macht die freigelassenen Fische mehr oder weniger zu Fremdlingen. Sie sind gemäß ihrer Herkunft aus der Fischzuchtanstalt viel anfälliger für Krankheiten und genetisch viel einheitlicher als Wildbestände und daher auch für Vögel, die nach ihnen jagen, leichter zu erbeuten. Der Unterschied zu gerade vor der Jagd freigelassenen Fasanen besteht bei ausgesetzten Fischen lediglich darin, dass sie etwas länger im Gewässer leben als die Fasane in Freiheit und vielleicht doch nicht alle am Haken enden.

Da nun all dies auch in den meisten Naturschutzgebieten gängige Praxis ist, stellt sich die Frage, was diese bei uns eigentlich sein sollen. Sind sie nur Aussperrgebiete für Naturfreunde, damit sich Jäger und Angler ungestört darin tummeln können? Wie kann ein Vogelschutzgebiet so bezeichnet werden, wenn darin Vögel gejagt und vertrieben werden? Mit welcher Begründung benötigen Naturliebhaber für ein bloßes Beobachten Sondergenehmigungen (die sie meistens nicht erhalten mit der Begründung, sie würden stören!), während der Besitz einer gültigen Angelkarte für das Wasservogelschutzgebiet freien Zutritt eröffnet? Durch den Ausschluss der Naturfreunde aus dem Schutzgebiet kann den Jägern nicht einmal dabei zugeschaut werden, worauf sie im Schutzgebiet schießen! Einen sonderbaren Naturschutz haben wir. Wer afrikanische Schutzgebiete besucht, weiß, dass es auch anders gehen kann; ganz anders.

Vogelschutz

Wie steht es nun um unsere Vogelwelt? Hierzulande und global? «Birdlife International», die internationale Schutzorganisation mit Fokus auf die Vögel, listet zusammen mit der Internationalen Naturschutzunion (IUCN) etwa 1200 Vogelarten auf, die stark gefährdet oder vom Aussterben bedroht sind. Also ist jede achte der knapp 10 000 Vogelarten, die es (noch) gibt, betroffen. Vier Hauptgründe gelten als Verursacher.

Der erste ist die bloße Seltenheit mancher Arten. Solche, die auf kleinen Inseln leben oder in abgeschiedenen Bergtälern, können gar nicht in großen Beständen vorkommen, die sie gegen die Wechselfälle des Lebens absichern würden. Natürliche Seltenheit gibt es auch in geographischen Großregionen, wie in Amazonien oder in Nordamerika. Seltene Inselvögel werden von Arten gefährdet, die von Menschen dorthin verfrachtet wurden, wie Katzen, eingeschleppte Ratten oder aus Nostalgie absichtlich angesiedelte andere Vogelarten. Wo der Platz schon knapp ist, kann weiterer Platzverlust zum Aussterben führen. In diesem Bereich steckt die Hauptbedrohung durch gebietsfremde Arten, nicht in großen, offenen kontinentalen Lebensräumen und noch weniger in der direkten Menschenwelt.

Die andere bedeutende Gefährdungsursache, der in den vergangenen Jahrhunderten die Mehrzahl der in der Neuzeit ausgestorbenen Vogelarten zum Opfer fiel, ist die direkte Verfolgung. Sie vernichtete den Dodo auf Mauritius ebenso wie die Hunderte Millionen Wandertauben und den Carolinasittich in den USA, den Riesenalk auf Inseln im Nordmeer und andere, weniger bekannte Vogelarten. Welche Schießorgien auf die den Himmel verdunkelnden Schwärme der Wandertauben in den USA veranstaltet wurden, so dass eine der noch bis ins späte 18. Jahrhundert häufigsten Vogelarten der Erde gänzlich ausgerottet wurde, können wir uns heute nicht mehr vorstellen. Die Vernichtung der Wandertaube zeigt, was Bejagung auch bei sehr häufigen Arten anrichten kann und angerichtet hat. Sie muss daher nach wie vor als eine der Hauptursachen für die Gefährdung seltener Vögel gelten, auch wenn sich bei uns wie in Nordamerika die Verhältnisse gebessert haben. Immerhin schaffte es die Jagd, zahlreiche Tierarten in Mitteleuropa ganz auszurotten. Diese überlebten lediglich deshalb, weil sie im Osten oder Süden weniger stark verfolgt wurden.

Jagd und Fischerei wirken bei der Verfolgung, beim «Kurzhalten», so mancher Arten offen oder uneingestandenermaßen zusammen. Sie ersannen die raffiniertesten Fangmethoden; angefangen von der Mausefalle auf dem Pfosten im Kleinfischteich, auf der mit für sie tödlicher Sicherheit Eisvogel für Eisvogel landete, bis zum Hüttenuhu, der angebunden vor dem Jägerversteck Krähen und Greifvögel anzulocken hatte, damit sie bequem abgeschossen werden konnten. Auch mit Fallen, die mit Fleisch beködert waren, wurden Adler und andere Greifvögel gefangen und vernichtet. Ungezählte Mengen fielen Gift zum Opfer. Demgegenüber scheinen Massenvergiftungen von Kleinvögeln, wie den Blutschnabelwebern in Afrika, die die Hirseernten der armen Bauern gefährdeten, oder der Stare, die mit riesigen Netzen zu Zehntausenden gefangen und vernichtet wurden, um reife Weintrauben zu schützen, geradezu harmlos, weil davon tatsächlich in Massen vorkommende Vogelarten betroffen waren, die diese Verluste, anders als Adler und Eulen, Falken und Habichte, sehr schnell wieder ausgleichen konnten. Nicht einmal der Drosselfang, der stellenweise noch bis in die Mitte des 20. Jahrhunderts in Deutschland betrieben wurde, dezimierte diese so sehr wie die größeren und großen Vogelarten aufgrund der Jagd, die auf sie gemacht wurde. Die anhaltend bejagten Vögel wurden zudem sehr scheu. Wie schon betont, bestätigt das gegenwärtige Wiederanwachsen der Bestände der Großvogelarten und die Zunahme ihrer Verbreitung, dass die Jagd die Hauptursache ihrer Bestandszusammenbrüche gewesen ist.

Gegenwärtig läuft aber eine andere Vogelvernichtung ab, die einen Großteil unseres Landes erfasst hat und sich klammheimlich vollzieht. Nur die Älteren erinnern sich noch an die Zeiten, als im April und Mai der Himmel über den Fluren voller singender Lerchen war. Es gab ihrer so viele, dass es kaum möglich war, sie zu zählen. Von den Büschen an Wegrändern, von den Hecken und Waldrändern sangen die Goldammern und Grauammern. In der Dämmerung riefen die Rebhähne ihr unverkennbares «Kirrek, kirrek». Der Wiedehopf stocherte in den Fladen, die das Weidevieh hinterlassen hatte. Kuckucke riefen fast überall. Rauchschwalben nisteten in den meisten Kuhställen. Mehlschwalben umschwirrten ihre Nester außen an den Hauswänden unterm Dach, während obenauf Hausrotschwänzchen sangen. Und, und, und, ...

Die Flur mit ihren Gehöften und Dörfern war «die Kulturlandschaft», in die man gern hinauszog aus der Enge der Städte mit ihrer schlechten Luft und ihrem Lärm. Überall und vom Frühjahr bis in den Herbst in vielfältiger Abfolge blühten bunte Blumen, flogen Schmetterlinge und schwirrten Bienen. Die Luft war gut. Als romantische Naturschwärmerei müssen solche Schilderungen die Jüngeren, die nach 1980 Geborenen, empfinden, weil sie diesen Zustand der Fluren nicht mehr erlebten oder höchstens noch in abgeschiedenen Winkeln finden könnten, in denen aus irgendwelchen Gründen die große Veränderung noch nicht Platz gegriffen hat.

Die große Veränderung vollzog sich in der Landwirtschaft. Ihre bäuerliche, die Landschaft pflegende Form wurde von der industrialisierten Agrartechnik abgelöst. Das Vieh kam in die Ställe, in die Massenhaltung. Die Fluren wurden überdüngt, weil Gülle schon seit nunmehr einem Vierteljahrhundert in solchen Mengen anfällt, dass sie mehrfach im Jahr das Land überschwemmt und zum Himmel stinken lässt. Die Luft ist vielerorts in den Städten bereits besser als auf dem intensiv bewirtschafteten Land, wo die einstige Vielfalt der Nutzungen von der maschinengerechten Einheitsform abgelöst worden ist. Diese setzt sich

Seit das Vieh im Stall sein muss und nicht mehr wie früher auf die Weide darf, ist der Wiedehopf in den wärmeren Gebieten Mitteleuropas fast völlig ausgestorben. Wo hier in höheren Lagen noch Weidewirtschaft betrieben wird, kommt er aus klimatischen Gründen nicht vor.

(Foto: Ernst Weber)

aus der «Dreifruchtwirtschaft» Mais, Raps und Weizen zusammen. Mit zunehmender Dominanz von Mais und Raps, weil diese Biodiesel und keine Nahrungsmittel zu liefern haben.

Die Folgen traf die Vogelwelt der Fluren härter als alles andere, dem sie vordem ausgesetzt war. Der großmaschinengerechten Vereinheitlichung, begonnen mit der Flurbereinigung, fiel die frühere kleinstrukturierte Vielfalt zum Opfer. Der Schwund an Struktur bedeutete Artenschwund, wie umgekehrt die strukturelle Reichhaltigkeit der Städte diese fördert. Noch stärker wirkte dann ab den 1980er Jahren die Überdüngung. Sie lässt die Pflanzen, die Nutzpflanzen und alle übrigen, die das noch aushalten, immer schneller immer dichter aufwachsen. Dadurch wird der Bodenbereich zu dicht, zu nass und zu kalt für Jungvögel, für die Insekten, von denen sie leben sollten, und für die Wildkräuter und Wiesenpflanzen, deren Samen benötigt würden.

Daher begann der große Rückgang der Artenvielfalt in Feld und Flur in den 1980er Jahren. Er hält nahezu unvermindert an. Die heutigen großen Agrarflächen sind im Hinblick auf die Artenvielfalt Wüsten; Vollwüsten. Es gibt kaum noch eine Vogelart, die darauf leben kann. Nur wo die Böden schlecht genug sind, dass offenere, lockerer bewachsene Flächen in den großen Schlägen übrig bleiben, gibt es da und dort

Vogelschutz 255

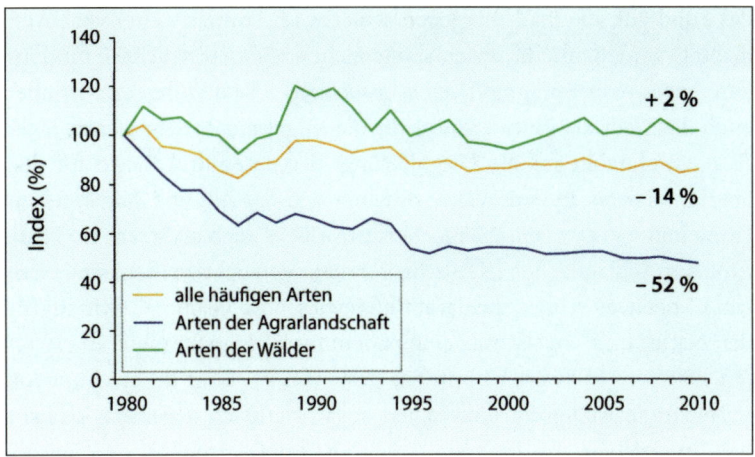

Seit 1980 haben in Europa insbesondere die Vogelarten der Agrarlandschaften sehr stark abgenommen; in Deutschland noch weit stärker als im europäischen Durchschnitt. Die Arten der Wälder hielten sich in etwa und auch die «häufigen Arten» dank der Städte und größeren Siedlungen.
(Quelle: PECBMS 2012, iw: Christopher König, «Der Falke» 60 (2013): 20–21)

letzte Zufluchtsstätten. «Lerchenfenster» nennt man sie, wenn sie absichtlich freigelassen werden. «Feigenblätter» könnte man auch dazu sagen. Denn all diese Entwicklungen in der Landwirtschaft geschehen, weil sie mit unglaublichen Mengen an Subventionen von den Steuermitteln der Öffentlichkeit bezahlt werden. Die Landwirtschaft ist in dieses System hineingetrieben worden, aus dem es ohne einen Zusammenbruch anscheinend kein Herauskommen mehr gibt.

Daher gehören die meisten Vögel, die in den «Roten Listen der gefährdeten Arten» stehen, zum Artenspektrum der Fluren. Die Landwirtschaft ist der direkte oder indirekte Verursacher der Rückgänge von drei Vierteln unserer Vogelarten. Bezieht man alle Arten, also auch das Kleingetier und die Pflanzenwelt, mit ein, steht sie für über 90 Prozent als Hauptverursacher fest. Industrie, Verkehr, Bau- und Siedlungstätigkeit fallen demgegenüber gar nicht mehr ins Gewicht.

In den Städten hingegen hat die Vielfalt der Vogelarten zumindest bis in die 1990er Jahre zugenommen. Wo seither unter dem Einfluss des längst veralteten, weil von der Wirklichkeit überholten Denkens, dass das Land gut, die Stadt hingegen schlecht sei, immer weiter «nachverdichtet» wird, damit die bösen Städte nicht noch mehr wuchern (und für den Anbau von Energiepflanzen brauchbare Flächen fressen), ist aber auch die Stadt als Rettungsinsel für die Vögel nicht mehr sicher. Jäger drängen ohnehin auf die «Regulierung» der Enten und Gänse auf den Stadtgewässern. In den Wäldern halten sich die Zu- und Abgänge seit Jahrzehnten in etwa die Waage. Verluste gibt es auch in diesen, wo keine größeren Schlagflächen (Kahlschläge) mehr gemacht werden, weil diese einer Vogelwelt fehlen, die darauf angewiesen ist. Große «Gewinne» für den Natur- und Vogelschutz sind zudem im Wald nicht mehr zu erwarten, seit der Holzwert so immens gestiegen ist. Eher droht eine neue Vernichtungswelle, die inzwischen sogar Naturschutzgebiete erreicht hat. In solchen werden nun – als «Baumpflegemaßnahme» ausgewiesen – neue breite Straßen (für die Holzerntemaschinen) anstelle verwachsener Pfade gebaut und von den besonders geschützten Schwarzpappeln genauso gesäubert wie vom übrigen Holz. Vom Wasserwirtschaftsamt! Denn das so gewonnene Material lässt sich als Hackschnitzel so gut verkaufen, dass der Straßenbau nichts kostet.

In der Mehrzahl ihrer Großaktionen richten sich die Naturschützer daher gegen die Falschen. Die Verluste drohen weit weniger von Bau- und Siedlungstätigkeit, Industrie und Verkehr als von den «grünen Gruppen». Deswegen gibt es auch kaum Erfolge, außer bei jenen Arten, die durch direkte Verfolgung dezimiert worden waren und Schutz bekommen haben. Gäbe es die Städte nicht, wäre es um die Vogelwelt in Deutschland noch viel schlechter bestellt. Sie gleichen als Rückzugsgebiete wie rettende Inseln einen Teil der großen Verluste auf dem freien Land aus. Es darf behauptet werden, dass nirgendwo Fluren existieren, auf denen (auf gleicher Flächengröße) so viele Vogelarten und so viele Vögel wie in Großstädten leben. Was die Vögel damit ausdrücken, sollte uns ähnlich zu denken geben wie einst Rachel Carsons epochales Buch «Der stumme Frühling», das 1962 gerade noch rechtzeitig vor den katastrophalen Folgen des Wundermittels DDT und anderer Gifte, die in der Landwirtschaft eingesetzt wurden, warnte. Sie mussten verboten werden, weil Rückstände dieser sehr dauerhaften Gifte sogar in den Eiern der Pinguine in der Antarktis und in der Milch stillender Mütter in Europa und Nordamerika auftauchten. Das Verstummen der Vögel gab das Signal. Ihre zerbrechenden Eierschalen wiesen den Weg, der zur Wirkungsweise dieser Gifte führte. Jetzt sind es andere, noch subtiler wirkende Mittel, die in der Landwirtschaft eingesetzt werden und eine Neuauflage des stummen Frühlings verursachen. Besondere Gefahr geht offenbar von den Neonicotinoiden aus. Nirgendwo sonst wird ja so viel Gift unkontrolliert verwendet wie in der modernen Landwirtschaft. Nirgendwo sonst geht es den Vögeln so schlecht. Und nirgendwo sonst erschweren Bestimmungen des Artenschutzes die Untersuchungen so sehr, wie genau da, wo die Vernichtung der Vögel am weitesten fortschreitet.

Tatsächlich stehen unter den Gefährdungsursachen unserer Vogelwelt Bestimmungen und Maßnahmen des Natur- und Umweltschutzes bereits an dritter Stelle nach Landwirtschaft und Jagd/Verfolgung und noch vor (!) den Baumaßnahmen für Siedlungen und Verkehr. Denn die strikten Beschränkungen der Abgrabungen (Kies- und Sandgruben), die Auflagen zur Rekultivierung und die Maßnahmen zum Gewässerschutz nehmen zahlreichen Vogelarten die Lebensmöglichkeiten. Es gibt kaum noch Steilwände, in denen Uferschwalben, Steinkäuze oder die sich wieder ausbreitenden Bienenfresser ihre Brutröhren graben könnten. Künstliche Brutwände sind kein ausreichender Ersatz dafür. Es gibt keine Kahlschläge mehr, auf denen Heidelerchen und Ziegenmelker, Neuntöter und Dorngrasmücken leben könnten. Sturmwürfe treten zu selten auf; viel zu selten für etwa die Birkhühner, die früher in höheren Lagen der Mittelgebirge vorkamen, wo die Nutzung der «reif» gewordenen Altersklassenbestände die passenden offenen Flächen schaffte. Waldbrände werden im Keim erstickt. Auch sie gehörten ursprünglich zur Dynamik der Wälder, bevor diese in Forste umgewandelt wurden. Die Kahlschläge waren Ersatz. Nun dürfen auch sie nicht mehr sein. Dafür arbeiten die Holzernter das ganze Jahr über kreuz und quer im Forst in «Rückegassen». Wer Ruhe sucht, wird lange suchen müssen. Das Land wächst nahezu überall zu. Die Vegetation wird immer dichter. Lichte Wälder gibt es kaum noch. Unter Naturschutz gestellte Wäldchen verlieren ihren Artenreichtum, wenn sich das Buschwerk zu sehr verdichtet. «Betreten verboten» und Einzäunungen, sosehr sie mitunter nötig sein mögen, sind kein generell taugliches Vorgehen. Die sogenannte Eingriff-Ausgleich-Regelung, über die viel Geld umgesetzt wird, müsste weitaus mehr als bisher dazu genutzt werden, offene Freiflächen zu schaffen und immer wieder als solche zu erneuern, auf denen

Bienenfresser, früher als Bienenfeinde verfolgt, könnte es in viel größerer Zahl in Mitteleuropa geben, wenn geeignete Brutplätze vorhanden wären: Steilufer und Abgrabungen mit Lehm-Sand-Bändern, die nicht «rekultiviert» und abgeschrägt werden.
(Foto: Ernst Weber)

der Boden zugänglich bleibt. Und sie müssten, wie grundsätzlich alle Naturschutzgebiete, zumindest aber die Vogelschutzgebiete, völlig jagdfrei gehalten werden. Wo Jagd als angewandter Naturschutz bezeichnet wird, sollte sie denn auch nur im Auftrag des Naturschutzes durchgeführt werden. Doch es geht den Jägern nicht um den Schutz, sondern um das Weiterjagen und seine Rechtfertigung; von Ausnahmefällen abgesehen, wenn etwa zum Schutz bestimmter seltener Pflanzenarten die Bestände von Rehen, Hirschen oder Wildschweinen vermindert werden sollten. Forstwirtschaftliche Gesichtspunkte, so berechtigt sie sein mögen, dürfen auch nicht als «Naturschutz» vorgeschoben werden. Und es ist unerträglich, dass den Naturfreunden, die nur beobachten, Beschränkungen auferlegt werden, wenn in den Schutzgebieten Jagd und Fischerei, Land- und Forstwirtschaft weitergehen. Es muss unbedingt erreicht werden, dass gleiche Beschränkungen für alle gelten. Nur dann können sie wirksam werden. Keine Privilegierung darf es für irgendwelche Nutzergruppen geben. Sie sind Ausdruck von Kapitulation der Politik vor dem Druck der Nutzer.

An Vorkommen, Häufigkeit und Bestandsentwicklung der Vögel soll, ja muss sich die Wirksamkeit des Vogelschutzes bemessen; in Vogelschutzgebieten wie im Artenschutz. Dieser gehört entrümpelt von Verboten, die den Vögeln nichts nützen, aber viele Menschen, zumal Kinder und Jugendliche, in ihrer Bezugnahme zur Natur einschränken. Es ist

Der Galapagos-Bussard – nie von Menschen verfolgt ...

... hat keine Scheu vor den Fotografen Wilhelm Eisenreich und Alfred Limbrunner.

grober Unfug, dass man Mauserfedern als «Teile geschützter Vögel» nur mit einer naturschutzrechtlichen Ausnahmegenehmigung aufheben, mitnehmen und sammeln darf! Dass die Naturschutzverbände solche Bestimmungen dulden, ist kein Ruhmesblatt für sie und ihr Anliegen.

Was also können wir tun? Das Wichtigste ist sicher, auf die Naturschutzverbände einzuwirken, dass sie sich endlich dazu durchringen, mit ihrer politischen Kraft die falschen und untauglichen Artenschutzbestimmungen außer Kraft zu setzen. Wir brauchen dringend einen vernünftigen, die Menschen motivierenden Naturschutz. Der Vogelschutz ist der entscheidende Schrittmacher dafür. Denn die Vögel sind Sympathieträger. Sodann sollten die Naturschutzverbände noch viel mehr Kraft und Mittel darauf verwenden, eigene Schutzgebiete aufzubauen, in denen sie das Sagen haben. In diesen können sie zeigen, wie wirklicher Vogelschutz aussieht. Nach dem Urteil des Europäischen Gerichtshofes für Menschenrechte ist ihnen die Möglichkeit geboten, zu erreichen, dass auf ihren Flächen die Jagd eingestellt wird. Sie können ihre Gebiete so gestalten oder sich so entwickeln lassen, dass sie den Vögeln möglichst günstige Bedingungen bieten. Es gilt, in einem zweiten, auf Verbandsbasis aufgebauten Schutzgebietssystem den staatlichen Schutzgebieten Konkurrenz zu machen. Um zu zeigen, dass es besser geht! Die Öffentlichkeit wird dies alsbald ähnlich zu schätzen wissen wie in Großbritannien oder in den USA und anderen Ländern mit erfolgreichem Vogelschutz. In diesen haben die Vogelschutzverbände viel mehr Mitglieder als bei uns. Und auch weit mehr Ornis als bei uns sind dort unterwegs. Mit großer Begeisterung, weil ihre Einsätze für die Vögel erfolgreich sind. Wir brauchen bei uns noch mehr privates Engagement. Dann lassen sich all die Niederlagen, die wir im staatlichen Naturschutz erleben, leichter ertragen und vielleicht doch auf die Erfolgsbahn bringen. Unsere Vögel sind den Einsatz wert. Über den Fluren sollen wieder Lerchen singen und die Nachtigallen in den Städten bleiben können.

Nachgedanken

Galapagos. Viele Jahre ist es her. Damals musste man noch den teueren Rollfilm umständlich in die Kamera einlegen. Vor jedem Druck auf den Auslöser fragte ich mich, ob es das Bild auch wirklich wert ist und wie viele Filmspulen noch in Reserve vorhanden sind. Die äquatoriale Sonne stand nahezu senkrecht über mir. Weit beugte ich mich vor, um der Kamera Schatten zu geben, als ich den Film einlegte. Da merkte ich, dass etwas an meinem rechten Schuh zerrte. Mit einer unwillkürlichen Handbewegung verhinderte ich gerade noch, dass der Schnürsenkel verschwand. Eine Spottdrossel war dabei, ihn herauszuziehen. Gleich wäre sie mit dieser Beute davongeflogen. Der nicht einmal amselgroße graue Vogel wich meiner Hand nur knapp einen halben Meter aus. Mit keckem Blick, so mein Eindruck, äugte er mich an, als ob er nicht einsehen wollte, dass er diesen Pseudowurm nicht bekommen sollte. Die Spottdrossel reckte den Schwanz in die Höhe, hüpfte um mich herum – und probierte es nun am linken Schuh. Nachdrücklich erklärte ich ihr, dass ich unter keinen Umständen gewillt war, auch nur einen der beiden Schnürsenkel herzugeben. Nicht fest gebundene Schuhe taugen nichts, wenn man auf den scharfkantigen Lavaklippen von Galapagos herumsteigt. Zum Ausgleich bot ich ihr ein Keksstückchen an. Sie nahm es entgegen wie ein futterzahmer Vogel, hielt es sekundenlang schräg in die Höhe und warf es weg. Der Keks war ihr wohl zu trocken. Als ich sie ins Teleobjektiv der Kamera schauen ließ, neigte sie den Kopf und tat das einäugig. Dann kam eine zweite Spottdrossel. Die beiden hatten sich wohl etwas zu sagen. Sie schnatterten los und ich wurde uninteressant. Nachdem Stunden später das Zählwerk der Kamera beim 41. Bild angelangt war, wurde ich stutzig. Der Film hatte nicht eingerastet. 40 Fotos hatte ich auf ein einziges am Anfang gemacht. Die Ablenkung war der Spottdros-

Galapagos-Spottdrossel vor ihrem Versuch, den Schnürsenkel aus dem Schuh zu ziehen.

sel gelungen. Ich legte den Film nochmals ein. Etwa fünf Bilder waren durch Lichteinwirkung verloren. Leider hatte mich niemand mit der Spottdrossel fotografiert.

Könnte es Ähnliches nicht auch bei uns geben: Inseln des Urvertrauens der Vögel? Ein Ersatz-Galapagos wenigstens alle paar hundert Kilometer? Erreichbar für alle. Offen für alle. Orte, wo die Vögel keine Scheu vor den Menschen haben. Mit der Zeit werden die Vögel vertraut. Sie zeigen das in Afrika, Amerika, Asien … Warum nicht auch bei uns?!

Dem Team im C.H. Beck Verlag, vor allem Dr. Stefan Bollmann und Angelika von der Lahr, danke ich herzlich für das große Engagement für dieses Buch und der Verlagsleitung, dass es so gestaltet und so reichlich mit Bildern ausgestattet werden konnte; weit besser, als ich das erhofft hatte!

Zu danken habe ich auch meinen Freunden Alfred Limbrunner, Florian Möllers, Dr. Hannes Petrischak, Dr. Walter Pilshofer, Franz Segieth und Ernst Weber für die Zurverfügungstellung ihrer Bilder. Ohne diese wäre der Text gewiss zu eintönig.

Josef H. Reichholf
Neujahr 2014

Literatur

Die Fülle der Bücher über Vögel ist so groß, dass niemand sie überblicken kann. Der noch weitaus größere Teil des Wissens über die Vögel steckt aber in ornithologischen Zeitschriften. Veröffentlichungen daraus für dieses Buch anführen zu wollen würde nicht nur den Rahmen sprengen, sondern Verfasser und Leser hoffnungslos überfordern. Ohnehin ließ es sich nicht vermeiden, dass eine recht persönliche Literaturauswahl zustande kam. Sie spiegelt mein Interesse und welche Bücher mich besonders beeindruckten. Andere Ornithologen würden anders wählen. Mit den kurzen Anmerkungen zu den aufgelisteten Büchern versuche ich aber verständlich zu machen, warum ich sie ausgewählt habe und was sich in Bezug auf Inhalte meines Textes mit ihrer Hilfe vertiefen lässt. Die 20 Jahre Vorlesungen über Ornithologie an der Universität München und insbesondere die vielen Anfragen, die an mich in den 36 Jahren als Ornithologe der Zoologischen Staatssammlung in München gerichtet wurden, wirkten sich auf die inhaltliche Gestaltung des Buches und auf die Auswahl der Literatur aus. Ich entnahm daraus, was die Öffentlichkeit interessiert. Darüber hinaus wird jeder, der sich intensiver mit der Vogelwelt befasst, ganz von selbst in die Fachliteratur hineinkommen. Für den Anfang sind gute Bestimmungsbücher und eine entsprechend gute Optik am wichtigsten. Das Beobachten der Vögel setzt ein leistungsfähiges Fernglas voraus, dem alsbald ein Spektiv folgen wird. Am besten eines, mit dem das Geschaute auch digital fotografiert und damit dokumentiert werden kann. Die Erfahrungen dazu gewinnt man nicht aus Büchern, sondern im Gelände und im Austausch mit anderen, erfahrenen Ornis. Entscheidend ist letztlich die Freude am Beobachten der Vögel. Sie wird wachsen mit der Zunahme an Wissen.

Aeckerlein, W. (1986): Die Ernährung des Vogels. – Stuttgart (zwar auf die Vögel bezogen, die gekäfigt gehalten werden, aber informativ auch für die Wildvögelernährung).

Aubrecht, G. & G. Holzer (2000): Stockenten. Biologie, Ökologie, Verhalten. – Leopoldsdorf (ausgezeichnete Übersicht zum Verhalten der Stockenten und ihrer Lebensweise).

Baierlein, F. (1996): Ökologie der Vögel. – Stuttgart (Darstellung aktueller Forschungen).

Barber, J. (2013): Das Huhn. Geschichte, Biologie, Rassen. – Bern (hält, was der Titel verspricht).

Bauer, H.-G. & P. Berthold (1997): Die Brutvögel Mitteleuropas. Bestand und Gefährdung. – Wiesbaden (beste Übersicht, wenngleich von den Grunddaten fast 20 Jahre alt).

Bauer, H.-G., E. Bezzel & W. Fiedler (2005): Kompendium der Vögel Mitteleuropas. Alles über Biologie, Gefährdung und Schutz. 3 Bde. – Wiebelsheim (unentbehrliches Nachschlagewerk; sehr teuer, aber ergiebig).

Beaman, M. & S. Madge (1998/2007): Handbuch der Vogelbestimmung. Europa und Westpaläarktis. – Stuttgart (für fortgeschrittene Ornis).

Bergmann, H.-H., H.-W. Helb & S. Baumann (2008): Stimmen der Vögel Europas. – München (sehr empfehlenswerter Feldführer zu den Stimmen und Gesängen der Vögel).

Bergmann, H.-H. (1987): Die Biologie des Vogels. Eine exemplarische Einführung in Bau, Funktion und Lebensweise. – Wiesbaden (ergiebige Beispiele).

Berthold, P. (2000): Vogelzug. – Darmstadt (modernes, verständliches Grundlagenwerk).

Berthold, P. & G. Mohr (2012): Vögel füttern, aber richtig. – Stuttgart (das wichtigste Buch zur Vogelfütterung!).

Bezzel, E. & R. Prinzinger (1990): Ornithologie. – Stuttgart (Lehrbuch; sehr faktenreich und übersichtlich).

Bezzel, E. (2003): Vogelfedern. Federn heimischer Arten bestimmen. – München (für Anfänger).

Bezzel, E. (2010): Vogelfedern. – München (ausführlicheres Bestimmungsbuch).

Bezzel, E., I. Geiersberger, G. v. Lossow & R. Pfeifer, Bearb. (2005): Brutvögel in Bayern. Verbreitung 1996 bis 1999. – Stuttgart (Verbreitungsatlas mit Interpretation).

Bibby, C. J., N. D. Burgess & D. A. Hill (1995): Methoden der Feldornithologie. Radebeul (vermittelt die Forschungsmethoden für ernsthafte Feldforschung; sehr «britisch»).

BirdLife International (2000): Threatened Birds of the World. – Cambridge, GB (Handbuch zu allen global bedrohten Vogelarten).

Birkhead, T. (2012): Bird Sense. What It's Like to Be a Bird. – London (brillante Schilderung der Sinnesleistungen der Vögel).

Bollen, L. (2007): Der Flug des Archaeopteryx. Auf der Suche nach dem Ursprung der Vögel. – Wiebelsheim (behandelt den Urvogel und die Evolution der Vögel).

Brown, R., J. Ferguson, M. Lawrence & D. Lees (1988/2005): Federn, Spuren & Zeichen der Vögel Europas. Ein Feldführer. – Hildesheim (der Titel sagt's).

Bruun, B., H. Delin & L. Svensson (1990): Der Kosmos-Vogelführer. Die Vögel Deutschlands und Europas. – Stuttgart (einer der guten Feldführer).

Burton, R. (1988): Das Ei. Wunder der Natur. – Stuttgart (nicht nur über das Vogelei, aber auch; behandelt allgemein die Fortpflanzung über Eier).

Burton, R. (1991): Vogelflug. Aerodynamik, Anatomie, Anpassung. – Stuttgart (sehr gut für alle, die wissen möchten, warum Vögel überhaupt fliegen können und wie sie es machen).

Cody, M. L. & J. M. Diamond (eds.) (1975): Ecology and Evolution of Communities. – Cambridge, Mass. (internationals Lehrbuch, immer noch ausgezeichnete Einführung).

Crosby, A. W. (1986): Ecological Imperialism. The Biological Expansion of Europe, 900–1900. – Cambridge, GB (eines der wichtigsten Bücher zu den invasiven Arten).

Elkins, N. (1999): Weather and Bird Behaviour. – London (Befunde zur Abhängigkeit der Vögel vom Wettergeschehen; wichtig, um Klimaänderungen einschätzen zu können).

Eser, U. (1999): Der Naturschutz und das Fremde. – Frankfurt/Main (sollte jeder gelesen haben, der sich zu den fremden Arten äußert).

Faaborg, J. (1988): Ornithology. An Ecological Approach. – Englewood Cliffs, N.J. (Lehrbuch der Spitzenklasse).

Feduccia, A. (1984): Es begann am Jura-Meer. – Hildesheim (nach wie vor das vielleicht beste Buch zur Evolution der Vögel, wenn auch nicht mehr aktuell).

Frenz, L. (2012): Lonesome George oder das Verschwinden der Arten. – Berlin (Titel!).

Gatter, W. (2000): Vogelzug und Vogelbestände in Mitteleuropa. 30 Jahre Beobachtung des Tageszugs am Randecker Maar. – Wiebelsheim (einzigartige Langzeituntersuchung zum Vogelzug in Mitteleuropa).

Gebhardt, H., R. Kinzelbach & S. Schmidt-Fischer (1996): Gebietsfremde Tierarten. Auswirkungen auf einheimische Arten, Lebensgemeinschaften und Biotope. Situationsanalyse. – Landsberg/Lech (Zusammenstellung von Vorträgen einer Fachtagung mit breitem Spektrum der «Positionen»).

Glutz von Blotzheim, U. N., Hrsg. (1966–1997): Handbuch der Vögel Mitteleuropas. 14 Bände. – Wiesbaden («das Handbuch» über die Vögel Mitteleuropas; sehr umfangreich, außerordentlich ergiebig, aber auch ziemlich teuer).

Goodfellow, P. (o.J.): Birds as Builders. – London (alles über Vogelnester und die Baukunst der Vögel).

Griesohn-Pfleger, T. (2003): Gefiederte Jahreszeiten. Vogelbeobachtungen durch das Jahr. – Stuttgart (Titel!).

Gylstorff, I. & F. Grimm (1987): Vogelkrankheiten. – Stuttgart (Titel! Ein Lehrbuch für Tiermediziner).

Haag-Wackernagel, D. (1998): Die Taube. Vom heiligen Vogel der Liebesgöttin zur Straßentaube. – Basel (wunderbares Werk über eine verkannte, meistens gering geschätzte oder verfolgte Vogelart, die sich nicht vertreiben lässt).

Hanson, T. (2011): Feathers. The Evolution of a Natural Miracle. – New York (das Neueste über die Feder, aber wenig über ihren Ursprung).

Harris, A., L. Tucker & K. Vinicombe (1991): Vogelbestimmung für Fortgeschrittene. Ähnliche Arten auf einen Blick. – Stuttgart (wie es der Titel sagt, für Fortgeschrittene).

Harrison, C. (1975): Jungvögel, Eier und Nester aller Vögel Europas, Nordafrikas und des Mittleren Ostens. – Hamburg (sehr gutes Bestimmungsbuch für den von Ornis meist wenig beachteten Bereich des Vogellebens).

Hayman, P., J. Marchant & T. Prater (1986): Shorebirds. An identification guide to the waders of the world. – London (Bestimmungsbuch für alle Limikolenarten).

Heinzel, H., R. Fitter & J. Parslow (1996): Pareys Vogelbuch. Alle Vögel Europas, Nordafrikas und des Mittleren Ostens. – Hamburg (eines der meistverkauften und meistbenutzten Bestimmungsbücher der Vögel Europas).

Henze, O. (1991): Die richtigen Vogelnistkästen in Wald und Garten. – Konstanz (der Titel sagt's und hält, was versprochen wird).

Hickling, R. (ed.) (1983): Enjoying Ornithology. – Calton, GB (Themen der Feldornithologie in Großbritannien, die unverändert aktuell sind, auch bei uns).

Hoyo, J. del, A. Elliot & J. Sargatal (1992–2011): Handbook of the Birds of the World. 16 Bde. – Barcelona (das Standardwerk über alle Vogelarten der Erde, hervorragend ausgestattet und absolute den hohen Preis wert).

Hume, R. (1990): Birds by Character. The Fieldguide to Jizz Identification. – London (kleiner, aber sehr nützlicher Feldführer, dem man entnehmen kann, an welchen Besonderheiten/Kleinigkeiten man die schwierigen Arten unterscheidet).

Jonsson, L. (1992/2010): Die Vögel Europas und des Mittelmeerraumes. – Stuttgart (ebenfalls einer der «Großen» unter den Feldführern).

Keller, Th. & Th. Vordermeier (1994): Einfluss des Kormorans *(Phalacocorax carbo sinensis)* auf die Fischbestände ausgewählter bayerischer Gewässer unter Berücksichtigung fischökologischer und fischerei-ökonomischer Aspekte. – Abschlußbericht. Bayerische Landesanstalt für Fischerei. Starnberg.

Kleiber, M. (1967): Der Energiehaushalt von Mensch und Haustier. – Hamburg (ein älteres, aber übersichtliches Grundlagenwerk zum Energiestoffwechsel).

Koenig, O., Hrsg. (1988): Oskar Heinroth, Konrad Lorenz. Wozu aber hat das Vieh diesen Schnabel? Briefe aus der frühen Verhaltensforschung 1930–1940. – München.

Krause, B. (2013): Das große Orchester der Tiere. Vom Ursprung der Musik in der Natur. – München (interessante «Betrachtungsweise» der Vogelgesänge mit den Ohren eines Musikers).

Lack, D. (1971): Ecological Isolation in Birds. – Oxford (Klassiker zur Ökologie der Vögel).

Lever, C. (1987): Naturalized Birds of the World. – New York (Handbuch über die global eingebürgerten Vogelarten).

Levine, G. (1995): Lifebirds. – New Brunswick, N. J. (etwas zum Lesen und Schmunzeln und besonders für «Listenführer»).

Lingenhöhl, D. (2011): Vogelwelt im Wandel. Trends und Perspektiven. – Weinheim (Titel!).

Madge, S. & H. Burn (1989): Wassergeflügel. Ein Bestimmungsbuch der Schwäne, Gänse und Enten der Welt. – Hamburg (Titel!).

Makatsch, W. (1955): Der Brutparasitismus in der Vogelwelt. – Radebeul (alte, aber sehr anschauliche Zusammenfassung des damaligen Wissens über den Brutparasitismus).

Martin, B. P. (1987): World Birds. – Guinness, Enfield («Rekorde» aus der Vogelwelt).

Martin, K. (2002): Ökologie der Biozönosen. – Berlin (Hochschullehrbuch).
Möllers, F. & K. Trippel (2009): Kormoran. Schwarzer Peter oder harmloser Vogel. – Steinfurt (neutral kommentierter Bildband zum Problemvogel Kormoran).
Möllers, F. (2010): Wilde Tiere in der Stadt. – München (besondere Fotos zu den in Berlin frei lebenden Tieren mit informativen Texten. Ein ungewöhnliches Portrait der Hauptstadt!).
Nachtigall, W. (1987): Vogelflug und Vogelzug. – Hamburg (Klassiker von einem Klassiker der Vogelflugforschung; sehr gut geschrieben!).
Oberösterreichisches Landesmuseum (Hrsg.) (1995): Einwanderer. Neue Tierarten erobern Österreich. – Linz (Katalog mit sehr aufschlussreichen Beiträgen, auf Österreich bezogen, aber genauso aktuell für ganz Mitteleuropa).
O'Connor, R. J. & M. Shrubb (1986): Farming and Birds. – Cambridge, GB (hat leider nie ein Landwirtschaftsminister gelesen und ist wohl auch kaum bekannt in deutschen Vogelschutzkreisen).
Perrins, C. (Hrsg.) (2004): Die BLV Enzyklopädie Vögel der Welt. – München (ein großes, sehr schönes Werk über die Vielfalt der Vögel der Erde).
Perrins, C. M. (1995): Die große Enzyklopädie der Vögel. – München (beste Übersicht über die verschiedenen Vogelgruppen von den Straußen bis zu den Kolibris und Singvögeln; komplette Arten- und Namensliste!).
Peterson. R. T., G. Montford & P. A. D. Hollom (1954/1979): Die Vögel Europas. – Hamburg (die ‹Bibel› der älteren Ornithologen, die es möglich machte, Vögel zu bestimmen, ohne sie schießen oder fangen zu müssen. Den «Peterson» hatte ich immer dabei!).
Phillips, J. G., P. J. Butler & P. J. Sharp (1985): Physiological Strategies in Avian Biology. – New York (eine Einführung auf Hochschulniveau in die Kernprobleme des Funktionierens der Vogelkörper).
Portmann, A. (1984): Vom Wunder des Vogellebens. – München (zum Lesen und Genießen; eines der schönsten Bücher über das Leben der Vögel!).
Primack, R. B. (1995): Naturschutzbiologie. – Heidelberg (unentbehrlich für Vogelschützer).
Reichholf, J. H. (1993): Comeback der Biber. Ökologische Überraschungen. – München.
Reichholf, J. H. (2005): Die Zukunft der Arten. Neue ökologische Überraschungen. – München.
Reichholf, J. H. (2007): Stadtnatur. Eine neue Heimat für Tiere und Pflanzen. – München.
Reichholf, J. H. (2009): Rabenschwarze Intelligenz. – München.
Reichholf, J. H. (2011): Der Tanz um das goldene Kalb. Der Ökokolonialismus Europas. – Berlin.
Reichholf, J. H. (2011): Der Ursprung der Schönheit. Darwins größtes Dilemma. – München.
Reichholf, J. H. (2013): Begeistert vom Lebendigen. Facetten des Wandels in der Natur. – Zug/Schweiz (die angeführten Bücher enthalten ausführlichere Darstellungen meiner eigenen Untersuchungen über Vögel, vor allem zur Ökologie von

Wasservögeln und zum Prachtgefieder, aber auch zu den Auswirkungen der modernen Landwirtschaft und über die Rabenvögel).

Richarz, K. & M. Hormann (2010): Nisthilfen für Vögel und andere heimische Tiere. – Wiesbaden (das derzeit beste Werk zum Thema; ergänzt mit CD-Beilage).

Ricklefs, R. E. (1973): Ecology. 4. Aufl. 1999. – Portland (Ökologielehrbuch eines der weltweit führenden amerikanischen Ökologen & Ornithologen).

Robischon, M. (2012): Vom Verstummen der Welt. Wie uns der Verlust der Artenvielfalt kulturell verarmen lässt. – München (Titel! Sehr engagiert geschrieben!).

Rödl, T., B.-U. Rudolph, I. Geiersberger, K. Weixler & A. Görgen, Bearb. (2012): Atlas der Brutvögel in Bayern. Verbreitung 2005 bis 2009. – Stuttgart (neuester Verbreitungsatlas der in Bayern vorkommenden Brutvögel mit Hochrechnungen zu ihrer Häufigkeit).

Rothenburg, D. (2007): Warum Vögel singen. Eine musikalische Spurensuche. – Heidelberg.

Sauer, F. (1991): Vogelnester, nach Farbfotos erkannt. – Karlsfeld (Feldführer zu den Nestern; schwer zu bekommen).

Simms, E. (1978): British Thrushes. – London (beispielhafte vergleichende Behandlung der west- und mitteleuropäischen Drosseln).

Simms, E. (1979): The Public Life of the Street Pigeon. – London (lesenswert kurze Monographie über die Stadttaube).

Summers-Smith, J. D. (1988): The Sparrows. – Calton, GB (umfassende Behandlung der «Spatzen», ihrer Artenvielfalt, Verbreitung und Ökologie).

Svensson, L., K. Mullamey & D. Zetterström (2010): Der neue Kosmos Vogelführer. Alle Arten Europas, Nordafrikas und Vorderasiens. – Stuttgart (ausgezeichneter Feldführer).

Taylor, K., R. J. Fuller & P. C. Lack (eds.) (1985): Bird Census and Atlas Studies. – BTO, Tring (wichtig für alle, die sich an Bestandserfassungen beteiligen möchten).

Tennekes, H. (2011): Das Ende der Artenvielfalt: Neuartige Pestizide töten Insekten und Vögel. – Berlin (ein aufrüttelndes, geradezu schockierendes Buch über die Auswirkungen von Pflanzenschutzmitteln; leider nicht so gut geschrieben wie Rachel Carsons «Der stumme Frühling»).

Terborgh, J. (1989): Where Have All Birds Gone? – Princeton, N. J. (Niedergang der Vögel auch in den Tropen Amerikas).

Tivy, J. (1993): Landwirtschaft und Umwelt. – Heidelberg (sollten Vogelschützer kennen!).

Tuck, G. & H. Heinzel (1980): Meeresvögel der Welt. – Hamburg (Bestimmungsbuch aller Arten von Pinguinen, Kormoranen, Alken und Möwen u. a. Seevögeln).

Voitkevitch, A. A. (1966): The Feathers and Plumage of Birds. – London (englische Übersetzung russischer Forschungen an der Vielfalt der Vogelfedern).

Voous, K. H. (1962): Die Vogelwelt Europas und ihre Verbreitung. – Hamburg (Verbreitungsatlas, der zeigt, wo die bei uns lebenden Vogelarten insgesamt vorkommen).

Westphal, U. (1991): Botulismus bei Vögeln. – Wiesbaden (Sachstandsbericht nach den großen Botulismusausbrüchen der 1970er und 1980er Jahre in Deutschland).
Wieser, W. (1986): Bioenergetik. Energietransformationen bei Organismen. – Stuttgart (sehr gutes Grundlagenwerk zum Energiehaushalt der Vögel).
Wink, M. (2014): Ornithologie für Einsteiger. – Heidelberg (ganz neues, ganz tolles Lehrbuch auf Hochschulniveau).
Wittig, R. & B. Streit (2004): Ökologie. – Stuttgart (ein Lehrbuch).
Wyllie, I. (1981): The Cuckoo. – London (nicht mehr aktuelle, aber sehr ergiebige Monographie über den Kuckuck und seinen Brutparasitismus).

Viele zumeist sehr gute oder ausgezeichnete **Monographien über Vögel** enthält die «**Neue Brehm-Bücherei**». Sie sind eine unentbehrliche Quelle von Befunden und Literatur zu den behandelten Vogelarten, aber die noch aus der DDR-Zeit stammenden Bände sind schwer zu beschaffen.

Feldführer (field guides) hoher Qualität decken jede Region der Erde ab. Ein Orni wird, bestens ausgerüstet mit Bestimmungsbüchern, überall hinkommen.

Zeitschriften für Ornis gibt es ebenfalls in großer Zahl und zumeist hoher Qualität. Sie decken die Interessengebiete der Vogelbeobachter von lokalen und regionalen Heften bis zu nationalen und internationalen Journalen ab. Meistens ist eine Mitgliedschaft in der Gesellschaft, welche die Zeitschrift herausgibt, Voraussetzung für ihren Bezug. Alle sind sie übers Internet leicht ausfindig zu machen und zu kontaktieren.

Für Ornis besonders empfehlenswert und sehr ergiebig, auch in Bezug auf interessante Beobachtungsgebiete, ist «Der Falke», Journal für Vogelbeobachter. (AULA Verlag, Wiebelsheim).

Zunehmend wichtiger werden die **Internetforen** für den raschen Datenaustausch und für schnelle Auswertungen, wie in *ornitho.de* und *ornitho.at*.

Bildnachweis

Vorderer und hinterer Vorsatz: Feder-Feinstruktur in Lupenvergrößerung. Die ineinandergreifenden Haken- und Bogenstrahlen sind erkennbar und bilden das ‹Gerüst› für die Fläche der Federfahne.

Georg Erlinger: Seite 142 Mitte; **PECBMS 2012**. Population Trends of Common European Breeding Birds 2012. CSO, Prag, in: Christopher König, «Der Falke» 60 (2013): 20–21: Seite 255; **Alfred Limbrunner**: Seite 22, 23, 31, 46 oben, 68, 80, 105, 117, 128 links, 131, 154 rechts, 155, 189, 198, 215, 218, 239; **Florian Möllers**: Seite 159, 222, 227; **Hannes Petrischak**: Seite 58; **Walter Pilshofer**: Seite 116; **Franz Segieth**: Seite 142 oben, unten; **ullstein bild – imagebroker.net/jspix**: Seite 125; **Ernst Weber**: Seite 2, 15, 46 unten, 47, 55, 85, 88, 128 rechts, 130, 154 links, 158, 164, 172, 176, 192, 231, 234, 235, 247, 254, 258.

Alle übrigen Abbildungen stammen vom **Verfasser**.

Liste der genannten Vogelarten

(sp. bedeutet, dass die Gattung mehrere Arten enthält)

Alpenstrandläufer *Calidris alpina*
Amazonenpapageien *Amazona* sp.
Amsel *Turdus merula*
Ani-Kuckuck *Crotophaga ani*
Araucaner (Hühner) *Gallus domesticus*
Auerhuhn *Tetrao urogallus*
Austernfischer *Haematopus ostralegus*

Bachstelze *Motacilla alba*
Bankivahuhn *Gallus gallus*
Bartmeise *Panurus biarmicus*
Beo *Gracula religiosa*
Bergfink *Fringilla montifringilla*
Berglaubsänger *Phylloscopus bonelli*
Beutelmeise *Remiz pendulinus*
Bienenfresser *Merops apiaster*
Birkhuhn *Tetrao tetrix*
Blatthühnchen *Jacana* sp.
Blauelster *Cyanopica cyana*
Blaufußtölpel *Sula nebouxii*
Blaumeise *Parus caeruleus*
Blauracke *Coracias garrulus*
Blesshuhn *Fulica atra*
Blutschnabelweber *Quelea quelea*
Brachvogel, Großer *Numenius arquata*
Brandente, Brandgans *Tadorna tadorna*
Brieftaube = Zuchtform der Haustaube *Columba livia f. domestica*
Buntspecht *Dendrocopos major*
Bussard, Galapagos- *Buteo galapagoensis*
Bussard, Mäusebussard *Buteo buteo*

Dodo *Raphus cucullatus*
Dohle *Corvus monedula*
Dorngrasmücke *Sylvia communis*

Drosselrohrsänger *Acrocephalus arundinaceus*

Eichelhäher *Garrulus glandarius*
Eiderente *Somateria mollissima*
Eisvogel *Alcedo atthis*
Elster *Pica pica*
Emu *Dromaius novaehollandiae*

Fasan *Phasianus colchicus*
Feenseeschwalbe *Gygis alba*
Feldschwirl *Locustella naevia*
Feldsperling *Passer montanus*
Felsentaube *Columba livia*
Fischadler *Pandion haliaetus*
Fitis *Phylloscopus trochilus*
Flamingo, Rosa Fl. *Phoenicopterus ruber roseus*
Flamingo, Zwerg-Fl. *Phoeniconaias minor*
Flussseeschwalbe *Sterna hirundo*

Galapagosbussard *Buteo galapagoensis*
Gänsesäger *Mergus merganser*
Gartengrasmücke *Sylvia borin*
Gebirgstelze *Motacilla cinerea*
Gimpel *Pyrrhula pyrrhula*
Girlitz *Serinus serinus*
Goldhähnchen *Regulus* sp.
Graugans *Anser anser*
Grauschnäpper *Muscicapa striata*
Großtrappe *Otis tarda*
Grünfink, Grünling *Carduelis (Chloris) chloris*
Guira-Kuckuck *Guira guira*

Liste der Vogelarten

Habicht *Accipiter gentilis*
Häherkuckuck *Clamator glandarius*
Halsbandsittich, Halsring- *Psittacula krameri*
Haubenlerche *Galerida cristata*
Haubenmeise *Parus cristatus*
Haubentaucher *Podiceps cristatus*
Hausrotschwanz *Phoenicurus ochruros*
Haussperling *Passer domesticus*
Heidelerche *Lullula arborea*
Hirtenstar, Hirtenmaina *Acridotheres tristis*
Hoatzin *Opisthocomus hoazin*
Höckerschwan *Cygnus olor*
Hohltaube *Columba oenas*

Jassana *Jacana* sp.

Kampfläufer *Philomachus pugnax*
Kanadagans *Branta canadensis*
Kanincheneule *Athene (Speotyto) cunicularia*
Kap-Beutelmeise *Anthoscopus minutus*
Kasuar *Casuarius* sp.
Kernbeißer *Coccothraustes coccothraustes*
Kiebitz *Vanellus vanellus*
Kiwi *Apteryx australis*
Klappergrasmücke *Sylvia curruca*
Kleiber *Sitta europaea*
Knäkente *Anas querquedula*
Kohlmeise *Parus major*
Kolbenente *Netta rufina*
Kondor *Vultur gryphus*
Königsgeier *Sarcorhamphus papa*
Kormoran *Phalacrocorax carbo*
Kranich, Grauer *Grus grus*
Kreuzschnabel *Loxia* sp.
Krickente *Anas crecca*
Krokodilswächter *Pluvianus aegyptius*
Kronenkranich *Balearica regulorum*
Küstenseeschwalbe *Sterna paradisaea*

Lappentaucher *Familie Podicipedidae*
Lapplandmeise *Parus cinctus*
Lasurmeise *Parus cyanus*

Laubenvogel, Grauer *Chlamydera nuchalis*
Löffelente *Anas clypeata*
Lummen, Trottellumme *Uria aalge*

Mauersegler *Apus apus*
Mäusebussard *Buteo buteo*
Mehlschwalbe *Delichon urbica*
Milane *Milvus* sp.
Misteldrossel *Turdus viscivorus*
Mönchsgrasmücke *Sylvia atricapilla*
Mönchssittich *Myiopsitta monachus*
Moschusente *Cairina moschata*

Nachtigall *Luscinia (Erithacus) megarhynchos*
Nachtschwalbe, Ziegenmelker *Caprimulgus* sp.
Nacktkopf-Paradiesvogel *Diphyllodes respublica*
Nandu *Rhea americana*
Nebelkrähe *Corvus corone cornix*
Neuntöter *Lanius excubitor*

Ohrenlerche *Eremophila alpestris*

Palmgeier *Gypohierax angolensis*
Papageitaucher *Fratercula arctica*
Pfau *Pavo cristatus*
Pirol *Oriolus oriolus*

Rabengeier *Coragyps atratus*
Rabenkrähe *Corvus corone corone*
Raubmöwen *Stercorarius / Catharacta* sp.
Rauchschwalbe *Hirundo rustica*
Raufußbussard *Buteo lagopus*
Raufußhühner *Familie Tetraonidae*
Rebhuhn *Perdix perdix*
Regenpfeifer (hier) *Gattung Charadrius*
Reiherente *Aythya fuligula*
Rennkuckuck *Geococcyx californianus*
Riesenalk *Alca impennis*
Ringeltaube *Columba palumbus*
Ringfasan *Phasianus colchicus* ssp.
Roadrunner = Rennkuckuck
Rohrschwirl *Locustella luscinoides*

Liste der Vogelarten

Rosttöpfer *Furnarius rufus*
Rotfußfalke *Falco vespertinus*
Rotfußtölpel *Sula sula*
Rotkehlchen *Erithacus rubecula*
Rotschenkel *Tringa totanus*
Saatkrähe *Corvus frugilegus*
Salanganen *Aerodramus* sp.
Sanderling *Calidris alba*
Schafstelze *Motacilla flava*
Schellente *Bucephala clangula*
Schlangenhalsvogel *Anhinga* sp.
Schleiereule *Tyto alba*
Schnatterente *Anas strepera*
Schneehuhn *Lagopus mutus*
Schwalme Gruppe ziegenmelkerartiger Vögel der Tropen
Schwanzmeise *Aegithalos caudatus*
Schwarzspecht *Dryocopus martius*
Schwarzstorch *Ciconia nigra*
Seeadler *Haliaaetus albicilla*
Seetaucher Familie Gaviidae
Seidenreiher *Egretta garzetta*
Seidenschwanz *Bombycilla garrulus*
Sichelschwanz-Paradiesvogel *Diphyllodes magnificus*
Sichelstrandläufer *Calidris ferruginea*
Siedelweber *Philetairus socius*
Silberreiher *Egretta alba*
Singschwan *Cygnus cygnus*
Sperber *Accipiter nisus*
Sperlingskauz *Glaucidium passerinum*
Spießente *Anas acuta*
Spornammer *Calcarius lapponicus*
Spottdrossel, Galapagos- *Nesomimus trifasciatus*
Star *Sturnus vulgaris*
Steinadler *Aquila chrysaetos*
Steinkauz *Athene noctua*
Steinsperling *Petronia petronia*
Stelzenläufer *Himantopus himantopus*
Stockente *Anas platyrhynchos*
Storch, Weißstorch *Ciconia ciconia*
Strauß, Afrikanischer *Struthio camelus*
Sturmtaucher *Puffinus* sp.
Sumpfmeise *Parus palustris*

Tafelente *Aythya ferina*
Tannenmeise *Parus ater*
Teichrohrsänger *Acrocephalus scirpaceus*
Thermometerhuhn *Leipoa ocellata*
Töpfervogel *Furnarius rufus*
Trappe, Großtrappe *Otis tarda*
Trauer(fliegen)schnäpper *Ficedula hypoleuca*
Trauermeise *Parus lugubris*
Truthahngeier *Cathartes aura*
Türkentaube *Streptopelia decaocto*
Turmfalke *Falco tinnunculus*
Turteltaube *Streptopelia turtur*

Uferschnepfe *Limosa limosa*
Uferschwalbe *Riparia riparia*

Waldkauz *Strix aluco*
Waldlaubsänger *Phylloscopus sibilatrix*
Waldschnepfe *Scolopax rusticola*
Wanderfalke *Falco peregrinus*
Wandertaube *Ectopistes migratorius*
Wasseramsel *Cinclus cinclus*
Weidenmeise *Parus montanus*
Weidensperling *Passer hispaniolensis*
Weihen *Circus* sp.
Weißstorch *Ciconia ciconia*
Weißwangengans *Branta leucopsis*
Wellensittich *Melopsittacus undulatus*
Wiedehopf *Upupa epops*
Wiesenpieper *Anthus pratensis*
Wiesenstelze (= Schafstelze) *Motacilla flava*
Wintergoldhähnchen *Regulus regulus*

Zaunkönig *Troglodytes troglodytes*
Zeisig *Carduelis spinus*
Ziegenmelker *Caprimulgus europaeus*
Zilpzalp *Phylloscopus collybita*
Zitronenstelze *Motacilla citreola*
Zwergohreule *Otus scops*

→ **Lösung von Seite 58: Zilpzalp**